岩石力学与工程研究著作丛书

双(多)层反翘型滑坡成灾机理及控制方法

任伟中 著

国家自然科学基金面上项目(40772186)
湖北省交通厅2000年度重点资助科研项目

科学出版社
北 京

内 容 简 介

本书全面系统地介绍了双(多)层反翘型滑坡的基本特征、形成发育条件、变形和破坏机理及时空演变规律。建立了该类滑坡变形和破坏的力学模型、前缘岩层反翘过程中滑动面形成的渐进破坏演变规律的力学模型、时空演化规律的数学力学模型及滑坡蠕滑变形起动和停止判据的数学力学模型,并提出适合该类滑坡的预测预报方法、防治对策和措施。该研究成果对自然环境及在高速公路、铁路、露采矿山、水利工程、工厂、山区城镇化等建设过程中经常遇到的双(多)层型、反翘型、倾倒型、滑移弯曲型、溃屈型或双(多)层反翘型等类滑坡的变形与破坏力学机理、预测预报及防治具有重要意义,对一般滑坡的研究也有一定的参考价值。

本书适用于岩土工程勘察、设计和施工人员,也可供大专院校、科研院所相关专业师生使用。

图书在版编目(CIP)数据

双(多)层反翘型滑坡成灾机理及控制方法/任伟中著. —北京:科学出版社,2015.9

(岩石力学与工程研究著作丛书)

ISBN 978-7-03-042003-9

Ⅰ.①双… Ⅱ.①任… Ⅲ.①滑坡-控制方法-研究 Ⅳ.①P642.22

中国版本图书馆 CIP 数据核字(2014)第 223786 号

责任编辑:周 炜 / 责任校对:桂伟利
责任印制:张 倩 / 封面设计:陈 敬

科学出版社 出版
北京东黄城根北街 16 号
邮政编码:100717
http://www.sciencep.com

中国科学院印刷厂印刷
科学出版社发行 各地新华书店经销

*

2015 年 9 月第 一 版 开本:720×1000 1/16
2015 年 9 月第一次印刷 印张:15 1/2
字数:294 000

定价:**98.00 元**
(如有印装质量问题,我社负责调换)

《岩石力学与工程研究著作丛书》编委会

名誉主编: 孙　钧　　王思敬　　钱七虎　　谢和平

主　　编: 冯夏庭

副 主 编: 何满潮　　黄润秋　　周创兵

秘 书 长: 黄理兴　　刘宝莉

编　　委: (以姓氏汉语拼音顺序排列)

蔡美峰　　曹　洪　　戴会超　　范秋雁　　冯夏庭
高文学　　郭熙林　　何昌荣　　何满潮　　黄宏伟
黄理兴　　黄润秋　　金丰年　　景海河　　鞠　杨
康红普　　李　宁　　李　晓　　李海波　　李建林
李世海　　李术才　　李夕兵　　李小春　　李新平
廖红建　　刘宝莉　　刘汉东　　刘汉龙　　刘泉声
吕爱钟　　栾茂田　　莫海鸿　　潘一山　　任辉启
佘诗刚　　盛　谦　　施　斌　　谭卓英　　唐春安
王　驹　　王金安　　王明洋　　王小刚　　王学潮
王芝银　　邬爱清　　徐卫亚　　杨　强　　杨光华
岳中琦　　张金良　　赵　文　　赵阳升　　郑　宏
周创兵　　周德培　　朱合华

《岩石力学与工程研究著作丛书》序

随着西部大开发等相关战略的实施,国家重大基础设施建设正以前所未有的速度在全国展开:在建、拟建水电工程达 30 多项,大多以地下硐室(群)为其主要水工建筑物,如龙滩、小湾、三板溪、水布垭、虎跳峡、向家坝等,其中白鹤滩水电站的地下厂房高达 90m、宽达 35m、长 400 多米;锦屏二级水电站 4 条引水隧道,单洞长 16.67km,最大埋深 2525m,是世界上埋深与规模均为最大的水工引水隧洞;规划中的南水北调西线工程的隧洞埋深大多在 400～900m,最大埋深 1150m。矿产资源与石油开采向深部延伸,许多矿山采深已达 1200m 以上。高应力的作用使得地下工程冲击地压显现剧烈,岩爆危险性增加,巷(隧)道变形速度加快、持续时间长。城镇建设与地下空间开发、高速公路与高速铁路建设日新月异。海洋工程(如深海石油与矿产资源的开发等)也出现方兴未艾的发展势头。能源地下储存、高放核废物的深地质处置、天然气水合物的勘探与安全开采、CO_2 地下隔离等已引起政府的高度重视,有的已列入国家发展规划。这些工程建设提出了许多前所未有的岩石力学前沿课题和亟待解决的工程技术难题。例如,深部高应力下地下工程安全性评价与设计优化问题,高山峡谷地区高陡边坡的稳定性问题,地下油气储库、高放核废物深地质处置库以及地下 CO_2 隔离层的安全性问题,深部岩体的分区碎裂化的演化机制与规律,等等,这些难题的解决迫切需要岩石力学理论的发展与相关技术的突破。

近几年来,国家 863 计划、国家 973 计划、"十一五"国家科技支撑计划、国家自然科学基金重大研究计划以及人才和面上项目、中国科学院知识创新工程项目、教育部重点(重大)与人才项目等,对攻克上述科学与工程技术难题陆续给予了有力资助,并针对重大工程在设计和施工过程中遇到的技术难题组织了一些专项科研,吸收国内外的优势力量进行攻关。在各方面的支持下,这些课题已经取得了很多很好的研究成果,并在国家重点工程建设中发挥了重要的作用。目前组织国内同行将上述领域所研究的成果进行了系统的总结,并出版《岩石力学与工程研究著作丛书》,值得钦佩、支持与鼓励。

该研究丛书涉及近几年来我国围绕岩石力学学科的国际前沿、国家重大工程建设中所遇到的工程技术难题的攻克等方面所取得的主要创新性研究成果,包括深部及其复杂条件下的岩体力学的室内、原位实验方法和技术,考虑复杂条件与过程(如高应力、高渗透压、高应变速率、温度-水流-应力-化学耦合)的岩体力学特性、变形破裂过程规律及其数学模型、分析方法与理论,地质超前预报方法与技术,工程地质灾害预测预报与防治措施,断续节理岩体的加固止裂机理与设计方法,灾害环境下重大工程的安全性,岩石工程实时监测技术与应用,岩石工程施工过程仿真、动态反馈分析与设计优化,典型与特殊岩石工程(海底隧道、深埋长隧洞、高陡边坡、膨胀岩工程等)超规范的设计与实践实例,等等。

  岩石力学是一门应用性很强的学科。岩石力学课题来自于工程建设,岩石力学理论以解决复杂的岩石工程技术难题为生命力,在工程实践中检验、完善和发展。该研究丛书较好地体现了这一岩石力学学科的属性与特色。

  我深信《岩石力学与工程研究著作丛书》的出版,必将推动我国岩石力学与工程研究工作的深入开展,在人才培养、岩石工程建设难题的攻克以及推动技术进步方面将会发挥显著的作用。

2007 年 12 月 8 日

《岩石力学与工程研究著作丛书》编者的话

近二十年来，随着我国许多举世瞩目的岩石工程不断兴建，岩石力学与工程学科各领域的理论研究和工程实践得到较广泛的发展，科研水平与工程技术能力得到大幅度提高。在岩石力学与工程基本特性、理论与建模、智能分析与计算、设计与虚拟仿真、施工控制与信息化、测试与监测、灾害性防治、工程建设与环境协调等诸多学科方向与领域都取得了辉煌成绩。特别是解决岩石工程建设中的关键性复杂技术疑难问题的方法，973、863、国家自然科学基金等重大、重点课题研究成果，为我国岩石力学与工程学科的发展发挥了重大的推动作用。

应科学出版社诚邀，由国际岩石力学学会副主席、岩石力学与工程国家重点实验室主任冯夏庭教授和黄理兴研究员策划，先后在武汉与葫芦岛市召开《岩石力学与工程研究著作丛书》编写研讨会，组织我国岩石力学工程界的精英们参与本丛书的撰写，以反映我国近期在岩石力学与工程领域研究取得的最新成果。本丛书内容涵盖岩石力学与工程的理论研究、试验方法、实验技术、计算仿真、工程实践等各个方面。

本丛书编委会编委由58位来自全国水利水电、煤炭石油、能源矿山、铁道交通、资源环境、市镇建设、国防科研、大专院校、工矿企业等单位与部门的岩石力学与工程界精英组成。编委会负责选题的审查，科学出版社负责稿件的审定与出版。

在本套丛书的策划、组织与出版过程中，得到了各专著作者与编委的积极响应；得到了各界领导的关怀与支持，中国岩石力学与工程学会理事长钱七虎院士特为丛书作序；中国科学院武汉岩土力学研究所冯夏庭、黄理兴研究员与科学出版社刘宝莉、沈建等编辑做了许多繁琐而有成效的工作，在此一并表示感谢。

"21世纪岩土力学与工程研究中心在中国"，这一理念已得到世人的共识。我们生长在这个年代里，感到无限的幸福与骄傲，同时我们也感觉到肩上的责任重大。我们组织编写这套丛书，希望能真实反映我国岩石力学与工程的现状与成果，希望对读者有所帮助，希望能为我国岩石力学学科发展与工程建设贡献一份力量。

《岩石力学与工程研究著作丛书》
编辑委员会
2007年11月28日

前　言

随着国家交通运输、能源、资源开采利用等基础设施建设的快速发展,随着国家新一轮西部大开发战略的实施,西部基础设施建设必然迎来新的发展机遇期,基础设施建设将向自然条件更加恶劣的西部山区延伸,在高速公路、铁路、露采矿山、水利工程、工厂、山区城镇化等建设中,复杂地形地质条件下边(滑)坡灾害问题将更加突出,如果开发不当,可能诱发更多的滑坡灾害,加剧破坏本就十分脆弱的西部山区生态环境,给国家和人民的生命财产安全带来更大的损失。滑边坡灾害研究对于西部山区土木工程建设项目的可行性论证、场址比选、安全施工、正常营运及生态环境保护,实现工程建设与地质环境保护的协调发展具有重大的现实意义。国家在这方面投入较少的科研经费,将可能带来巨大的经济效益、社会效益和环境效益。目前滑边坡灾害问题已成为亟待解决的研究课题。

滑坡是一个既古老又年轻的问题,自从人类在地球上诞生之日起,由于地球表面地形的高低起伏和地质条件的复杂,自然滑坡及由于人类工程活动引发的人工滑坡就一直伴随着人类的脚步,时刻给人类的生存环境带来巨大的威胁。人类也一直在与滑坡灾害作斗争,进行了大量相关研究工作,但至今仍有大量问题没有研究清楚,严重制约人类防治滑坡灾害的实践能力。滑坡种类繁多,变形破坏机理千差万别,防治对策也可能完全不一样。双层反翘型滑坡是作者在鄂西北山区深变质岩地层野外滑坡地质灾害调查过程中多次遇到的,该类滑坡规模大,危害剧烈,而我们对其知之较少。同时,双(多)层型滑坡、反翘型滑坡在自然界中较为常见,而双层反翘型滑坡是既具双层性质又具反翘性质的复合型滑坡,开展该类滑坡的相关研究,不仅对双(多)层反翘复合型滑坡具有独特的价值,而且对双(多)层型、反翘型、倾倒型、滑移弯曲型、溃屈型等类滑坡都具有重要的指导意义,同时对一般的滑坡也具有较大的参考借鉴价值。

双层反翘型滑坡是自然界普遍存在的一种滑坡类型,其力学机理、稳定性分析及防治远较单层滑坡复杂,这类滑坡由于具有间歇性、缓慢蠕滑式、渐进性特征,活动强度较低,一般没有急速灾难性破坏特征,所以未引起相关科研工作者的重视,鲜见对双层反翘型滑坡研究的文献。但是双层反翘型滑坡造成的经济损失和危害程度不低于某些据有灾难性破坏的高速或剧动式高速滑坡,所以急需对此类滑坡开展相关研究。

本书以某重点工程韩家垭滑坡为工程背景,运用现场勘察、物理模拟、现场监测、数值分析、时间序列分析、弹塑性力学及流变力学等多方法多手段深入研究双层反翘型滑坡的基本特征、形成发育条件、变形破坏机理、渐进破坏力学模型、流变力学模型、时空演化规律及控制措施等。分别建立了滑坡变形时间及空间演化规律的预报模型、渐进破坏力学模型、流变力学模型，并合理地确定了其稳定性判据，提出了一整套滑边坡力学参数的综合选取方法和稳定性评估体系，针对双层反翘型滑坡的特征提出了防治对策。

本书力求做到理论联系实际，所有的研究都依托具体的工程背景，以模型试验和现场监测研究为基础，所有数学力学模型和方法都有试验和现场监测资料的验证，如第3章、第6章、第7章。研究成果来源于工程实践，又力求为今后类似滑坡工程的防治提供一些有实用价值的方法和手段，如第2章、第7章、第8章，既立足于工程实例，又总结出具有一定普适意义的方法和手段以指导类似问题，这正体现了本书的研究特点和研究宗旨。

本书共8章，第1章主要介绍研究背景、研究现状和研究内容。第2章主要讨论了双层反翘型滑坡的基本特征和形成发育条件。第3～5章主要论述了运用现场勘查与监测、物理模拟、数值模拟深入研究该类滑坡的变形破坏力学机理。第6章主要是运用弹塑性力学、流变力学有关理论建立"叠合梁"、"多层薄板"的渐进破坏力学模型，提出该类滑坡的稳定性判据和整体启动时滑动面抗剪强度启动阈值，给出岩层弯曲蠕变的时效变形方程和反翘岩层的蠕变压屈方程。第7章主要讨论了滑坡抗剪强度参数综合选取方法，建立起一整套适合双层反翘型滑坡的稳定性评估体系。第8章着重介绍运用物理模拟、现场监测、数值模拟等手段综合研究抗滑桩、锚杆等的加固机理，并提出适合双层反翘型滑坡的稳定性控制对策及加固工程的优化方案。

本书主要内容是以国家自然科学基金面上项目(40772186)及湖北省交通厅2000年度重点资助科研项目的研究成果为基础撰写的。

本书得到了我的博士导师暨中国科学院武汉岩土力学研究所白世伟研究员、中国地质大学(武汉)唐辉明教授、湖北省公路管理局范建海教授级高级工程师等的大力支持、鼓励和指导。本书第5章主要由中国科学院武汉岩土力学研究所唐新建研究员撰写，6.1～6.3节、6.5节由作者的硕士生王永刚撰写，6.4节由硕士生陈浩撰写，3.3节和3.4节由硕士生李靖撰写。在此一并表示衷心的感谢。

希望通过正式出版该研究成果，为国内外同行提供有益的参考，并促进对相关问题研究的进一步深化。由于研究视角的不同，时间和学术水平的局限性，书中难免存在疏漏和不妥之处，敬请读者批评指正，共同探讨。

目 录

《岩石力学与工程研究著作丛书》序
《岩石力学与工程研究著作丛书》编者的话
前言
第1章 绪论 ··· 1
　1.1 研究背景 ·· 1
　1.2 国内外滑坡研究历史和现状 ······································· 4
　　1.2.1 滑坡研究历史概况 ··· 4
　　1.2.2 滑坡机理研究现状 ··· 6
　　1.2.3 滑坡稳定性分析研究现状 ····································· 7
　　1.2.4 滑坡分类的研究现状 ·· 11
　　1.2.5 滑坡防治研究现状 ·· 13
　1.3 本书的研究内容 ·· 14
第2章 双(多)层反翘型滑坡的基本特征和形成发育条件 ··············· 16
　2.1 滑坡基本特征 ··· 16
　　2.1.1 滑坡形态特征 ·· 16
　　2.1.2 滑坡结构特征 ·· 16
　　2.1.3 滑动面(带)的确定 ··· 21
　2.2 双(多)层反翘型滑坡形成发育条件 ····························· 27
　　2.2.1 气象水文条件 ·· 27
　　2.2.2 地形地貌条件 ·· 27
　　2.2.3 地层岩性条件 ·· 27
　　2.2.4 地质构造条件 ·· 28
　　2.2.5 滑坡发育的诱发条件 ·· 28
第3章 双(多)层反翘型滑坡力学机理的现场勘察与监测研究 ········· 30
　3.1 滑坡力学机理现场勘察分析 ····································· 30
　3.2 滑坡力学机理现场监测分析 ····································· 32
　　3.2.1 滑坡体位移监测 ··· 32
　　3.2.2 孔隙水压力监测 ··· 34
　　3.2.3 滑坡力学机理综合分析 ······································ 36
　3.3 滑坡时间演变规律及预报 ·· 37
　　3.3.1 滑坡稳定系数的变化规律 ···································· 37

3.3.2 滑坡位移的变化规律 …… 49
3.3.3 滑坡时间预测研究 …… 54
3.4 滑坡单体空间演化规律与预测 …… 55
3.4.1 滑坡空间演化趋势 …… 55
3.4.2 滑坡单体空间预测研究 …… 58
3.5 滑坡的时空演化趋势间的关系 …… 62

第4章 双(多)层反翘型滑坡力学机理的物理模拟研究 …… 64
4.1 模型试验设计 …… 64
4.1.1 基本原理 …… 64
4.1.2 试验工况 …… 65
4.1.3 试验剖面的选择 …… 66
4.1.4 模拟范围的确定 …… 66
4.1.5 模拟的主要岩类及其物理力学参数的选取 …… 67
4.1.6 相似比的确定 …… 68
4.1.7 地质构造的模拟 …… 68
4.1.8 地应力的模拟 …… 69
4.1.9 边坡开挖过程的模拟 …… 69
4.1.10 相似材料研制 …… 69
4.1.11 模型制作 …… 73
4.1.12 观测内容及手段 …… 75
4.1.13 试验步骤 …… 81
4.2 试验结果及其分析 …… 82
4.2.1 百分表与近景摄影测量对应各点所测位移值比较 …… 82
4.2.2 滑坡稳定系数随底板抬升高度变化规律 …… 83
4.2.3 滑坡滑动机理分析 …… 84
4.2.4 堑坡开挖条件下滑坡和路堑边坡变形破坏分析 …… 94

第5章 双(多)层反翘型滑坡力学机理的数值模拟研究 …… 101
5.1 稳定性分析方法与原理 …… 101
5.1.1 岩土体的破坏准则 …… 101
5.1.2 弹塑性应力-应变关系 …… 103
5.1.3 岩土体材料拉裂破坏分析 …… 104
5.1.4 岩土体滑动面的接触摩擦模型 …… 105
5.1.5 稳定性分析 …… 105
5.2 计算参数、计算工况及计算模型 …… 107
5.2.1 Ⅰ—Ⅰ′剖面 …… 107
5.2.2 Ⅱ—Ⅱ′剖面 …… 108

5.3 计算结果与分析 ··· 109
　5.3.1 Ⅰ—Ⅰ′剖面应力应变和稳定性分析 ······································· 109
　5.3.2 Ⅱ—Ⅱ′剖面应力应变和稳定性分析 ······································· 112
　5.3.3 路堑开挖对滑坡稳定性的影响 ·· 114
　5.3.4 滑坡反翘特征数值模拟分析 ··· 114

第6章 双(多)层反翘型滑坡力学机理与稳定性判据分析 ··············· 117
6.1 引言 ··· 117
6.2 叠合梁渐进破坏力学模型 ·· 118
　6.2.1 叠合梁计算模型的基本假定 ··· 118
　6.2.2 叠合梁弯曲-破坏模型及渐进破坏分析 ································· 119
　6.2.3 岩层反翘弯曲变形最大弯折深度的确定 ······························· 123
　6.2.4 岩层反翘弯曲最大变形的确定 ·· 124
　6.2.5 力学模型的试验验证 ··· 125
6.3 多层薄板渐进破坏力学模型 ··· 127
　6.3.1 滑坡变形破坏的多层薄板概化模型 ······································ 127
　6.3.2 多层板荷载的分解 ·· 128
　6.3.3 多层板边界条件分析 ··· 130
　6.3.4 多层板荷载-挠度方程 ·· 132
　6.3.5 多层板的屈服与临界荷载 ··· 135
　6.3.6 滑坡启动、停止滑动面抗剪强度阈值的确定 ························· 138
　6.3.7 滑坡稳定性判据 ··· 140
6.4 滑坡流变力学模型 ··· 141
　6.4.1 边坡演变为滑坡的特点 ·· 141
　6.4.2 滑坡蠕变模型的建立 ··· 142
　6.4.3 复合模型的应力-应变关系 ·· 145
　6.4.4 流变力学模型的试验验证 ··· 146
　6.4.5 加速变形过程验证 ·· 149
　6.4.6 流变力学模型的现场监测验证 ·· 150
6.5 反翘变粒岩岩层流变力学模型 ··· 156
　6.5.1 反翘变粒岩岩层弯曲蠕变机理分析 ······································ 156
　6.5.2 反翘变粒岩层弯曲蠕变时效变形分析 ··································· 158
　6.5.3 弯曲蠕变模型 ·· 162

第7章 双(多)层反翘型滑坡力学参数选取及其稳定性分析 ··············· 164
7.1 力学参数取值区间的确定 ·· 164
7.2 滑坡稳定系数现状值的确定 ··· 165
　7.2.1 滑坡发育阶段的稳定系数 ··· 165

  7.2.2　反算时的滑坡稳定系数 …………………………………… 166
7.3　计算剖面的选取 …………………………………………………… 166
7.4　稳定性计算方法的选择 …………………………………………… 166
7.5　滑坡力学参数的敏感性分析 ……………………………………… 169
7.6　力学参数的综合选取 ……………………………………………… 169
7.7　工程应用(力学参数综合选取实例) ……………………………… 170
  7.7.1　力学参数的选取 ……………………………………………… 170
  7.7.2　稳定性计算方法 ……………………………………………… 172
  7.7.3　稳定性计算结果分析 ………………………………………… 173

第8章　双(多)层反翘型滑坡控制对策研究　174
8.1　灾害控制方案选择 ………………………………………………… 174
  8.1.1　控制原则 ……………………………………………………… 174
  8.1.2　控制措施类别 ………………………………………………… 175
  8.1.3　控制方案选择 ………………………………………………… 178
8.2　整治工程加固机理及优化的物理模拟试验研究 ………………… 179
  8.2.1　模型试验工况及步骤 ………………………………………… 179
  8.2.2　相似材料的研制 ……………………………………………… 180
  8.2.3　模型体制作 …………………………………………………… 181
  8.2.4　观测内容及手段 ……………………………………………… 181
  8.2.5　支挡结构受力分析 …………………………………………… 183
8.3　整治工程加固机理的现场监测研究 ……………………………… 203
  8.3.1　滑坡体位移监测 ……………………………………………… 203
  8.3.2　孔隙水压力监测 ……………………………………………… 204
  8.3.3　桩前、桩后土压力监测 ……………………………………… 204
  8.3.4　桩身钢筋受力监测 …………………………………………… 206
  8.3.5　钢筋混凝土抗滑桩桩身变形监测 …………………………… 207
  8.3.6　锚杆受力监测 ………………………………………………… 211
  8.3.7　锚杆拉拔试验 ………………………………………………… 212
8.4　整治加固效果分析 ………………………………………………… 214
  8.4.1　根据模型试验结果分析 ……………………………………… 214
  8.4.2　根据现场实时监测结果分析 ………………………………… 224

参考文献 ………………………………………………………………… 226

第1章 绪 论

1.1 研究背景

随着人口的快速增长和土地资源的过度开发,滑坡已成为全球性的主要地质灾害之一,滑坡问题已严重阻碍我国交通、能源、资源开发利用等方面基础设施建设的顺利进行。每年发生的滑坡,给我国国民经济建设造成难以挽回的、数以亿计的巨大经济损失和人员伤亡,严重破坏生态环境,并干扰我国可持续发展战略的实施。据有关部门统计,我国的滑坡、崩塌和泥石流等地质灾害,正随着资源的开发而加剧,每年由此造成的损失近 300 亿元。近十年来,全国 400 多个市、县受到严重侵害,有近万人死亡,一半以上的地质灾害是人为因素造成的[1]。我国是滑坡多发性国家,每年都有大量的滑坡事故发生。

2001 年 7 月 9 日,云南省昆明市东川区因民镇东川矿务局因民铜矿选矿厂后山发生滑坡,冲毁并掩埋了 3 幢房屋,造成 41 人被掩埋,19 人死亡。

2001 年 5 月 1 日晚 8 时 30 分左右,重庆武隆县城巷口镇发生滑坡地质灾害,一座 9 层居民楼被摧毁掩埋,共造成 79 人死亡。

2002 年 7 月 25 日晚 17 时 10 分许,陕西省延安市吴旗县城气象小区石油子校沟内居民区发生山体滑坡,滑坡体积约 600m^3,垮塌石窑洞 3 孔,窑洞内 17 人被埋。

2003 年 5 月 12 日凌晨,在贵州三穗县台烈镇平溪村三(穗)凯(里)高速公路一工地附近的山脚下,突然发生山体滑坡,两栋工棚的 35 名工人在睡梦中全部被埋,有 29 人在这次事故中遇难。

2003 年 7 月湖北秭归县沙镇溪千将坪发生大型滑坡,造成 14 人死亡,10 人失踪,倒塌房屋 346 间,毁坏农田 1000 余亩,4 家企业全部毁灭。滑坡还毁坏 3km省道与 20 多千米的输电线路,22 艘船翻沉,5 艘船舶断缆走锚,广播、电力、国防光缆等基础设施都受到严重破坏。

2004 年 12 月 3 日凌晨,在贵州纳雍县鬃陵镇左家营村,突然发生山体滑坡,纳雍县鬃陵镇左家营村岩脚组的大半个村被滑下的山体泥石淹没,造成 44 人死亡,该村从此从地图上消失。

因工程建设引发的滑坡,更是不胜枚举。

1992 年,二滩水电站 2 号尾水渠开挖时,由于开挖爆破影响及雨季地表渗水,边坡变形急剧增长,并出现裂缝和岩石掉块现象,边坡处于初期失稳状态,失稳坡

体约 $6.5\times10^4 \mathrm{m}^3$。

1988年,五强溪水电站由于船闸切入左岸坡脚,其基础开挖边坡造成左岸高边坡稳定问题,使边坡在开挖期间发生不同程度的变形和蠕滑。

1989年1月10日在我国云南漫湾水电站大坝坝肩开挖过程中发生的滑坡,不仅耗资近亿元进行治理,而且使这个150万kW的水电站推迟发电近一年,造成巨大的经济损失。

1981年雨季宝成铁路发生滑坡289处,中断行车2个多月,抢建费用达2.56亿元。

1987年,清江隔河岩水电站左岸导流洞出口高边坡开挖失稳,近 $2\times10^5 \mathrm{m}^3$ 岩体发生解体,处理滑坡延误工期3个月。

1985年,天生桥二级水电站进水口明渠开挖边坡失稳,造成48人死亡的特大事故。

抚顺西露天矿自1914年开采以来,曾发生数十次滑坡,造成多次重大事故,严重影响露天矿的生产与建设。例如,1979年西端帮发生的大滑坡,掩埋了西大卷道,一度造成矿山停产;1981年以来,北段白垩系岩石边坡沿矿区一号大断层带多次出现滑动与变形,对北帮剥离运输干线的安全造成很大隐患。

1981年6月攀枝花钢铁公司石灰石矿采场发生一起全国罕见的大型滑坡(H_2滑坡),滑坡体积近 $5.0\times10^6 \mathrm{m}^3$,严重影响矿山生产。

长江三峡水利工程蓄水至135m后,有危险崩滑体约438处需要关注,三峡库区滑坡灾害的防治工作既关系到三峡工程建设的成败,也是关系库区居民子孙后代生命财产安全的千秋大业。

表1.1统计了20世纪世界上的一些重大滑坡灾害事故,从表中可以看出,一些规模较大的滑坡,例如,中国宁夏海源滑坡及哥伦比亚Armero滑坡,伤亡人数数以万计,危害巨大。此外,滑坡会引起河道堵塞,形成天然水库,这些临时形成的水库由于没有溢洪道,通常会在短期内溃决,形成特大洪水,由此导致次生自然灾害。

表1.1 世界重大滑坡灾害事例

国家(地区)	时间	滑坡类型	破坏程度
爪哇	1919年	泥石流	5100人死亡,140个村庄被毁
中国(宁夏海源)	1920年12月16日	黄土流	约20万人死亡
美国(加利福尼亚)	1934年12月31日	泥石流	40人死亡,400间房子被毁
日本(久礼)	1945年	—	1154人死亡
日本(东京西南)	1958年	—	1100人死亡
秘鲁(Ranrachirca)	1962年6月10日	冰和岩石崩塌	3500多人死亡

续表

国家(地区)	时间	滑坡类型	破坏程度
意大利(瓦依昂)	1963年	岩石滑坡进入水库	2600人死亡
英国(Aberfan)	1966年10月21日	流动滑坡	144人死亡
巴西(Riode Janeiro)	1967年	—	1700人死亡
美国(弗吉尼亚)	1969年	泥石流	150人死亡
日本	1969~1972年	各种灾害	519人死亡,13288间房被毁
秘鲁(Yungay)	1970年5月31日	地震引起碎屑崩塌,碎屑流	25000人死亡
秘鲁(Chungar)	1971年		259人死亡
中国(香港)	1972年6月	各种灾害	138人死亡
日本(Kamijima)	1972年	—	112人死亡
意大利(意大利南部)	1972~1973年	各种灾害	约100个村庄被毁,影响20万人
秘鲁(Mayuamarca)	1974年	泥石流	约100个村庄被毁,影响20万人
秘鲁(Mantaro)	1974年		450人死亡
秘鲁(Yacitan)	1983年	—	233人死亡
尼泊尔(尼泊尔西部)	1983年		186人死亡
中国(东乡县撒勒)	1983年	黄土滑坡	4个村被毁,227人死亡
哥伦比亚(Armero)	1985年11月	泥流	约22000人死亡
土耳其(Catak)	1988年6月	—	66人死亡

目前及今后相当长一段时期,交通运输、能源、资源开采利用等基础设施建设将作为国家发展战略的重点。在高速公路、铁路、露采矿山、水利工程、工厂和山区城镇化等建设过程中,都会有滑坡发生,滑坡问题在地学、岩土工程和水土保持等领域已成为亟待解决的研究课题[2]。若处理不当,则可能给工程建设带来毁灭性的灾难并造成难以挽回的生命财产损失。

与此同时,滑坡的变形破坏机理、稳定性分析、整治设计与优化、时空预测预报及三维全程实时稳定性监控等的研究与迅猛发展的数值分析理论之间还存在很大差距,建立精确的理论模型并不困难,但数值解是否客观反映了工程的实际特征,答案并不乐观[3]。解决此类问题,仍需要相关科研工作者的不懈努力。

双(多)层滑坡是指由上、下两(多)个叠置的滑体所组成的滑坡系统,双(多)层滑坡在自然界普遍存在,特别是较大规模堆积层边坡的失稳,常产生多级滑移或解体现象,有的边坡还产生双层平行滑移和多层滑移。上滑体滑动对于下滑体的复活或滑动将会产生不同程度的影响,有时可能完全促使下滑体发生滑动;下滑体的滑动必然带动上滑体一起下滑。双(多)层滑坡系统的力学机理、稳定性分析及防治远较单层滑坡复杂得多。目前,对双(多)层滑坡系统的研究还未引起足够的重视,仅有少数研究者开展了这方面的研究工作。

前缘反翘型滑坡在自然界中也十分普遍,一般发育在滑坡前缘为薄层顺向陡倾的软岩地层中,多属于缓慢蠕滑的缓动式低速滑坡。这类滑坡由于具有缓慢蠕滑特征,活动强度较低,通常没有急速灾难性破坏特征。但就其分布范围及造成的经济损失而言,其危害绝不低于某些具有灾难性破坏的高速或剧动式高速滑坡,甚至危害更大。正是由于其不具突发灾难性破坏特征,所以人们较多关注高速滑坡,而忽视对反翘蠕滑型滑坡的研究。目前,见诸文献的有关研究并不多。

对于既具有双(多)层滑动面又具有前缘反翘特征的双(多)层反翘型滑坡的研究很少,目前尚未有对此类滑坡的研究报道,因此急需对此类滑坡开展相关的研究。对此类滑坡的研究具有重要的学术价值和工程指导意义,可切实提高今后工程建设中此类滑坡防治工程的安全性、可靠度和经济合理性。

在湖北省某高速公路建设过程中,发现一巨型双层反翘型滑坡(韩家垭),能否科学经济地处治该滑坡将直接关系到是否改线的问题,韩家垭滑坡是该高速公路全线的第一大难点、重点和瓶颈工程。因此,必须深入研究该类型滑坡的基本特征、变形和破坏机理、演变规律、稳定性分析方法、力学参数的合理选取及控制对策等,才能既安全又经济地整治好该滑坡,保证该高速公路的建设工期和安全运营。因此,开展对该类滑坡的相关问题研究是十分必要和刻不容缓的,其力学机理的深入研究是防治该类滑坡的首要条件和关键所在,是防治该类滑坡的基础性研究工作。

1.2　国内外滑坡研究历史和现状

1.2.1　滑坡研究历史概况

1. 国外滑坡研究历史概况

国外对滑坡研究较早,按照时间顺序大致可以分为以下几个阶段[4~12]:

(1) 19世纪中叶,西方国家首先开展对滑坡的研究。在20世纪50年代之前,只限于对滑坡现象的观测。

(2) 第二次世界大战以后,各国经济大发展,工程建设逐渐涉及更宽广的领域,在开发山区和丘陵地带时遇到更多滑坡灾害,从而促使了对滑坡进行系统而深入的研究。1949年弗罗洛夫所著《土体及建筑物稳定性的保证措施》一书,对土质滑坡的形成原因及防治方法有比较详细的阐述。

(3) 1950年美国土力学家 Terzaghi 的《滑坡机理》一文中,对滑坡的形成原因、滑动过程、稳定性评价方法和一些工程实例作了较系统的阐述。1954年英国学者 Bishop 引入太沙基的孔隙水压力理论用于斜坡与滑坡的稳定性计算,是土坡稳定性计算方法研究的一次突破性进展。

(4) 1956年苏联滑坡专家叶米里扬诺娃所著《滑坡观测技术指南》,对滑坡观测的原理、方法和应用进行了比较系统的总结。

(5) 1958年美国公路局滑坡委员会编写出版的《滑坡与工程实践》一书,对滑坡的成因、观测、调查方法及处理方法等阐述得较全面,被公认为欧美在20世纪四五十年代对滑坡防治经验的总结。

(6) 1960年日本高野秀夫所著的《滑坡及其防治》一书,总结了日本在20世纪60年代之前的滑坡防治经验。

(7) 1964年,英国土力学家 Skempton 在超固结的裂隙黏土滑坡研究中提出"残余强度"理论,在滑坡机理研究上是一大突破,为滑带土强度指标的选择在理论上提供了依据。

(8) 1968年布拉格第23届国际地质大会期间,在酝酿成立国际工程地质协会的同时决定成立"滑坡及其他块体运动"委员会;每年除向国际工程地质协会提交工作报告外,并向联合国教科文组织提出世界灾害性滑坡的年度报告。

(9) 1969年捷克 Zayuba 等的《滑坡及其防治》一书,从土力学、岩石力学和工程地质的角度讨论滑坡的发展、产生滑坡的原因、滑坡类型划分、野外勘测和室内分析方法、稳定性分析、工程处理和防治等问题。

(10) 1969年日本学者斋藤迪孝从金属蠕变理论出发提出崩塌性滑坡发生时间的预报方法,在滑坡预报理论上是一次突破性进展。

(11) 1972年,苏联学者叶米里扬诺娃的《滑坡作用的基本规律》一书,对苏联在滑坡地质方面的研究成果进行了总结,在书中提出"滑坡学"的设想。

(12) 1978年美国人 Schuster 等主编的《滑坡的分析和防治》一书,是美国科学院和运输研究院在出版《滑坡与工程实践》以后20年对滑坡研究、分析和实践的一本全面而系统的专著,由16位滑坡专家编写而成,特别对航测、遥感和现场岩土测试等新发展的技术在滑坡上的应用作了大量的介绍。

(13) 1983年国际土力学与基础工程学会正式决定成立滑坡专业委员会,我国的徐邦栋及王恭先曾先后任该会中国委员。

2. 国内滑坡研究历史概况

我国在新中国成立后开始对滑坡进行研究,具体可以分为以下几个阶段[1~3,5,6,13~18]:

(1) 我国对滑坡灾害防治的系统研究首先是遭受危害最严重的铁道部门。

1958年在修建宝成铁路中总结而成的《路基设计与坍方滑坡处理》,是徐邦栋等对该线宝鸡—略阳间路基勘测设计和崩塌、滑坡研究与治理的经验和教训进行的系统总结,是我国滑坡方面第一部较具代表性的著作。

(2) 1966年在建设成昆、贵昆铁路期间,研究成功两项新型滑坡治滑措施,分别是挖孔钢筋混凝土抗滑桩和垂直钻孔群疏排滑坡地下水。

(3) 1971年由铁道部科学研究院西北研究所徐邦栋等以整治两宝、鹰厦和西南三线中滑坡的经验及相应的科研成果为主要素材编著的《滑坡防治》一书,对滑坡与崩塌、错落等山坡变形的区别、滑坡的分类、性质、勘测方法、稳定性判断、推力计算和防治工程措施设计等均作了系统论述,全面总结我国20世纪五六十年代在滑坡防治方面的经验和科研成果,于1977年由人民铁道出版社出版。

(4) 1974～1976年铁道部门对全国铁路沿线滑坡进行普查,完成铁路滑坡分类研究,并编制了铁路沿线滑坡分布图。与此同时,在"滑带土残余抗剪强度和测试方法"、"抗滑桩桩周围抗力图式与设计计算"和"地质力学方法在岩石滑坡研究中的应用"等方面开展了研究,在工程实际中取得了较好的成果。

(5) 由于滑坡对水库特别是坝址影响很大,所以自20世纪50年代中期以来,我国在修建水电站过程中,水电、地质部门和中国科学院互相配合,共同研究,其中坝址滑坡为重要研究内容之一。对黄河龙羊峡、黑山峡、李家峡、拉西瓦和小浪底等坝址附近的滑坡,长江雅砻江二滩电站等坝址滑坡和长江三峡库区滑坡,以及每条江河上水电站如贵州乌江渡、云南小龙潭等坝址滑坡,均展开了细致而全面的研究。1980年潘家铮编著的《建筑物的抗滑稳定和滑坡分析》一书,反映了我国水电系统在滑坡防治技术方面的水平。

(6) 中国科学院武汉岩土力学研究所在大冶露天矿采场高边坡进行了多年的现场研究,在理论上取得了重大成果,并创造了可观的经济效益。

(7) 2001年,徐邦栋的《滑坡分析与防治》一书全面总结了我国50年来滑坡研究方面的成果,特别是在认识滑坡、分析滑坡和治理正在活动中滑坡的经验。

(8) 2003年,陈祖煜的《土质边坡稳定分析:原理·方法·程序》一书从稳定性分析方法角度,对国内外的边坡稳定计算方法进行了总结,全面阐述了对土质边坡进行稳定性分析的原理和方法。

1.2.2 滑坡机理研究现状

高速或剧动式高速滑坡由于滑速高,来势猛,甚至骤然发生,常给人类带来惨重的、毁灭性的灾害,可在几分钟或更短时间内摧毁一座城镇,使数千人丧生,故目前对滑坡形成机理、活动演化等的研究大多都倾注于这些发势迅猛、规模大、滑速高的高速滑坡和剧动高速滑坡。国内外一些学者经过一系列的探索,取得了许多有价值的研究成果,提出了若干解释高速滑坡滑动原因的假说(表1.2)。近年来,我国学者提出了高速运动滑体能量传递说(表现为前后部的块体碰撞)和剧动式高速滑坡概念,并开展了相关的模型试验及理论研究。

表 1.2　大型滑坡高速远程机理假说

假说	提出者	主要内容
摩擦系数说	Fukanka Yoshido Masuda	速度增大,滑面上摩擦系数减小
气垫层说	Shreve Krunidieck	滑体适当的隆起,或插入地面均会收集和压缩其下面的空气形成气垫,因而减小正压力
孔隙气压力说	Habib Goguel	滑体滑动时,将因摩擦而产生热,使滑体内的水变成蒸气而形成气垫
无黏性颗粒流说	许靖华	大型滑坡是流动而不是滑动,碎石块间的石粉和细粒起着液体和气体一样的作用,使颗粒间法向压力减小,造成抗滑力减小
自我润滑说	Erisman	块体摩擦可使岩石自身蚀变成润滑剂
圈闭空气导致流体化说	Kent	在运动过程中,碎屑体内排出的空气快速向上运动,会导致极低的 f 值和流体化
颗粒流说	Davies	滑坡受颗粒流机制控制,形成极低的摩擦值
强度降说	吴其伟 李天池	岩石由于脆性破坏,或由于滑面物质遇水液化造成强度大幅度降低后引起高速滑动
诸多效应说	胡广韬	滑体由于受诸多效应作用,产生了启程举动和高速滑动现象

对于低速或缓动式低速蠕滑滑坡,已有部分研究人员对此类滑坡进行了研究,例如,刘晶辉等[19]以阜新海州露天煤矿北帮 9 号上泥岩为例研究软弱泥化夹层蠕变特征与边坡变形的关系。祖国林[20]对一大型倾斜楔体滑坡软弱夹层的蠕变特性进行了研究。应向东[21]利用黄蜡石滑坡深部位移监测数据,对其蠕变状态进行了分析。朱济祥等[22]对龙羊峡水电站泄流雾化雨导致岩质边坡的蠕变变位和滑坡发生的机理做了分析。杜长学[23]对一处于蠕动变形阶段、有软弱夹层滑坡的变形特征、成因、稳定性计算及分析方法进行了探讨并提出了相应的整治措施。但这些研究人员[19~30]对蠕滑型滑坡的形成、滑移机理、演化特征等方面系统的研究却涉及很少,多从形成原因和稳定性分析方面讨论,或仅仅部分地讨论了变形、破坏形成机理。因此急需对此类滑坡进行相关研究。

1.2.3　滑坡稳定性分析研究现状

滑(边)坡稳定性定量分析是滑(边)坡稳定性控制研究的基础,也是稳定性优化控制设计的依据,任何经济、合理、有效的滑(边)坡稳定性优化控制技术都源自对滑(边)坡稳定系数和最危险临界滑动面的正确评估。滑(边)坡稳定性分析的核心内容是地质模型、数学力学模型和计算方法的研究,即滑(边)坡稳定性分析模型与方法的研究,它一直是滑(边)坡稳定性问题的重要研究内容。目前研究滑坡的稳定性方法大致可以分为两类,即定性分析方法和定量分析方法。近年来,人们在前面两种分析方法的基础上,又引进了一些新的学科、理论等,逐渐发展起来一些新的边坡稳定性分析方法,如可靠性评价方法、模糊综合评价法、系统工程地质分析法、灰色系统评价法等非确定性分析方法。另外,还有物理模拟试验和现场原型观测等方法。目前滑(边)坡稳定性分析方法主要有:

(1)定性分析方法。主要是通过工程地质勘察,对影响边坡稳定性的主要因素、可能的变形破坏方式及失稳的力学机制、已变形地质体的成因及其演化史等进行分析,从而给出被评价边坡稳定性状况及其可能发展趋势的一个定性的说明和解释。其优点是能综合考虑影响边坡稳定性的多种因素,快速地对边坡的稳定状况及其发展趋势作出评价。常用的方法主要有自然(成因)历史分析法、工程地质类比法等[31~35]。

(2)极限平衡分析法。其主要种类有瑞典垂直条分法、Bishop法、Janbu法、Sarma法、Spencer法、Morgenstern-Price法、不平衡推力传递法、边坡平面破坏模式分析法、双滑面破坏模式分析法等,这些方法具有模型简单、计算公式简洁、可解决各种复杂剖面形状、能考虑各种加载形式等优点;但这些方法均存在没有考虑材料的应力-应变关系、所得稳定系数只是假定滑裂面上的平均稳定度,求出的条间力和滑条底部反力也不是产生滑移变形时真实存在的、计算模型过于简化、最危险滑动面确定困难等缺点[36~41]。

(3)最危险滑动面搜索法。主要采用变分法、黄金分割法、鲍威尔法、复形法、改进的 Morgenstern-Price 法、单纯形法、负梯度法、DFP法、动态规划法、遗传进化算法、Monte-Carlo法、模式搜索法等求解最危险临界滑动面的位置、形状和对应的最小稳定系数。该方法目前应用很广,不足之处在于不能反映任意形状滑动面曲率的变化,搜索到的常常是局部极值,容易遗漏真正的临界面[2,42~44]。

(4)图解法。考虑滑(边)坡的各种影响因素的变化,根据相应的公式制成图表,应用时只需查询相应的图表即可。主要有 Taylor 图表法、Bishop 图表法、Morgenstern 图表法、Spencer 图表法、实体比例赤平极射投影法、摩擦锥图表法等,该法简单、直接,但该类各方法有一定适用条件和适用范围[15,16]。

(5)塑性极限分析法。其优点是考虑了材料的应力-应变关系,并以极限状态时自重和外荷载所做的功等于滑裂面上阻力所消耗的功为条件,结合塑性极限分析的上、下限定理,求得边坡极限荷载与稳定系数;但极限分析法很难考虑复杂荷载及环境条件的变化,对渗流等因素也难以反映[2,45~47]。

(6)数值分析方法。主要有有限元法、界面元法、离散单元法、块体不连续变形分析法、有限差分法、数值流形法等,数值分析法可求得每一个计算单元的应力和变形,可根据不同的强度指标确定破坏区的位置及破坏范围的扩展情况,可求得合适的临界滑裂面的位置,且还具有经济、快速等优点;但数值分析法的计算工作量大,不能模拟一些重要的物理现象,对复杂边界条件问题、非均质各向异性问题、复杂结构问题等的处理工作量甚大或存在某些困难[48~60]。

(7) 块体理论分析法。其核心是找出临空面上的关键块体,具体分析手段有矢量运算法和全空间赤平投影作图法两种,它基于三维分析,用块体理论可求出边坡不稳定岩体全部塌滑型式和需施加的工程锚固力,它主要适用于坚硬和半坚硬岩质边坡[61]。

(8) 随机可靠性分析法。主要有 Monte-Carlo 模拟法、可靠指标法(包括中心点法和验算点法)、Rosenblueth 统计矩近似法、随机有限元法等,该方法运用概率论和数理统计等不确定性数学理论,把滑(边)坡岩体材料性能、边坡几何尺寸、外部荷载等参数视为随机变量,能反映滑(边)坡稳定性分析过程中的各种不确定性因素[62~65]。

(9) 模糊分析法。运用模糊理论的模糊变换原理和最大隶属度原则,综合考虑被评事物或其属性的相关因素,进而进行滑(边)坡稳定性等级或级别评价。

(10) 人工智能方法。包括遗传算法、专家系统和神经网络控制等方法。由于滑(边)坡工程是一个复杂的系统,在滑(边)坡工程设计、施工及管理中都包含不确定性、模糊性和工程经验判断,数据库技术已用于世界滑坡的目录编制;专家系统用于帮助审定露天矿边坡设计、边坡安全分析、滑坡识别与分类、滑(边)坡稳定性分析等;适用于并行处理和大型复杂优化问题的求解,能实现全局搜索优化,适合处理不十分明确的问题,能有效考虑岩土材料参数的变化和不确定性,但不能反映岩土体的内在应力应变,且需大量的实测数据[66,67]。

(11) 非线性科学方法。由于地质体中平衡和封闭是相对的,非平衡和开放才是绝对的,所以近几年众多学者将耗散结构论、协同学、突变理论、混沌理论、分形理论、断裂损伤及大变形理论、动态规划理论等非线性科学引入滑(边)坡稳定性分析中,极大丰富了滑(边)坡稳定性分析方法[68]。

(12) 物理模拟是一种较直观的边坡稳定性分析方法[69~73]。主要包括光弹模型、地质力学模型试验、离心模型试验等。由于物理模拟试验可以模拟各种复杂的地质条件和边界条件,能较全面而又形象地呈现工程结构与相关岩土体共同作用下的应力、变形机制、破坏机理、形态及失稳阶段的全貌,不仅能够揭示滑坡变形的发育分布规律及其对降水、人类活动的反映,而且可以预演滑坡变形至破坏的全过程,得到许多数值模拟无法得到的直观认识。研究此过程的演化规律对于认识滑坡实际的变形破坏过程、预测其动态演化规律极有意义,其结果对滑坡研究极具指导意义和参考价值,其重要性正日益受到重视。

(13) 现场原型观测是 1∶1 的模型试验,合理的监测内容的确定是掌握滑坡变形破坏动态特征的前提[26,74~85]。随着滑坡变形的发展,滑体、滑带在宏观上和微观上有多种反映,如位移、湿度、温度、应力、应变、地下水位、水化学场、孔隙水压力等。位移是滑坡变形最直接的表现,也是最易捕捉的滑坡动态信息。所取得的数据可直接用于边坡稳定性分析,是边坡工程研究的重要手段之一。

(14) 复合法。指采用两种或两种以上方法对同一滑(边)坡进行研究,以相互对照,相互验证,提高稳定性分析的可靠度。由于滑坡工程的复杂性,上述各种研究方法各有优缺点,各种方法均没有达到真正完满解决工程实际问题的程度。稳定性评价不可能依赖于单一方法。

可见,滑(边)坡稳定性分析方法众多,但各种方法都存在各自的优缺点和局限性,且计算结果也会因分析方法的不同、计算者的工程经验等产生较大的差异,往往难以满足现代工程对计算精度及经济效益的要求。因此,还应对以下几个方面进行更深入的研究:

(1) 加强对滑(边)坡稳定性的力学机理研究,同时辅以物理模拟,研究更为合理可靠的稳定性计算模型。

(2) 加强滑(边)坡稳定性分析试验研究。

(3) 加强滑(边)坡稳定性分析复合方法的研究,尽可能地把各种不同分析方法的优点结合起来。

(4) 加强滑(边)坡稳定性的随机可靠性分析方法和模糊分析方法研究。

(5) 加强滑(边)坡稳定性的系统化分析方法的研究。

(6) 加强滑(边)坡稳定性的智能化分析方法的研究。

在滑坡动态过程研究中,具体影响因素的确定有赖于深入的地质原型调查,地质分析是稳定性分析的关键。因此,需通过地表调绘和一定的地质勘探手段,查明边坡的水文工程地质条件、坡体结构、变形破坏迹象,分析边坡的变形破坏机制,建立边坡的地质结构模型,才能对边坡的稳定性作出合乎实际的评价。但仅有定性的地质分析,要准确地评价和预测滑坡的动态发展过程是远远不够的,而脱离地质原型研究的单纯的数学力学计算更是无法获取正确的分析结果。合理的研究方法应该是在深入地质原型调查分析的基础上,建立力学模型,采取数学力学理论进行定量计算和反演分析,这样才能既从现象上又从本质上去把握滑坡变形破坏的发展规律。目前岩土工程界日益重视将数值计算、物理模拟和现场观测三者紧密结合的综合研究,三者互相检验,相互促进。由于边坡工程的复杂性,采用现场测试、物理模型试验、数值模拟、室内物理力学试验等进行综合分析研究是边坡工程研究的发展趋势之一。

1.2.4 滑坡分类的研究现状

滑坡分类是认识和整治滑坡的重要环节,国内外从事滑坡分类研究的学者很多,从不同的角度,依据不同的分类指标提出了多种多样的分类方案和意见。滑坡分类的目的就在于对滑坡作用的各种表象特征及促其产生的各种因素进行组合概括,以便扼要地反映滑坡作用的内外在规律。科学的滑坡分类不仅能深化对滑坡的认识,而且能指导其勘察、评价、预测和防治工作。滑坡类型繁多,国内外的滑坡学者为不同的目的,从不同的角度,对滑坡进行各种各样的分类。尽管国际工程地质协会曾对分类原则和统一分类方案进行了专门性讨论,但由于这些分类方案各有其特点,故仍各自沿用至今。徐邦栋[15]在1965年提出了以滑动物质和滑体厚度为主的滑坡分类。铁路滑坡分类及分布规律研究协作组于1976年提出了以滑体物质及其成因为主的分类方案。晏同珍等[9]联系滑坡区域分布和滑坡主要性质及成因,提出滑坡区域分布的分类。傅传元结合产生滑坡的地质规律、运动特征,同时考虑滑坡防治的需要,提出了按滑体组成与滑带成因的滑坡分类(七类七型)。卢鑫栖[86]结合滑坡时代和历史提出滑坡的时代分类和历史分类。归纳起来,目前已有的滑坡分类主要有[87]:

(1) 按物质组成分类,包括岩质和土质两类。

(2) 按结构分类,根据结构面与坡面的关系、结构面倾角、岩体结构等划分。

(3) 按规模分类,根据滑动面深度、滑体体积划分。

(4) 按动力成因分类,刘广润等将滑坡划分为天然动力与人为动力两大类。

(5) 按滑坡变形破坏机制及特征分类,根据力学机制的传统经典分类分为牵引式和推移式两类,张倬元等[88]根据变形机制提出了蠕滑-拉裂、滑移-压致拉裂、弯曲-拉裂、塑流-拉裂、滑移-弯曲五种基本组合模式。

(6) 按滑坡岩土体运动特征分类,包括 Varnes 的斜坡移动分类、Hutchinson 的滑坡分类、根据岩土体运动速率分类,以及根据滑动形式分类。

(7) 按滑坡时代分类,波波夫按滑坡时代将滑坡划分为现代滑坡、老滑坡、古滑坡、埋藏滑坡等。

(8) 按滑坡历史分类,可分为首次滑坡和再次滑坡。

(9) 按滑坡变形破坏模式分类,孙玉科等提出倾倒变形破坏、水平剪切变形、顺层高速滑动、追踪平推滑移、张裂顺层追踪五类;晏同珍以滑坡发生的初始条件、根本原因及滑动方式表象为基础,概括了九种滑动机理类型;崔政权根据地质条件的综合分析并借鉴近代变形、失稳的崩滑体的变形、失稳条件与主诱发因素将三峡库区斜坡变形失稳概括为八种类型。

(10) Shuzhi 按滑动面性质和滑带土矿物组成划分为四种类型。

(11) 按主滑面成因划分为四种类型。

(12) 刘广润等[87]认为任何表征滑坡的完整概念都必须包括滑体特征、形成原因及其滑动情况这三方面的内容,采用综合分类法提出一套多层次的分类体系。

(13) 胡广韬[89]按启动特征对滑坡进行分类,即剧动式滑坡和缓动式滑坡;按滑移速度对滑坡进行分类,即高速滑坡、低速滑坡与中速滑坡。

高速或剧动式高速滑坡多发生在高山峡谷区,低速或缓动式低速滑坡多分布于地形低缓的山区或丘陵区。目前对滑坡形成机理、活动演化等的研究,大多都倾注于对那些发势迅猛、规模大、滑速高的高速滑坡和剧动高速滑坡[89,90]。而对低速或缓动式低速滑坡的形成、滑移机理、演化特征等方面系统的研究却涉及很少,多从形成原因和稳定性分析方面讨论,或仅仅部分地讨论了变形、形成机理[1,91]。

本书所研究的双(多)层反翘型滑坡属于缓动式低速滑坡。目前已有一些研究人员对具有双层或多层滑动面的滑坡系统进行了研究。例如,邹正盛等[92~94]在博士后期间以青海省西宁市林家崖滑坡为例进行了双滑面滑坡系统稳定性分析研究,论述了上滑体滑动效应,针对其特点建立了双层滑体边坡稳定性计算的公式并提出了稳定性分析程序及其防治原则。贺可强[95]对新滩滑坡这一大型堆积层滑坡的多层滑移规律进行了分析,建立了堆积层斜坡双层滑移物理模型并根据滑面的组合关系和形成机制对斜坡滑移进行了分类。张鲁新等[96]对东荣河滑坡这一具有三层滑面的滑坡系统进行了研究,利用现场勘测、滑坡监测及室内试验结果对多层蠕动型滑坡进行了滑坡成因机理研究。具有前缘反翘特征的滑坡在自然界中是十分普遍的,对于前缘反翘型滑坡的研究,目前正式见诸文献的有关研究并不多。常祖峰等[97]对小浪底工程库区岸坡倾倒变形进行了研究。张鲁新等[96]以东荣河滑坡为例研究了蠕动型滑坡的成因机理、滑面抗剪强度参数和滑坡变形特征。Yang 等[98]对日本第三纪软沉积岩中的蠕动滑坡进行了变形预报研究。陈广波[99]、杨建[100]、姚智[101]等对塑流-拉裂型滑坡进行了形成机理分析。胡广韬等[89,102]对缓动式低速滑坡的发育模式、滑移机理及演化动态等进行了较系统的研究。任伟中等[103,104]以某高速公路韩家垭滑坡为例定性研究了双层反翘型滑坡的特征和力学机理。陈尚法等(大岩淌滑坡)[105]、陈胜伟等(平高古滑坡)[106]、王尚彦等[107]、殷跃平等(兰州皋兰山黄土滑坡)[108]和徐志文等(三峡库区某滑坡)[109]在对滑坡进行研究的过程中均对滑坡前缘反翘的特征进行了描述。

综上所述,国内外对于双(多)层滑坡的力学机理和防治对策的研究文献还十分有限。对于既具有双(多)层滑动面又具有前缘反翘特征的双(多)层反翘型滑坡的研究极少,目前尚未有对此类滑坡的研究报道。

1.2.5 滑坡防治研究现状

滑(边)坡稳定性的有效与合理控制是滑(边)坡工程研究的最终目标,如何在满足工程安全性的前提下,使滑(边)坡稳定性控制工程的造价最低、对周围环境的破坏最小,这正是本书的出发点和归宿点。

滑(边)坡稳定性控制研究主要包括稳定性控制技术与方法(包括各种控制技术的整治加固机理、整治加固效果、各自的优缺点、适用范围等)、稳定性控制优化分析方法、稳定性控制优化设计、稳定性控制新的施工技术与方法、稳定性控制监测技术与方法等。稳定性控制方法[5,25~27,32,76,110~119]主要有削坡减载、前缘反压、地表及地下排水、抗滑支挡、滑坡体及滑带土改良、坡面防护、外在地质营力防治、实时监测及不同方法的复合等。稳定性控制技术主要有削减推动滑坡产生区的物质、增加阻止滑坡产生区的物质、减缓滑(边)坡的总坡度、地表截排水沟、渗水盲沟、截水渗沟、暗沟、平孔排水、真空排水、虹吸排水、电渗析排水、垂直深井(钻孔)集排水、深部水平廊道(隧洞)排水、抗滑挡墙、抗滑桩、预应力锚索、锚索桩、微型桩群、锚喷支护、刚架桩、排架桩、树根桩、土锚钉、加筋土、格构锚固、抗滑明洞、抗滑键、钢轨桩、钢管桩、支撑渗沟、清除滑体、麻面爆破、电渗、焙烧、灌浆、振动固结、化学加固、离子交换、高压旋喷、石灰桩、碎石桩、浆砌片石护面、干砌片石护面、三维网植草、挂网喷浆、护面墙、植草、铺草皮、框格防护、抹面、水泥混凝土预制块护坡、植物防冲刷、砌石防冲刷、抛石防冲刷、石笼防冲刷、挡土墙防冲刷、护坦、丁坝、顺坝、改移河道等。稳定性控制监测技术有地表位移观测(GPS、全站仪等)、钻孔测斜仪深部位移观测、滑动测微计观测、多点位移计观测、孔隙水压力观测、降雨量观测、地下水位观测、土压力观测、加固结构的变形与受力观测、锚杆(索)变形与受力观测、相邻建筑物变形观测等。在研究稳定性控制技术与方法时,还应对各种技术的整治加固机理、整治加固效果、优缺点、适用范围等研究清楚,方能有的放矢、高效地控制滑(边)坡稳定。

稳定性控制优化分析与设计是滑(边)坡稳定性控制的重要一环[43],正越来越受到相关科技工作者的重视与关注,它可缩短设计周期,提高设计效率,降低整治成本。在保证防护工程安全系数要求的前提下,在考虑环保要求及施工条件等因素后,以造价最低作为最优设计方案,最大限度地降低工程造价。目前的优化方法主要有线性规划法、非线性规划法、动态规划法、遗传算法、模拟退火法、神经网络法、蚁群算法等。滑(边)坡稳定性控制优化设计是一个最优化设计问题,优化方案受技术、经济、地质条件、施工条件、工程目的、人文条件、环保要求等因素的制约,是一种复杂又实用的系统工程,经济效益、社会效益和环境效益显著,应该进行重点研究。

1.3 本书的研究内容

本书以某高速公路韩家垭滑坡为工程背景[120],运用现场勘察、物理模拟、现场监测、数值模拟、时间序列分析、弹塑性力学、流变力学等多方法多手段综合研究了双(多)层反翘型滑坡的基本特征、形成发育条件、变形和破坏机理、渐进破坏力学模型、流变力学模型、时空演化规律及控制措施等。运用弹塑性力学和流变力学的有关理论,建立了"叠合梁"、"多层薄板"的渐进破坏力学模型,提出了该类滑坡的稳定性判据和整体启动时滑动面抗剪强度启动阈值,给出了岩层弯曲蠕变的时效变形方程和反翘岩层的蠕变压屈方程。通过大量的各种岩土物理力学试验、工程地质经验类比分析及力学指标反分析来综合选取滑坡的抗剪强度参数,比较优选出符合双(多)层反翘型滑坡的稳定性分析方法,建立一整套适合双(多)层反翘型滑坡的稳定性评估体系和力学参数选取方法。同时,运用物理模拟、现场监测、数值模拟等综合研究抗滑桩、锚杆等的加固机理。在此基础上,提出适合双(多)层反翘型滑坡的稳定性控制对策并进行防治工程优化。

由于双(多)层反翘型滑坡是在比较特殊的地质环境条件下形成的,系首次发现,前人基本上未进行过研究,本书在解决该类滑坡灾害防治的同时,努力探索该类滑坡的成灾机理和控制对策。采用的研究技术路线如图1.1所示。

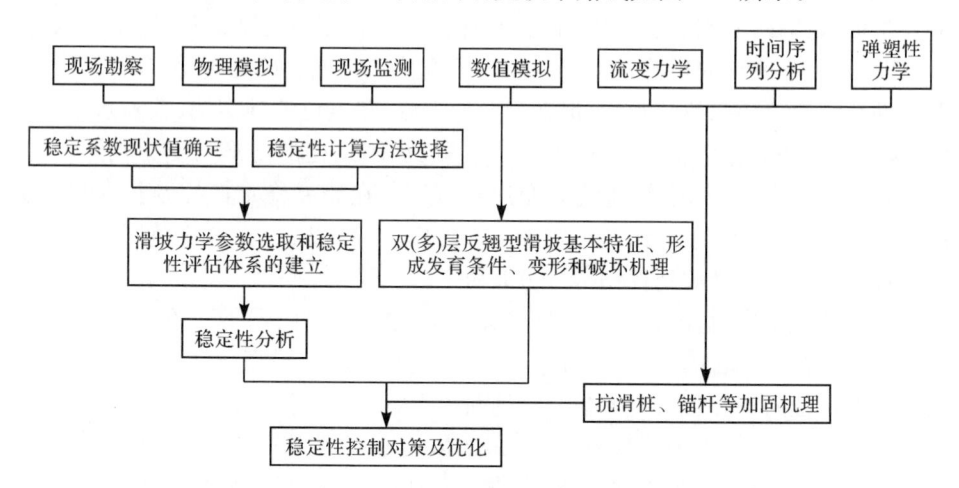

图1.1 拟采用的研究技术路线

本书的主要研究内容包括:
(1)运用钻探、井探、槽探、物探、地表调绘等多种工程地质勘察手段,深入揭示双(多)层反翘型滑坡的基本特征和形成发育条件。
(2)运用现场勘察技术分析研究双(多)层反翘型滑坡的变形和破坏机理、前缘岩层"反翘"成因。

(3) 运用测斜孔、孔隙水压力计、土压力盒、钢筋计、锚索测力计等原位监测技术分析研究双(多)层反翘型滑坡的变形和破坏机理。

(4) 运用时间序列分析有关理论,对双(多)层反翘型滑坡的时空演变规律进行研究,得出了滑坡稳定系数、位移的数学拟合模型,并对滑坡位移进行了预测。

(5) 运用多工况的大块体地质力学模型试验,采用数码相机数字化近景摄影测量技术,在实验室内进行物理仿真,研究双(多)层反翘型滑坡在漫长地史时期的发育、发展、演化和形成全过程,直观地反映该类滑坡的变形破坏力学机理。

(6) 采用有限元方法与刚体极限平衡方法相结合的数值模拟技术,计算分析双(多)层反翘型滑坡的变形和破坏机理、前缘岩层"反翘"成因及稳定性状态。

(7) 运用弹塑性力学有关理论,对滑坡"双(多)层蠕滑—反翘变形—弯曲折断—坡体滑移"的渐进破坏机理进行了深入的分析,建立了"叠合梁"、"多层薄板"的渐进破坏力学模型,提出了相应的稳定性判据,给出了滑坡整体启动时滑动面抗剪强度启动阈值。运用流变力学有关理论结合"叠合梁"、"多层薄板"的变形方程,给出了考虑岩层弯曲蠕变情况下的时效变形方程,建立了平面应变条件下反翘岩层的蠕变压屈方程,建立了反映滑坡变形规律的复合流变模型和破坏规律的破坏模型。最后利用现场监测和室内地质力学模型试验所得数据对所建模型进行了验证。

(8) 对反算滑坡力学参数时不同发育条件下稳定系数的选取和稳定性计算方法的确定进行较深入的研究探讨,提出一整套滑坡抗剪强度参数的综合选取方法和稳定性评估体系,最后以某滑坡为例进行实际工程应用。

(9) 采用微型光纤压力传感器、微型电阻应变片、测斜仪等测试加固工程变形受力全过程,研究整治工程加固机理、优化加固工程设计,并提出适合双(多)层反翘型滑坡的稳定性控制对策。

第 2 章　双(多)层反翘型滑坡的基本特征和形成发育条件

在湖北省某高速公路建设过程中,发现其中的韩家垭滑坡是一个巨型双层反翘型滑坡,这种类型的滑坡以前未被发现过,为了有效防治该类滑坡,必须深入研究其基本特征和形成发育条件。为此,本章以韩家垭滑坡为例,详细论述双(多)层反翘型滑坡的基本特征和形成发育条件。

2.1　滑坡基本特征

2.1.1　滑坡形态特征

韩家垭滑坡东边界为 K427+700 附近有深冲沟,西边界为 K428+250 附近有深冲沟,滑体南后壁清晰,存在一倾角大于 35°的陡壁,滑体北前缘为韩家沟。滑体东西长约 550m,南北宽约 330m,相对高差约 160m。滑坡边界较为清楚,形态特征比较明显。滑体东、西两侧边界均为深切冲沟,其下切深度明显比其他冲沟大,滑坡后缘陡壁明显,滑坡前缘 K428+00~K428+150 段滑舌向前伸出,致使前缘韩家沟此处变窄,似被滑舌"锁住",韩家沟中小溪也在此发生明显弯曲。

在滑坡体内滑坡平台发育,由下而上可分为三级:Ⅰ级平台高程为 290~305m,沿坡面大致呈连续分布;Ⅱ级平台高程为 320~340m;Ⅲ级平台高程为 350~370m。Ⅱ、Ⅲ级平台前缘斜坡均表现为崩塌土石堆积,平台内及前缘斜坡岩层层面均发生倒转,倾角一般为 25°~40°,平台内凹槽由东至西,逐渐表现不明显(图 2.1、图 2.2)。

2.1.2　滑坡结构特征

1.滑坡横向结构特征

滑体内冲沟发育,以 K427+950 南坡冲沟为界可在横向上将滑体分为东、西两部分,西部滑体为主动滑体,滑动主轴方向为 325°~340°,该部分滑体已基本形成一个统一贯通的滑动面,而呈整体滑动,具有典型的双层反翘型滑坡特征;东部滑体为被动滑体,该部分滑体尚未形成一个统一贯通的滑动面,主要为由多个相互之间存在一定力学联系的滑坡所构成的滑坡群,滑坡群的滑动主轴方向约 NW315°(图 2.1)。下面主要叙述主动滑体的特征。将滑体区分为主动和被动滑

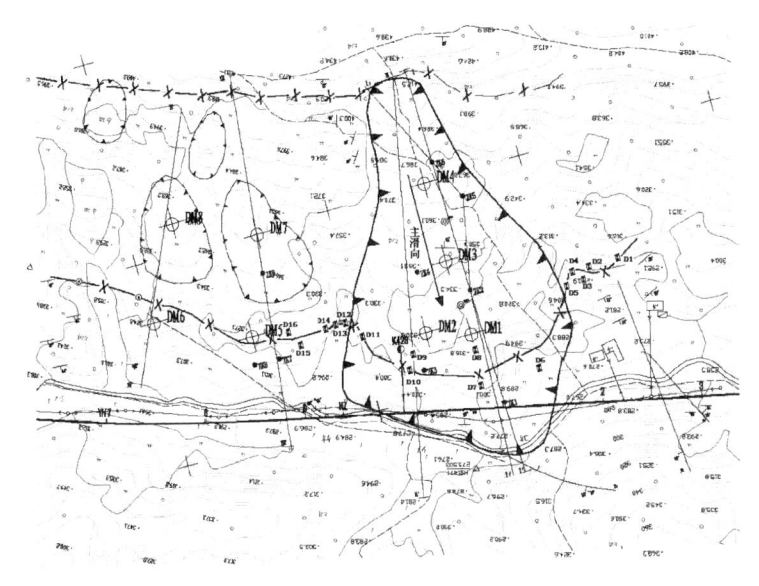

图 2.1 工程地质平面图

图 2.2 韩家垭滑坡全景

体两部分,主要考虑以下几方面的原因:

(1) 从地貌上看,主动滑体上滑坡平台不明显,自然坡角较缓,这与滑动面特征及风化剥蚀先后有关。

(2) 从 ZK7 与 ZK3 钻孔资料对照来看,两孔孔口标高相近,揭露岩性相同,都是变粒岩夹绢云母片岩,但 ZK3 钻孔钻进 40m 以上岩芯依然破碎,以强风化岩层为主,而 ZK7 钻孔钻进 10 多米岩芯相对完整,以弱风化岩层为主,表明主滑体的滑动位移和下滑力更大。

(3) 从物探资料上看，在 K427+950 南坡冲沟存在一剪切带，这是由于主动滑体下滑位移比被动滑体的大，致使其间发生剪切作用而形成一个岩石破裂带。

(4) 从滑动面的标高上看，在地面标高相近时，主滑体滑动面标高普遍比被动滑体标高低，这使被动滑体向主动滑体方向的滑移成为可能。

2. 滑坡纵向结构特征

主动滑体后壁主要为辉绿岩与变粒岩夹片岩的南侧分界面，其产状为 N75°W/NE15°∠67°。滑体后缘主要由残坡积和崩塌松散堆积层组成，由于剥蚀作用，此层在滑体横向上呈不连续分布，层厚不均，后缘地表目前未见拉裂缝。

滑体中部主要发育在辉绿岩中，该部分是滑坡的主体，其滑动带基本上与变质辉绿岩内的破劈理平行，滑动破碎带特征明显，主要由辉绿岩碎块与红褐色黏土组成，在黏土与碎块接触镜面上可见明显的滑动擦痕，而滑动带上、下的弱风化辉绿岩岩芯较为完整，岩块强度较高。

滑体前部主要发育在变粒岩夹片岩中，受到辉绿岩内上中部滑体下滑推力作用，使滑体前缘变粒岩夹片岩岩层发生弯曲，岩层产状发生反转，岩石受到强烈的挤压作用，致使变粒岩层破碎(图 2.3)。这从 ZK3 钻孔资料可以看出，该钻孔强风化变粒岩厚度大，埋深达 45m 以上，岩芯破碎(图 2.4)。

图 2.3　滑体前缘变粒岩"反翘"弯曲

滑体前缘变粒岩夹片岩在滑坡发展过程中，对上中部滑体的下滑存在一定的阻挡作用。在上中部滑体的下滑推力作用下，滑体前缘变粒岩层发生弯曲→拉裂→沿片理面、节理面、岩石断口的滑移，这种破裂滑移作用由辉绿岩与变粒岩北侧分界面处向沟底渐进发展。在主滑体中，目前已形成一个折线状的贯通滑动面。

通过地表调绘和槽探，比较准确地查明了变质辉绿岩与变粒岩的下部界线

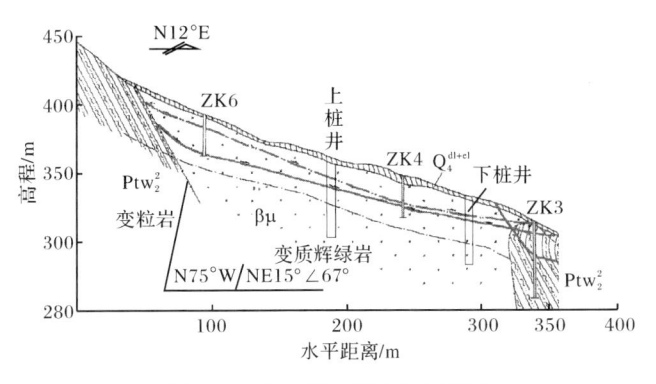

图 2.4 Ⅱ—Ⅱ′工程地质剖面图

(图 2.1),该地层界线在地表基本呈连续分布,但主滑体部分明显前移,呈弧形向前突出,这进一步说明主滑体存在向下滑动位移。

从韩家沟中涵洞及桥墩桩基挖孔桩井施工开挖揭露出的基岩地层来看,在位于 K427+750 处离南侧山坡坡底 10m 左右的挖孔桩桩底,弱风化变粒岩地层产状 15°∠65°,岩层较完整(图 2.5)。在离南坡坡底约 18m 处的桩底,弱风化变粒岩地层产状 20°∠54°,产状稳定,岩层较完整。而 K427+750 处坡底变粒岩层产状近乎直立,往北岩层产状较快地成为向北倾,地层产状很快恢复,与区域地层产状一致。在位于 K427+910 处的涵洞地基中,在南坡坡底变粒岩层产状向南倾,倾角很大,近乎直立;由南往北,岩层产状呈逐渐过渡,至离南坡坡底约 7m 处,岩层产状开始向北倾,但倾角较陡,再往北,岩层产状逐渐恢复正常,逐渐与区域上岩层产状一致。整个沟底未见断层破碎带。因此,可基本排除地质构造引起变粒岩层"反翘"的可能性。

图 2.5 韩家沟挖孔桩底变粒岩层

3. 滑坡垂向结构特征

对于主滑体而言,在深度方向上,中上部变质辉绿岩体中滑坡存在双层滑动面(带),两层都为沿变质辉绿岩内破劈理顺层滑动(图2.4～图2.6)。上层滑面倾角后缘约66°,中部为21°～5°,前缘约17°,埋深7.5～13.8m,其发育于强风化与弱风化的分界面,埋深浅,属浅层滑动。该滑面稳定性较差,由于它向下滑动,已见部分强风化辉绿岩上覆于滑体前缘的变粒岩层之上,这从ZK1钻孔资料中可明显看出,该孔0～4m为强风化辉绿岩,以下才是强风化变粒岩。下层滑动面倾角后缘约66°,中部为18°～40°,前缘约13°,埋深为18～30m,它发育于弱风化变质辉绿岩内,埋深大,属深层滑动。在下部变粒岩夹片岩岩体中滑坡具单层滑动面(带),滑面倾角后缘约62°,中部为21°～45°,前缘为10°～16°,埋深18～25m,该滑动面呈折线形,滑动带厚度上部大,向滑坡前缘逐渐变小,在沟底滑动带厚度几乎为0,但可见较明显的剪出滑动面。滑面以上岩层倒转且倾角较小,滑面以下岩层略有倒转,但其倾角较大,此乃上部滑体滑动牵引所致。

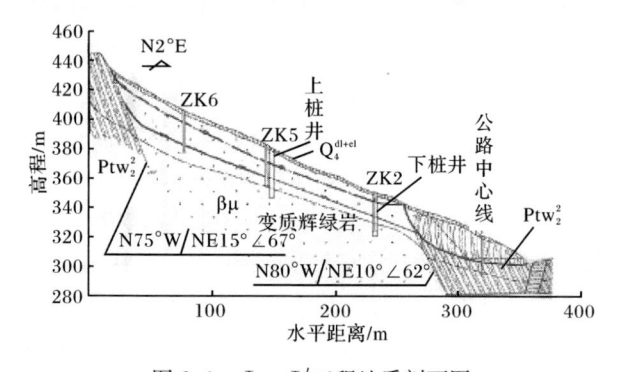

图2.6 Ⅰ—Ⅰ′工程地质剖面图

4. 滑坡水文地质结构特征

滑体浅部第四系残坡积土层的含水量较高,孔隙比较大,颗分结果显示其中砂粒、粉砂含量较高,黏粒含量较低,说明残坡积土层的含水性和透水性较好。强风化辉绿岩、变粒岩中裂隙发育,其透水性和含水性也较好,但强风化变粒岩比强风化辉绿岩的透水性和含水性稍差。弱风化辉绿岩、变粒岩中构造裂隙发育,其含水性和透水性较好,但比强风化地层略差。滑带土由于曾经受过强烈的剪切摩擦作用,致使其黏粒含量较高,透水性和含水性较差,可视为相对隔水层。滑体后缘由于经受过拉伸作用,岩体结构松散,张拉裂隙发育,含水性和透水性较其他地方更好。滑动面以上滑坡体由于曾经受过滑移扰动,岩体结构相对松散,它比滑面以下滑床地层的含水性和透水性更好,在滑体前缘剪出口附近沟底可见一些地表湿地,即是滑体地下水排泄出地表的结果。

从滑体地貌上看,上陡中缓下陡的地形,有利于地表水渗入滑坡体内。在雨季,地表降雨入渗滑坡体内,增加了滑坡体地层的含水量,滑体地下水位上升,使滑体的重度增大,增大了滑体的下滑力。浸湿范围加大,浸湿程度加剧,降低了滑体地层的抗剪强度。滑体后缘地下裂隙水压力和滑体中的动水压力将直接增大滑体的下滑力。滑体中的静水压力增大了滑面上的孔隙水压力,使滑面上的有效应力减小,这也导致滑体抗滑力的降低。滑面以下弱风化地层中的地下水,由于滑动带的相对隔水性,使滑面以下的地下水具有一定承压特性,使其对滑面产生一定的浮托作用,从而进一步降低滑面的抗剪强度。

从桩井及钻探结果来看,该滑坡区在旱季地下水位较低。但在雨季,由于该区地层中含有多层黏土层,容易形成多层层状水,这些层状水对滑坡稳定性极为不利,在雨季短期内即可在滑体内形成较大的动静水压力、扬压力,并降低滑面抗剪强度参数,这一点尤应引起重视。

本次滑坡勘察正处旱季,滑体中地下水位很低,所取得的地下水位资料很少,在后续的稳定性计算过程中也未考虑有关地下水的作用,但应重视地下水对滑坡的不利影响,在力学参数取值和稳定系数等方面作适当的考虑。

2.1.3 滑动面(带)的确定

1. 钻探

在滑体上共布置九个钻孔,通过各钻孔岩芯地质鉴定,基本确定了滑动面(带)。辉绿岩中的滑动带特征明显,主要由辉绿岩小碎块与红褐色黏土组成,变质辉绿岩碎屑直径为 0.2~0.5cm,小碎石直径为 1~3cm,在黏土与小碎块接触镜面上可见明显的滑动擦痕。变粒岩夹片岩中的滑动面主要由灰黄色、灰黑色及少许灰白色的黏土、亚黏土夹片岩碎屑组成,油脂光泽,有摩擦镜面,其上可见细擦痕。各钻孔的滑动带埋深分别为:

ZK1:19.80~21.10m;ZK2:6.9~7.4m、18.10~18.40m;ZK3:25.80~26.0m;ZK4:19.50~20.50m、21.40~22.60m;ZK5:13.20~13.80m、25.40~25.60m;ZK6:9.10~9.30m、27.30~29.80m;ZK7:13.45~13.57m;ZK8:21.20~21.40m;ZK9:13.40~13.70m。

2. 高密度电法及声波测井

滑动带为低电阻层,根据四横四纵高密度电法勘探剖面的结果,基本与钻孔揭示的相符。根据 ZK1、ZK2、ZK5、ZK7 钻孔声波测井结果,变质辉绿岩中滑动带岩土纵波速度为 1800m/s,弱风化辉绿岩纵波速度为 4000m/s,滑动带完整性系数为 0.23,滑动带岩石破碎,完整性差;变粒岩夹片岩中滑动带岩土纵波速度为 1700m/s,岩石纵波速度为 2800m/s,滑动带完整性系数为 0.36,表明滑动带内岩石磨碎严重。各钻孔的低纵波速度带与钻探揭示的滑动面位置一致。

3. 槽探

在滑体前缘布置一系列探槽，$D_1 \sim D_5$ 位于主滑体右侧，$D_{12} \sim D_{16}$ 位于主滑体左侧，$D_6 \sim D_{11}$ 揭露滑体前缘，具体位置如图 2.1 所示。D_5 揭示变粒岩与变质辉绿岩的分界面(图 2.7)，变粒岩的片理产状为 N81°W/NE9°∠66°，滑动带厚 0.5~0.8m，主要由红褐色亚黏土、黏土和褐黄色粉砂组成。D_2、D_3 揭示滑体前缘变粒岩体岩层弧形弯曲状态(图 2.8)，岩层产状倒转，岩体松动、强风化，与片理近于垂直的弯曲折断张裂隙发育，一般张开 0.5~2.0cm，对于同一片理自上而下产状分别为 210°∠20°、213°∠32°、214°∠50°，说明变粒岩层自上而下由缓变陡。D_1 揭示了滑体前缘的剪出滑动面(图 2.8)，滑面上、下岩层产状明显不连续，滑面以上岩层产状倒转且倾角较小，而滑面以下岩层略有倒转，但其倾角较大，说明主动滑体的滑坡剪出口位于前缘深沟沟底附近。在 D_{12}、D_{13}、D_{14}、D_{15}、D_{18}、D_{19}、D_{22}、D_{23}、D_{24} 等探槽挖出的残坡积地层物质中，在黏土与小碎块接触表面上可见到明显的擦痕，擦痕定向排列，擦痕产状与坡向相近。擦痕较新鲜未固结，说明在主动滑体、被动滑体的浅部残坡积地层中存在明显的新近期间歇性塑性蠕滑(图 2.9)。

图 2.7　滑坡后壁变粒岩与辉绿岩分界线　　图 2.8　滑体前缘剪出口

图 2.9　D_{18} 中滑动擦痕

4. 探井

1) 下探井(14#桩位)(表2.1)

表2.1　下探井(14#桩位)展开

层号	层厚/m	绝对标高/m	深度/m	地层岩性	地层岩性展示图	描述
Q_4^{dl+el}	4.40	330.8 326.4	0.00 4.40	第四系残坡积，由辉绿岩碎石和黏土组成		第四系残坡积，由黄褐色粉砂质亚黏土、红褐色黏土和辉绿岩碎石组成，碎石含量19%~20%，块径7~15cm，呈棱角状，土体结构
Q_4^{dl+el}	4.50	323.5 322.9 322.6 321.9	7.30 7.90 8.20 8.90	第四系残坡积，由辉绿岩碎石和黏土组成，在黏土面上都发现擦痕，存在两个滑面		第四系残坡积，由红褐色黏土和辉绿岩块石组成，碎石含量20%~30%，块径分两组，小粒径组为5cm左右碎石，大粒径组为5~30cm灰绿色块石，呈棱角状，土体结构，黏土含水量较高，在其上发现多处明显的擦痕，摩擦镜面明显，整段内无渗水点，干燥，在7.3~7.9m处发现一滑面，滑面上有明显擦痕，滑面产状:49°∠46°，擦痕产状:10°∠35°，滑面下为褐黄色黏土与小碎石(约占30%)的混合物，滑面上为辉绿岩块石(粒径5~10cm，含量45%左右)与黏土的混合物，其间黏土也有多处擦痕，在8.2~8.8m处发现一滑面，滑面上发现有擦痕，滑面产状:343°∠34°，擦痕产状:63°∠28°，滑面上有一层厚30cm的黄褐色黏土，其上有明显擦痕，滑面上为红褐色黏土与辉绿岩碎石(粒径8~10cm含量30%)的混合物，滑面下为强风化辉绿岩层，黄绿色，岩石节理发育
$\beta\mu$	9.85	312.0 311.0 310.3	18.75 19.80 20.50	弱风化辉绿岩层和强风化辉绿岩层(非常发育)，发现两个滑面		弱风化辉绿岩层，由上至下，岩石的整体性、坚硬程度逐渐提高，其上部岩层节理较发育，岩石为灰绿色，裂隙之间无填充物;其中、下部岩层整体性好，岩石坚硬，节理发育较少，裂隙之间无填充物，岩石为灰绿色、泛白，属变余辉绿结构，片状构造岩层产状为:228°~231°∠52°，所测几组节理产状(由上到下)为:43°∠50°、94°∠82°、190°∠65°、120°∠56°、325°∠56°、295°∠30°、212°∠66°、67°∠88°等。在18.75~20.5m处发现一滑面，在滑面上夹杂着一层厚25~30cm糜棱状的软弱夹层，夹层由黄褐色黏土和细碎的辉绿岩组成，其上面干燥，下界面黏土潮湿，在其中含有一层2cm厚的红褐色黏土层，土层含水量很大，类似淤泥，比淤泥还软，软弱夹层松散，用手即可掰开，其上有大量明显的擦痕，其上界面产状:340°∠58°，下界面产状:332°∠58°，擦痕产状:36°∠48°；在19.80~20.50m处发现另一滑面，与其上的滑面交会，滑面上的破碎带较上面滑面的薄，为10cm左右，其间黏土层厚5mm左右，黏土层含水量大，较黏手，为红褐色，在其中发现多处擦痕，破碎带中夹杂的小辉绿岩碎石的粒径为1~5cm，滑面产状为:1°∠27°

注:总深度为20.5m，井径为1.5m，孔口标高为330.8m，开工日期为2000年8月16日，竣工日期为2000年9月16日。

通过桩井揭示，在下探井(14#桩位)中，从4.6m深处在黏土与辉绿岩小碎块接触镜面上可见明显的滑动擦痕，向下擦痕逐渐增多。在7.3~7.9m处见一滑面,摩擦镜面清晰可见,在阳光下闪闪发光,滑面上擦痕明显(图2.10、图2.11),滑面产状49°∠46°,擦痕产状10°∠35°,滑面下为褐黄色粉质黏土夹细小碎块(碎块约占30%),强度较高,含水量较低;滑面上为黏土夹辉绿岩碎块,呈褐红色,黏土含量很高,辉绿岩碎块块径1~5cm,少量碎块块径可达30cm,碎块与黏土交界面上可见明显的滑动擦痕定向排列,黏土中含水量很高,井壁表面渗水明显,地层强度很低,用手可轻易挖动。在8.2~8.9m处又见一滑面,滑面上擦痕清晰可见,滑面产状343°∠34°,擦痕产状63°∠28°,滑面上有一层厚30cm的黄褐色黏土,其上有明显擦痕。滑面上为红褐色黏土与辉绿岩碎块(块径为8~10cm,指碎块含量为30%)的混合物,滑面下为强风化辉绿岩层,黄绿色,岩石节理发育。上层滑动带及其影响带为4.6~8.90m。

图2.10　下探井8.9m处滑动面 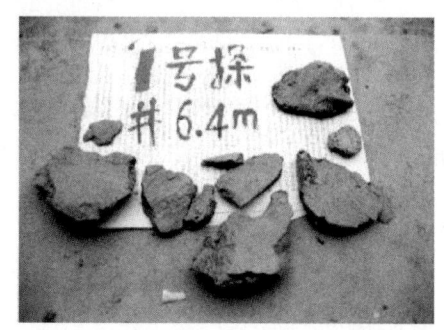　　图2.11　下探井6.4m处滑动面擦痕土样

在18.75~19.80m处见一滑动带,滑带为厚25~30cm的糜棱状软弱夹层,夹层由黄褐色黏土和细碎的辉绿岩碎块组成,其上界面干燥,黏土含量较多,下界面有一层厚2cm的红褐色黏土层,黏土层含水量大,类似淤泥。软弱夹层松散强度低,用手指即可碾碎,其上可见明显的滑动擦痕(图2.12)。其产状338°∠58°,擦痕产状36°∠48°。

图2.12　下探井19m处滑动面

在19.80~20.50m处发现另一滑动带,滑带产状为1°∠27°,与前滑带相交会,但较前滑带厚度小,约10cm。滑带下部包含一层厚约5mm的黏土层,呈红褐色,黏土层含水量大,用手指即可挖出。滑带中夹杂的辉绿岩小碎块块径为

1~5cm,在其中发现多处擦痕。

2)上探井(35#桩位)(表2.2)

表 2.2　上探井(35#桩位)展开

层号	层厚/m	绝对标高/m	深度/m	地层岩性	地层岩性展示图	描述
Q_4^{dl+el}	2.60	360.0 357.4	0.00 4.60	残坡积层,由黄褐色亚黏土、红褐色黏土及辉绿色碎石块组成		第四系残坡积层,由黄褐色亚黏土、红褐色黏土及辉绿岩碎石块组成,碎石含量2%左右,块径10~15cm,呈棱角状,土体结构
Q_4^{dl+el}	15.20	355.28 352.20 352.50 351.50	4.72 6.30 8.50	残坡积层,由红褐色黏土和辉绿岩块组成,发现多处滑面		第四系残坡积,由红褐色黏土和辉绿岩块石组成,碎石含量依深度而变化,其上部碎石块含量20%左右,块径5~20cm,块石为灰绿色,呈棱角状,土体结构,中部石块含量50%~65%,块径明显增大,多处发现巨大的辉绿岩块,粒径分两组,一组为10~15cm,另一组为20~50cm,下部块石含量65%左右,块径趋小,粒径分两组,一组3~5cm,一组20~30cm,整段黏土含水量适中,较黏手,在其表面上发现多处明显擦痕; 在4.72~6.30m处发现一滑面,滑面上有明显擦痕,滑面产状:7°∠81°,将近直立,擦痕产状与滑面产状类似,滑面在探井内出露较窄; 在6.5~8.5m处发现一滑面,滑面上有明显擦痕,滑面产状354°∠78°,擦痕产状358°∠73°
$\beta\mu$	9.20	342.20 342.00 341.40 340.50 338.00 337.10 333.60 333.00	17.80 18.00 18.60 19.50 22.00 22.60 26.40 27.00	强风化辉绿岩石 弱风化辉绿岩石,发现两处滑面		强风化辉绿岩层,产状不明显,岩石为土黄色,软弱且破碎,用手可折断。为变余辉绿结构,片状构造,岩层节理发育,裂隙间无填充物; 在18.00~18.60m处发现一滑面,滑面产状349°∠27°,其上附有一层10mm厚的红褐色黏土层,含水量较高,滑面上发现一些擦痕 弱风化辉绿岩石,岩石为灰绿色、泛白,岩层节理发育,局部节理裂隙中夹杂薄的黏土夹层,黏土为红褐色,含水量适中,较黏手,其上发现多处擦痕。岩层产状由上至下测得:356°∠26°、321°∠38°、324°∠29°~34°,节理产状由上至下测得:252°∠67°、295°∠76°、293°∠84°,岩层为变余辉绿结构,片状构造;在22.0~22.6m处发现一滑面,其上附有一层较薄的黏土层。黏土为红褐色,含水量适中,较黏手,滑面上发现几处擦痕,但不明显,滑面产状:75°∠21°; 在26.40~27.00m发现一滑面,滑面产状:325°∠23°,在滑面上有一层红褐色黏土,黏土含水量较高,其上发现一些擦痕。在滑面以上的辉绿岩片理面上局部发现明显的擦痕,面上局部覆盖一薄层黏土,滑面以上顺片理、节理发育,绝大部分片间无填充物,但附有一些红褐色的氧化物,片理产状为:9°∠73°,片理厚约5~20mm,片理有些粗糙,有一定起伏度,片理之间有一层薄的红褐色黏土填充物,厚2mm左右,黏度很高。在井壁测得一组节理,其产状为293°∠84°,节理间的黏土面上擦痕不明显

注:总深度为27m,井径为1.5m,孔口标高为360.0m,开工日期为2000年8月16日,竣工日期为2000年9月16日。

在上探井中，在4.72～6.30m处发现一滑面，滑面上擦痕明显，产状7°∠81°，擦痕产状与滑面产状近似，滑面在探井中出露较窄。

在6.50～8.50m处又见一滑面，滑面上擦痕明显，滑面产状354°∠78°，擦痕产状为358°∠73°。

在18.00～18.60m处发现一滑面，滑面产状349°∠27°，其上覆一层10mm厚的褐红色黏土层，含水量较高，很黏手，滑面发现一些擦痕（图2.13、图2.14）。

图2.13　上探井18m处滑动面 　　图2.14　上探井18m处滑动面擦痕土样

在22.00～22.60m处发现一滑面，其上附有一层较薄的黏土层，黏土呈红褐色，含水量适中，较黏手，滑面上发现几处擦痕，滑面产状75°∠21°。

在26.40～27.00m处又见一滑面，滑面产状325°∠23°，在滑面上有一层红褐色黏土，含水量较高，其上发现明显的擦痕。在滑面以上的辉绿岩片理面上局部发现明显的擦痕，面上局部覆有一薄层黏土。滑面以上岩石片理、节理发育，绝大部分片理间无充填物，片理产状9°∠73°，片理厚为5～20mm，片理面粗糙且有一定起伏度（图2.15、图2.16）。在井壁测得一组节理，其产状为293°∠84°，节理间有一薄层红褐色黏土充填，厚为2mm左右，较黏手，节理间的黏土面上擦痕不明显。

图2.15　上探井27m处滑动面 　　图2.16　上探井27m处滑动面擦痕土样

综上所述，K427+750～K428+180段南坡存在滑动是毫无疑问的，滑动面的位置和埋深通过多种有效的勘察手段被准确地确定出来。

2.2 双(多)层反翘型滑坡形成发育条件

2.2.1 气象水文条件

双(多)层反翘型滑坡易发区域属亚热带大陆性季风气候，日照充足，四季分明，山区多雨多雾，年平均气温11～17℃，最高月平均气温28～29℃，极端最高气温39～41℃(7～8月)，最低月平均气温1℃左右，极端最低气温−11.9℃(1～2月)，无霜期240天左右，年平均降水量696.1～900.0mm，年降水分配极不均匀，可分为明显的雨季和旱季，一般7～9月为雨季，其降水量约占全年降水量的39%～48%；12月至次年1、2月为旱季，其降水量仅占全年降水量的6%[121]。降水具连续集中、强度大等特点。全年盛行东南风，其次为西北风。该类滑坡易发区域，河流发育，大多属典型的山区河流，河床比降较大，水量的季节性变化也大，大多属典型的雨源型河流，径流主要来源于降水，许多小支流为山区季节性河流，流量受降水控制明显，河水具有随季节暴涨暴落的特点。

2.2.2 地形地貌条件

对于双(多)层反翘型滑坡，滑坡前缘的地形较陡，地表坡度较大，同时必须要有滑坡前缘岩层向前反翘变形的空间(即存在一定的临空面)，而且滑体中上部的地表坡度也应较大，一般大于20°。

滑坡体大多位于河流水库岸边，滑坡体呈撮箕状展布于坡脚，前后缘高程差较大，滑坡体后缘倾角稍大，前缘平缓或反翘，整体较为平缓，平均坡度多为15°～20°。滑坡发育特征较典型，平面形态呈不规则的扇形，两侧边界多发育同源冲沟，后缘呈圈椅状形态。

2.2.3 地层岩性条件

双(多)层反翘型滑坡一般发育于前缘地层为薄层状且强度较低的软弱层状岩层(即板裂介质岩体)中，其岩层的单层厚度一般小于20cm，岩层的倾角较大，且岩层倾向与坡向相同(即顺倾)。同时，作为滑坡主体的双层滑动，部分岩体中一般发育顺坡向的层面、软弱夹层、断层或大节理等软弱结构面。这些软弱结构面的抗剪强度较低，足以使双层滑动地层产生足够的剩余下滑力，以促使前缘岩层反翘变形，且这些软弱结构面倾角相对前缘岩层较缓，所以前缘岩层与中上部双层滑动岩层之间应存在一个不整合面或其他地质构造界面。

位于三峡库区的双(多)层型滑坡,滑体大多为松散的第四系崩坡积、坡积物,且其堆积物厚度较大,所以,一般此类滑坡的规模都比较大。例如,新滩滑坡,其堆积物厚度可达30~40m。堆积物以粉质黏土、碎石土及块裂岩为主,滑坡后缘坡度较大,前缘则较为平缓,一般整体平均坡度为15°~20°。滑坡体的堆积体结构较为松散,表现出孔隙性大、透水性强的特点。

2.2.4 地质构造条件

要形成双层反翘型滑坡,必须具备特殊的地质构造条件。首先,其前缘岩层必须为顺向陡倾的薄层状的软弱层状板裂结构岩体,岩层的抗弯刚度和抗拉强度较低,从而使得这种层状板裂结构岩层易于发生弯曲折断的溃屈型变形破坏。就韩家垭滑坡而言,滑坡前缘岩层为顺倾薄层状的变粒岩夹片岩岩层,片理倾角大于60°。其次,滑体中上部岩层中一般发育有迹长较长、贯通性较好的缓倾软弱结构面,这种缓倾软弱结构面在水等外部因素作用下,抗剪强度逐渐降低最后逐渐贯通为滑动面。再次在前缘反翘岩层与中上部双层滑动岩层之间应存在一个不整合面或其他地质构造界面。对于上述滑坡而言,双层滑动面发育于侵入变粒岩夹片岩地层的辉绿岩岩墙中,辉绿岩层中发育一组顺向缓倾的延伸性较好的破劈理,破劈理倾角为30°~50°,该两层滑动面基本上是顺着破劈理发育的,辉绿岩岩墙基本上是沿着变粒岩夹片岩的片理方向侵入的,其交界面与片岩的产状一致。破劈理本身是一组变形变质过程中的剪切破裂面,极易沿破劈理发生剪切滑动,两层滑动面主要是追踪含黏土质软弱夹层的破劈理、节理、片理等软弱结构面和切断部分岩桥贯通而成。

2.2.5 滑坡发育的诱发条件

1. 水的作用

1) 降水

地表降水入渗滑坡体内,增加了滑坡体地层的含水量,增高滑体地下水位,使滑体的重度增大,增大了滑体的下滑力。浸湿范围加大,浸湿程度加剧,降低了滑体地层的抗剪强度。滑体后缘地下裂隙水压力和滑体中的动水压力将直接增大滑体的下滑力。滑体中的静水压力增大了滑面上的孔隙水压力,使滑面的有效应力减小,这也导致了滑体抗滑力的降低。滑面以下弱风化地层中的地下水,由于滑动带的相对隔水性,滑面以下的地下水具有一定承压特性,其对滑面产生一定的浮托作用,从而进一步降低滑面的抗剪强度。

2) 基岩风化裂隙水

基岩岩体风化较强烈,风化带内裂隙和片理较发育,地下水主要赋存于风化裂隙中,构成浅层潜水。局部赋存于埋藏较深的构造带和裂隙中而成脉状裂隙承压水,由于补给位置较高,静水压力较大,承压水头也较高。基岩风化裂隙水受大气降水补给,在岩体风化层、裂隙中运移,其流向严格受水分岭所控制,一般向滑体前缘沟谷排泄,由于径流途径短,近补给区排泄,地下水位动态随季节变化明显。

3) 松散岩类孔隙潜水

含水层为滑体的坡残积层(Q_4^{dl+el})。该含水层岩性、厚度和富水性各地变化较大,一般水量贫乏。该类型地下水主要接受大气降水补给,地下水位动态随季节变化明显。

滑体浅部岩层风化破碎或裂隙发育,含水性和透水性强;深部岩层较完整,裂隙相对闭合,含水性和透水性相对较差。

2. 坡脚淘蚀

对于韩家垭滑坡,该滑坡前缘是韩家沟,沟中常年流水,地表小溪流水常年对滑体前缘坡脚进行冲刷,对坡脚进行淘蚀,使滑坡前缘地表坡度越来越陡,这给前缘岩层反翘提供了有利的变形空间。而且前缘地表基岩裸露,不论对冰雪融水还是降水,都有利于在较短时间内产生较大的坡面流水,同时由于节理、裂隙发育,地表风化溶蚀严重,大气降水及坡面表层水沿着节理、裂隙及地表沟槽等下渗后,再沿土岩界面或岩层层间汇积于低处集中下渗。当下渗水力梯度、流速较大时便产生冲刷和淘蚀作用,从而使第四系覆土及缝隙、沟槽中充填半充填物质和破碎颗粒被带走,导致岩层断裂或产生裂隙,使岩体失稳,产生开裂、弯折,并在滑坡推力荷载作用下渐进发展。

水总是企图沿最短的、压差损失最小的路径流动(即水能损失小、渗流出口处水能大且出露岩体的薄弱部位)。在滑舌末端前下方为坡度大于20°的裸露岩体,是滑舌发生断裂、崩解、滑落或反翘停积的场所。在动水的作用下,冲蚀首先从这里开始,并逐渐向出水口方向延伸,渗透路径减小,水力梯度增大,动水压力也随之增大,冲蚀加速,渗流方向改变,由冲蚀变成冲刷,由渗流变为潜流,在出水口附近岩体被冲刷成较大的裂隙而断裂、弯折。

3. 地震等外部因素

在地质历史时期,地震等外部作用的影响使滑坡产生阶段性、渐进性的发展。人类工程活动(如爆破等),也会导致该类滑坡的发生,但由于其仅是短时间的周期性作用,故仅在需要周期性爆破的露天矿边坡少量分布。

第3章 双(多)层反翘型滑坡力学机理的现场勘察与监测研究

双(多)层反翘型滑坡是一个复杂的开放系统,其工程地质和水文地质条件十分复杂、多变,再加上人类工程活动的改造,现有知识远不足以给出完备的解答,很难找到一种精确的算法进行求解。滑坡现场原型观测是1:1的模型试验,监测结果包含众多作用于工程实际且符合工程实际运行条件与物理过程的影响因素、各种复杂的地质条件和边界条件,是研究工程实体最强有力的第一手实测资料。它能全程实时监控边坡工程开挖、滑坡整治工程施工及工程运行的全过程[70~72,122~129]。

本章主要依托某高速公路韩家垭滑坡,在分析了双(多)层反翘型滑坡的基本特征及其形成发育条件的基础上,结合通过多项现场综合勘察与监测手段所取得的成果,深入研究双(多)层反翘型滑坡的变形与破坏力学机理。

3.1 滑坡力学机理现场勘察分析

韩家垭滑坡主动滑体的浅层滑动面发育于第四系残坡积层与强风化地层之间,埋深为6~9m,滑动带较厚。在埋深4~9m中都可见明显的滑动擦痕,滑动面产状稳定,该滑面较为平整光滑,抗剪强度较低,滑面上黏土较湿,含水量较高,强度很低,具有明显的新近期蠕滑运动特征。上层滑体间歇性向前缓慢蠕滑,向前位移较大,其滑舌已达到路基中心线一带。其证据主要有以下几点:

(1) 在探槽 D_{12}、D_{13}、D_{14}、D_{15},探井及钻孔中都可见到滑动面及滑动擦痕,蠕滑运动特征明显。

(2) 从 D_{12}、D_{13}、ZK1 等揭露的情况看,主滑体前缘变粒岩层之上的第四系残坡积土层中,只包含辉绿岩碎块,而未见变粒岩碎块,其颜色也与辉绿岩层的 Q_4^{dl+el} 一致,说明该部分 Q_4^{dl+el} 地层是从山上辉绿岩层上的 Q_4^{dl+el} 地层滑移而来,而非原有变粒岩层之上的 Q_4^{dl+el} 地层。

(3) 主滑体前缘变粒岩层之上的 Q_4^{dl+el} 土层中,包含的辉绿岩块石直径大且多,绝非一般的滚石所能解释。

(4) 一般变粒岩层之上的 Q_4^{dl+el} 地层很薄,而主滑体前缘变粒岩层之上的 Q_4^{dl+el} 地层却很厚,这与区域上的普遍情况相悖离。

浅层滑体的向前蠕滑,对滑体前缘下伏变粒岩层存在摩擦牵引作用,这是导致滑体前缘变粒岩层"反翘"的重要因素之一。

从桩井揭示情况来看，深层滑动带埋深18～30m，处在弱风化变质辉绿岩中，该滑动带主要是追踪含黏土质软弱夹层的破劈理、节理、片理等软弱结构面和切断部分岩桥贯通而成，该带起伏较大，抗剪强度相对较高。

下层滑动带下部有一层厚约5mm的红褐色黏土层，黏土层含水量大，用手指即可挖出，滑动带中滑动擦痕较明显，说明沿下滑带在近期仍有间歇性蠕滑运动。但沿下层滑动带的滑动位移明显比上层滑动带的位移小，滑动带中的滑动擦痕也没有上层滑动带中的多。

由于辉绿岩及变粒岩层中节理、片理发育，岩层较为破碎，岩体强度较低，所以整个滑动体并不是一个刚性体，而是一个塑性体。因此，由地表向地下，滑动位移逐渐递减；由主滑线向两侧，向前滑动位移也逐渐递减，辉绿岩中滑体的向前移动，导致滑体前缘变粒岩层产生"反翘"现象，同时也使得主滑体两侧的地层界线错动不明显，以及主滑体两侧前缘变粒岩层的"反翘"现象逐渐不明显。

变质辉绿岩内发育一组较密集的破劈理，产状355°～20°∠30°～50°与山坡倾向同向。破劈理本身就是一组变形变质过程中的剪切破裂面，极易沿破劈理发生剪切滑动，只要沿破劈理稍有滑动，就极易将变质辉绿岩与变粒岩的南侧分界面拉开，成为滑坡的后缘。事实上，滑坡的后缘正是位于变质辉绿岩与变粒岩的南侧自然分界面上。后缘拉裂缝的形成为地下水的入渗提供了良好的通道，这增加了滑体后缘的下滑力，使滑动作用沿破劈理逐渐向前发展，最后在辉绿岩中形成两个主要的滑动面。

辉绿岩中滑体的不断向前蠕滑，使其剩余下滑力直接作用于前部顺向陡倾的变粒岩夹片岩岩层上，其持续不断的、忽大忽小的下滑力使前部变粒岩层逐渐被推弯。由于前部陡倾的变粒岩层受到类似"悬臂梁"的受力状态，使其自由端（地表岩层）的位移相对较大，固定端（深部岩层）的位移相对较小，其结果是导致变粒岩层不断前倾，变粒岩层产状发生倒转，变粒岩层自上而下由缓变陡，呈弧形弯曲状态，形成典型的"点头哈腰"的地质现象。

变粒岩层的不断弯曲，使靠近推力一侧的岩层内产生拉应力，当其中的拉应力达到变粒岩层的抗拉强度时，变粒岩层被弯曲折断。前一岩层被折断后，使后一岩层所受到的推力更大，位移也增大，弯曲程度加剧，当该岩层中的拉应力达到其抗拉强度时，该岩层也随之被折断。这种位移→弯曲→拉裂→沿岩石断口、节理面、片理面滑移的变形破坏过程由辉绿岩与变粒岩北侧分界面处向沟底渐进发展，形成一个折线形的滑动面（图3.1），滑动面上的位移由上（辉绿岩一侧）向下（沟底一侧）逐渐递减，变粒岩中滑动带厚度也由上向下逐渐变薄甚至尖灭。在这种变形破坏过程中，变粒岩层可能会沿片理面发生一定的剪切滑移，弯曲折断时会优先沿着岩层的节理等软弱结构面发生。因此变粒岩滑动面主要为由片理、节

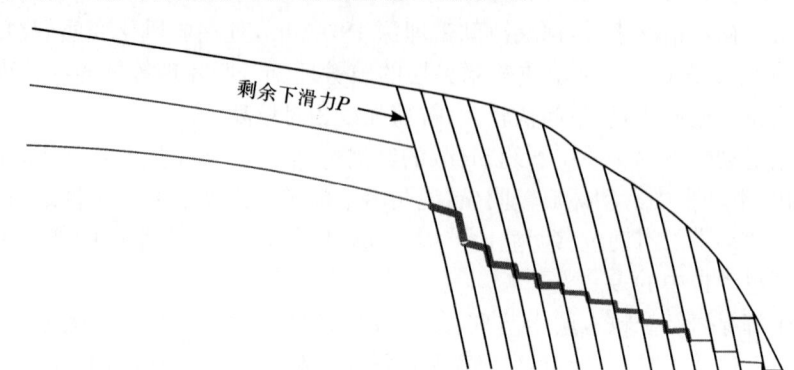

理、岩石断口等所构成的折线形的渐进破坏滑动面。

图 3.1 反翘滑动面示意图

由于受到辉绿岩中滑体剩余下滑力的强烈挤压作用，导致滑体前缘变粒岩夹片岩岩层破碎，这可从 ZK1、ZK3 钻孔岩芯破碎，岩芯采取率低，RQD 较小得到佐证。

F_3 断层破碎带的存在使变粒岩层在受到上部推力作用时，深部岩层并非完全的"固定端"。F_3 断层破碎带的变形模量较小，这为深部岩层向前位移提供了可能，导致 K427+900～K428+150 段沟底岩层近乎直立甚至略有倒转，其东端沟底岩层近乎直立，而西端沟底岩层已稍有倒转。

辉绿岩中滑体的剩余下滑力在雨季时较大，在旱季时较小甚至为 0，因此滑坡的发展是阶段性的、渐进性的。

从滑动面的中陡下缓，其上中部沿破劈理顺层滑动和下部切断变粒岩层等特征，可认为该滑坡为一巨型推动式、坐落式基岩型滑坡。滑坡源位于滑体后缘，发育于变质辉绿岩中的滑体是整个滑坡的主体，它是滑坡加固治理工作的关键，只要把这部分滑体加固稳定，则整个滑坡就能基本稳定。滑体前缘变粒岩夹片岩在滑坡发展过程中，对上中部滑体的下滑起到一定的阻挡作用。

3.2 滑坡力学机理现场监测分析

3.2.1 滑坡体位移监测

为了查明滑动面位置、滑体规模、滑坡变形动态等，在现场埋设了大量测斜管，测斜孔的布置如图 2.1 所示，以下仅列举比较典型的 DM5 及 DM7 测斜孔数据(图 3.2～图 3.5)来分析滑坡的力学机理。各测斜孔的最终监测结果见表 3.1。

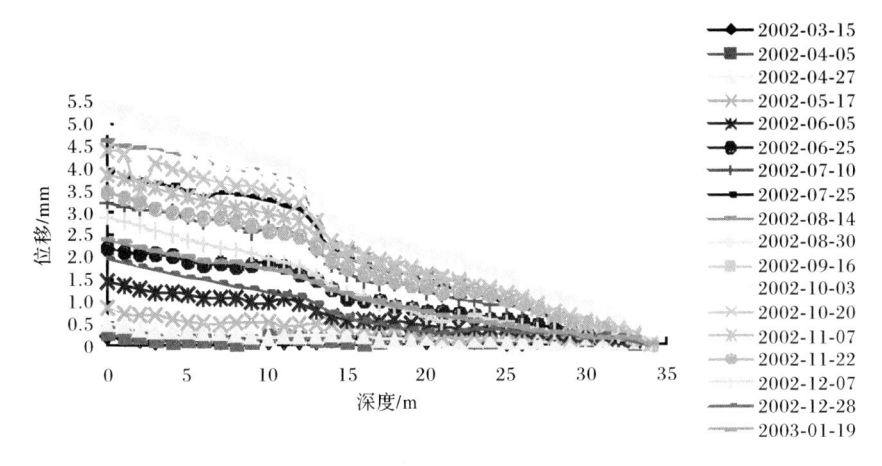

图3.2 韩家垭滑坡测斜孔(DM5)合成累积位移曲线

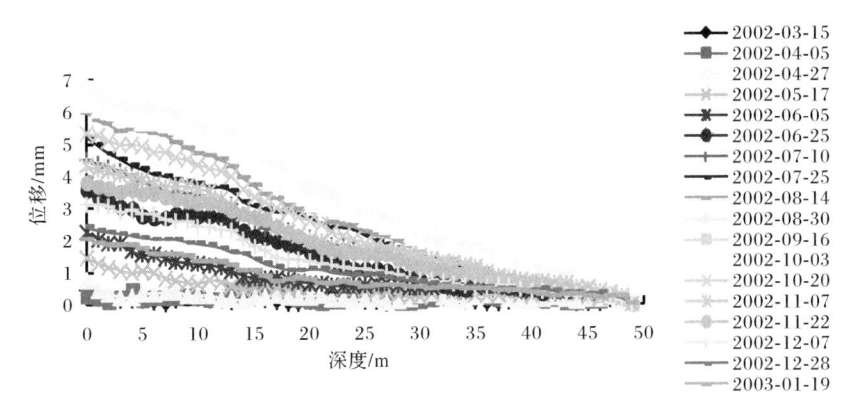

图3.3 韩家垭滑坡测斜孔(DM7)合成累积位移曲线

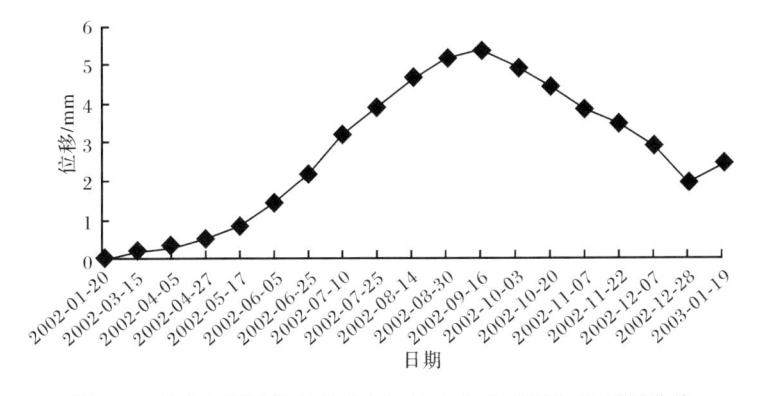

图3.4 韩家垭滑坡测斜孔(DM5)地表合成累积位移-时间曲线

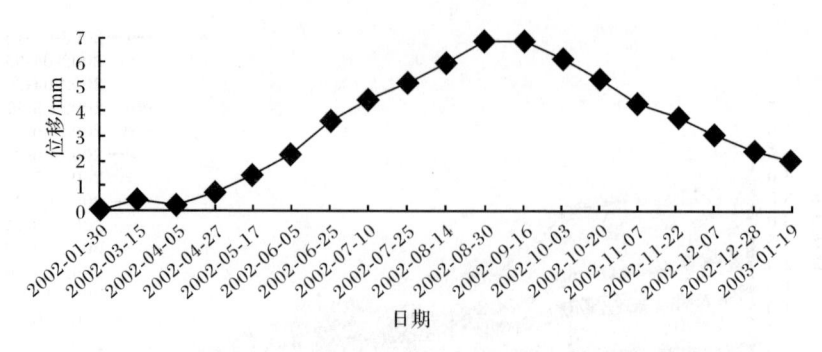

图 3.5　韩家垭滑坡测斜孔(DM7)地表合成累积位移-时间曲线

表 3.1　各测斜孔的最大和最小合成累积位移

孔号	最大合成累积位移/mm	监测日期	最小合成累积位移/mm	监测日期
DM1	10.91	2001-12-16	1.13	2000-11-16
DM2	13.18	2001-12-16	1.47	2000-11-16
DM3	12.06	2000-10-15	0.54	2000-11-08
DM4	8.64	2001-12-16	0.46	2000-12-15
DM5	7.38	2000-10-15	0.13	2002-01-10
DM6	9.57	2000-10-15	0.70	2000-11-16
DM7	10.30	2000-10-15	0.58	2001-12-16
DM8	12.58	2000-10-15	0.55	2000-11-16

从对韩家垭滑坡测斜孔最终监测结果统计分析可以得出,此滑坡的累积位移较小,最大合成位移为 13.18mm。从图 3.2～图 3.5 可以看出,它在每年的 6～11 月较大,其余季节位移较小,其随时间变化有一定周期性。随着 6 月雨季开始,孔口合成累计位移逐渐增大,至 8 月底 9 月初达到最大值;然后,位移又逐渐减小,至 12 月已降至较小。孔口位移与雨季存在一定的正相关关系,降水量较大时,各孔位移也明显增大,降水量是影响滑体稳定的主要因素。

同时,从图中可以看出,DM5 孔及 DM7 孔在 12～13m 一带存在一个变形异常增高带,该处可能是潜在滑动带;根据观测结果可知 15# 桩在深约 9m 和 18m 处位移变化量较大,36# 桩在深约 18m 和 26m 处位移变化量较大,可知该滑坡存在两层明显的滑动面。

3.2.2　孔隙水压力监测

通过孔隙水压力计监测滑坡体内孔隙水压力大小、分布状态、降水前后坡体内不同深度孔隙水压力变化过程和滞后时间,各点孔隙水压力与地下水位、降水量等之间的关系,从而深入揭示水对滑坡体的作用机理。

不同埋深的各孔隙水压力计监测到的水压力随时间变化曲线如图3.6～图3.8所示。

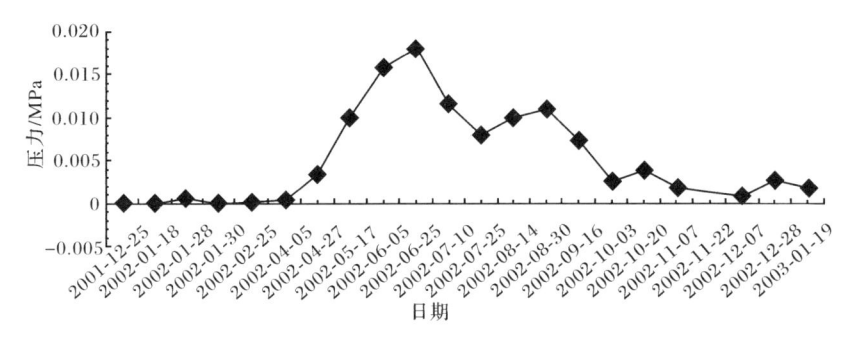

图3.6 韩家垭1512监测点孔隙水压力-时间曲线

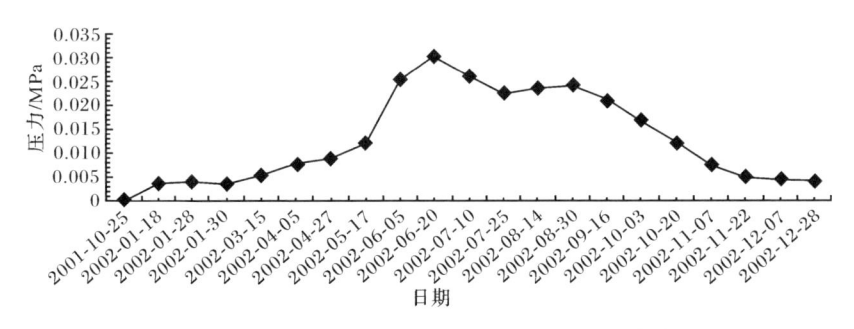

图3.7 韩家垭263监测点孔隙水压力-时间曲线

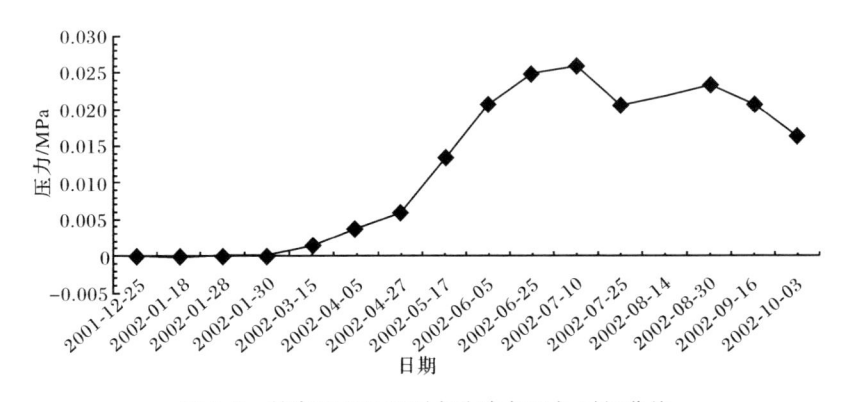

图3.8 韩家垭122监测点孔隙水压力-时间曲线

从图中可见,浅部孔隙水压力在2002年4月27日就开始有较明显增大,深部孔隙水压力在2002年5月17日后才有较明显的增加。孔隙水压力大部分都在6月25日或7月10日左右达到最大值，其后孔隙水压力又逐渐减小，至2002年10月3日后大部分孔隙水压力已显著减小至很小值。

浅部残坡积层中孔隙水压力变化起伏较大，与地表降水的联动性较明显，2002年10月3日后孔隙水压力减小也较快，几乎为0。上层滑带附近的孔隙水压力降低较慢，在2002年10月3日后仍有一定的水压力，这可能与上层滑带切线方向渗透系数较大、法向方向渗透系数较小有关。而深部弱风化变质辉绿岩的透水性较好，地下水较易排泄，微风化变质辉绿岩中孔隙水压力自2002年8月30日后逐渐减小，至2003年1月19日降至5kPa，该地层中孔隙水压力较高，可能与其埋深较大有关。

3.2.3　滑坡力学机理综合分析

通过上述对韩家垭滑坡各项监测数据的综合分析可以发现，所判定的上、下两层滑动面位置与工程地质勘察中探井和施工中桩井开挖所揭示的基本一致，说明前期工程地质勘察资料基本是准确的。上层滑动面以上为第四系残坡积层和强风化变质辉绿岩层，上、下两层滑动面之间为弱风化变质辉绿岩层；同时双层反翘型滑坡的剩余下滑力在旱季时很小，甚至为0，在雨季时明显增大（图3.9），滑坡的下滑作用具有明显的阶段性和周期性。

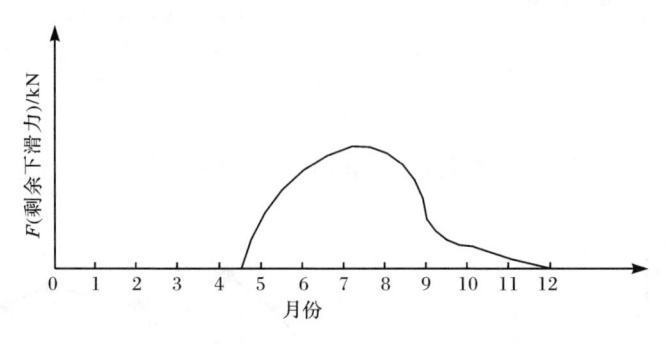

图3.9　滑坡剩余下滑力随时间变化示意图

滑体前缘变粒岩夹片岩在滑坡发展过程中，对上中部滑体的下滑起到一定的阻挡作用。由于前部陡倾的变粒岩层受到类似"悬臂梁"的受力作用，使前部变粒岩层被逐渐推弯，其地表岩层的位移相对较大，深部岩层的位移相对较小。其结果是导致变粒岩层不断前倾，产状发生倒转，岩层自上而下由缓变陡，呈弧形弯曲状态，故使得靠近推力一侧的岩层产生拉应力，当其中的拉应力达到变粒岩层的抗拉强度时，变粒岩层被弯曲折断。前一岩层被折断后，使后一岩层所受到的推力更大，位移也增大，弯曲程度加剧；当该岩层中的拉应力达到其抗拉强度时，该岩层也随之被折断，在这种变形破坏过程中，变粒岩层可能会沿片理面发生一定的剪切滑移，弯曲折断时会优先沿着岩层的节理等软弱结构面发生。因此变粒岩滑动面主要为由片理、节理、岩石断口等所构成的折线形的渐进破坏滑动面。

根据滑体孔隙水压力监测结果，雨季时滑体中孔隙水压力明显升高，旱季时明显减低；孔隙水压力与滑体位移具有显著的相关性，孔隙水压力较高时，滑体的剩余下滑力就较大，反之较小。可见滑坡体中地下水是影响滑坡的重要影响因素，而该处滑坡降雨入渗是滑体地下水补给的唯一来源，故降水是影响滑体下滑力的重要因素。

3.3　滑坡时间演变规律及预报

从动力学观点出发，滑坡的时间演化趋势，即滑坡随时间延续而发生各种变化的动向，称为"滑坡动态"规律。这种规律主要在滑坡稳定性和滑坡位移两方面明显而集中地表现出来。

3.3.1　滑坡稳定系数的变化规律

在运动变化的发展过程中，某些事物多次重复出现，其连续两次重复出现的时间间隔称为周期。单个生物体有生命周期，是指从其出生至其死亡，种群有种群的生命周期。晏同珍教授考虑滑坡演变是一个变形、发展、成熟和破坏的过程，与生物的繁衍、生长、成熟、消亡过程两者在发展演变上具有相似性。因此，滑坡也可用滑坡的生命周期概念描述演化规律。

1. 滑坡稳定性系数在单个生命周期内的变化规律

本节研究的是滑坡在单个生命周期内的演化规律，单个生命周期就是滑坡演变从滑前阶段开始、演化至滑动阶段，最后到滑后阶段的一个完整过程的历时。

滑坡稳定性的定量指标为稳定系数 K，本书的稳定系数的定义是抗滑力和下滑力的比值。K 随时间延续而变化，反映滑坡稳定性的特点，是滑坡随时间演化规律的重点[15]。滑坡稳定系数在不同阶段表现不同。

滑前阶段可细分为蠕动阶段、挤压阶段、微动阶段。

蠕动阶段指主滑部分的蠕动变形阶段，迫使主滑体压缩。蠕动速度十分缓慢，一般测量仪器不易发现其移动，仅仅能在后缘从下错裂缝的生成过程中了解进展。每月在后部的位移量仅数毫米。蠕动阶段的过程往往为期很长，此阶段整个滑坡的稳定系数一般为 1.20～1.10。

挤压阶段指抗滑的前部在后部及中部滑体受推挤密实中产生推力对之挤压的阶段。此时牵引的后部裂缝已经贯通并有明显的下错移动，在前缘可能出现 X

型交叉微型裂隙,但速度缓慢,每月移动量一般可达数厘米,此段暂时稳定时间颇长。此阶段整个滑坡的稳定系数一般为1.10～1.05。

微动阶段指主滑部分在完成压缩变形之后随抗滑部分的压缩移动而产生微量滑动的阶段。此时抗滑部分的前缘滑带在逐渐发育生成,而抗力日渐减少,主滑与牵引部分常共同滑动,其移动量每日可达数毫米,直到挤出前缘出口为止。滑坡又因抗滑部分较长,滑动能量和滑带水消耗于形成前缘滑带的过程中,前缘坡面的X型裂隙处亦有局部坍塌。此时滑坡可暂停发展,也可继续变形发展。此阶段整个滑坡的稳定系数一般为1.05～1.00。

滑动阶段可细分为小滑动阶段和大滑动阶段。

小滑动阶段指自滑坡出口形成后滑坡整体共同缓慢滑动的阶段。初期是时滑时停,或等速的缓慢移动,每日移动量一般在数毫米至数厘米之间或更小,有旱季停止移动,雨季移动量大的规律。在后期向大滑动转化之前,有一段是加速移动,期间每日移动量可有十几厘米至数十厘米。此时若有较大的条件改变(如截断补给滑带水的水源、滑坡前部的位移受阻、滑坡中后部减载减少下滑力等),滑坡亦可逐渐稳定。整个滑坡由小滑动向大滑动阶段过度,此时前缘隆起裂缝和放射状裂缝则由贯通向彼此相对错开发展,滑体内各条、块间的分割裂缝由贯通向彼此相对分开发展,有的出现滑体内岩土体碎块破坏时的破碎声,有的在出口一带不断流出污浊的滑带水等,各种现象均是大滑动前的征兆。此阶段整个滑坡的稳定系数一般为1.00～0.90。

大滑动阶段指整个滑体下滑速度突然加剧,瞬间即可滑走数米至数百米的破坏阶段。在全部滑带遭受剪切破坏后,一般均有外部诱发因素(震动、降水、人工切断支撑、地下水突然上升等)的作用。韩家垭滑坡主要诱发因素是坡脚开挖。突然增大剩余下滑力逼迫滑体沿滑带大滑动。在大滑动中由于条件不断改变而抗力逐步增大,在能量消耗尽至滑坡前部停止前进,此过程有在1～2min内完成的,亦有延续十几个小时的。此阶段整个滑坡的稳定系数一般≤0.90,至滑舌完全停止向前移动滑坡稳定系数在1.00左右。

滑后阶段即固结阶段指滑坡经大滑动后其前部不再往前移动,至滑落体上各部地裂缝完全消失,是滑体及滑带的沉实、挤紧而固结的阶段。在此期间,滑体各部分在向前挤压和向下沉实中有残余变形,亦有局部破坏现象。滑带在逐步固结下可恢复一部分强度而稳定,直到滑体上各种变形现象消失(用仪器测量不出变形),滑坡进入暂时稳定期。这种残余变形期的长短,因滑坡规模大小和大滑动中破坏程度不同而异,一般2～3年。此阶段整个滑坡的稳定系数一般为1.05～1.20。只有在地表被夷平,滑坡外貌景观已消失时,滑坡才算死亡。

韩家垭滑坡稳定系数在单个生命周期不同阶段变化见表3.2、图3.10。

表 3.2 滑坡各阶段稳定系数变化

滑坡阶段		稳定系数	速度	特征
滑前阶段	蠕滑阶段	1.20～1.10	每月数毫米	一般测量仪器不易发现其移动
	挤压阶段	1.10～1.05	每月可达数厘米	在前缘出现 X 型交叉微型裂隙
	微动阶段	1.05～1.00	每日可达数毫米	前缘坡面的 X 型裂隙处有局部坍塌
滑动阶段	小滑动阶段	1.00～0.90	每日十几厘米至数十厘米	滑坡要素随外部环境周期变化
	大滑动阶段	≤0.90	瞬间数米至数百米	全部滑带遭受剪切破坏
滑后阶段	固结沉实阶段	1.05～1.20	不滑动	滑体上变形现象消失

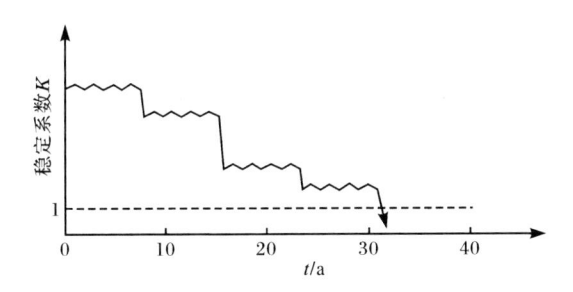

图 3.10 单个生命周期滑坡稳定系数变化示意图

韩家垭滑坡在特定的本构关系基础上,受外界营力因素作用,产生缓动、低速活动。而后在各种条件作用下其在速度的增减变化中达到稳定。但从滑坡所处的状态及其运动特点中可以看出,这种稳定并不意味着滑体的滑动能量丧失殆尽,只是其阻力功大于滑动功所致。滑坡的稳定性特点由滑带的性质决定,一旦外界因素对滑坡稳定性的不利作用增大,滑坡会产生再次活动,因此,这种滑坡的稳定性是暂时的稳定。韩家垭滑坡在单个生命周期内呈现出一定的周期性,尤其在微动和小滑动阶段。

2. 滑坡稳定系数在循环生命周期中的变化规律

所谓循环生命周期是由许多单个生命周期组成的一个时间序列,各个生命周期相互独立,相互联系。边坡的稳定系数 K 受多种因素及各种应力的影响控制。这些因素极为复杂,但总体上可分为两大类:①引起边坡稳定系数周期性的可逆变化因素;②引起边坡稳定系数发生不可逆变化的趋势性因素[130]。在这些因素影响下,边坡的稳定系数随时间总是逐渐降低,并呈现一种动态变化过程。各种因素作用下边坡总是由稳定向不稳定的方向演化,直到滑坡发生,边坡的一个生命周期结束。滑坡结束后边坡的另一个生命周期又开始。只有边坡在地表被夷平、滑坡外貌景观已消失时,滑坡才算死亡,滑坡生命周期终结。

滑坡的逐次活动,尽管在滑移动力学上不断重复,但随滑动次数的增加,外界因素的连续作用、滑带黏土化程度逐步加强、塑性加大、厚度增加、滑体变形、破裂,使自身稳定系数逐渐降低。因此,滑带中孔隙水压力及滑带压密性减弱,滑面强度恢复时间增长,滑体的消能能力也随之降低。所有这些使减速效应的作用时间增长,强度降低,因而滑坡的不稳定时段逐渐加长。同时,滑坡的多次活动,使滑面上颗粒的定向排列更明显,滑面更加光滑,以致其动、静摩擦阻力差异趋于减小,对外来作用越来越敏感,滑坡启动更加容易。因此,滑坡的稳定与不稳定之间的时间间隔逐渐缩短,即稳定时段逐渐缩短。但每次活动后,滑体重心均变低,再次活动的能量(势能)减小,因此稳定性逐渐增高,稳定段和不稳定段中稳定系数均较前段增加。然而,滑坡的滑移性质则决定稳定性提高的大小,是非常缓慢、微小的,且越来越缓慢、微小[89]。

滑坡的这种在可逆性自然营力因素作用下呈现间歇性活动,且稳定时段逐渐缩短,不稳定时段越来越长,以及稳定性逐次增高,增高幅度逐次减小的规律,便为缓动式低速滑坡稳定性的演变规律(图3.11)。

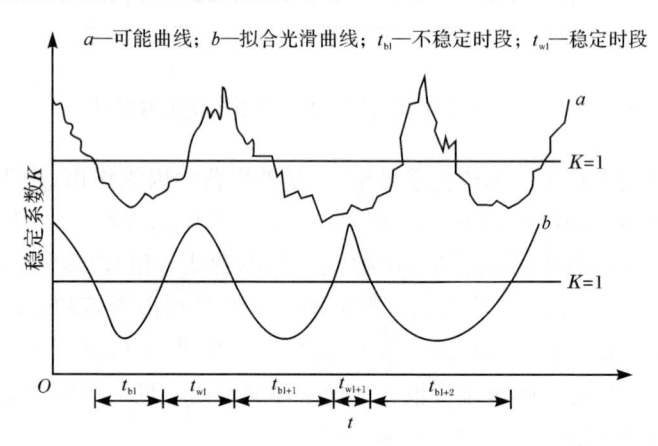

图3.11 循环生命周期滑坡稳定系数变化示意图

韩家垭滑坡前缘陡倾顺层结构变粒岩层中滑动面贯通后并不一定立即发生整体的滑坡启动破坏,滑坡的整体启动破坏与降水入渗、施工开挖扰动、地震等因素引起的滑动面抗剪强度参数的降低和滑动面的渐进扩展情况有关。在滑坡前缘变粒岩层中滑动面贯通的情况下,根据求出的双层滑体的临界剩余下滑推力,参照"折线推力传递系数法"反求滑坡整体启动、发生滑动破坏时双层滑体滑动面的抗剪强度阈值C_{cr}、ϕ_{cr},从而对双层反翘型滑坡的稳定性进行评价、预测。

由经验可大概确定滑动面抗剪强度参数C_{cr}的取值范围,然后根据滑坡所处的稳定状态采用不同的设计稳定系数K,由本书研究成果得出ϕ_{cr}的表达式:

$$\phi_{cr}=\arctan\left[\frac{q_u l_1 - K\overline{W}_n\sin\alpha_n + c l_n}{E_{n-1}\cos(\alpha_{n-1}-\alpha_n)-\sin(\alpha_{n-1}-\alpha_n)-\overline{W}_n\cos\alpha_n}\right] \tag{3.1}$$

公式中物理量的含义及其单位参见第6章。

这样便得出一系列相对应的参数(C_{cri}、ϕ_{cri}、K_i),根据参数敏感性分析及稳定性计算工况和滑坡稳定性发展的阶段综合选取滑动面的抗剪强度参数C_{cr}、ϕ_{cr}。

当$\phi > \phi_{cr}$时,滑坡处于稳定状态;

当$\phi < \phi_{cr}$时,滑坡将发生启程滑动。

由式(3.1)可以判断滑坡的稳定状态。

滑坡的这种在可逆性自然营力因素作用下呈现间歇性活动,且稳定时段逐渐缩短,不稳定时段越来越长,以及稳定性逐次增高,增高幅度逐次减小的规律,便为韩家垭双层缓动式低速滑坡稳定性的演变规律。

3. 滑坡稳定性系数演化的简化模型

本节所涉及的稳定性演化均为在单个滑坡生命周期内进行的,滑坡稳定系数的时间序列(滑坡稳定系数随时间的变化)既有确定性又有偶然性,既有趋势性又有周期性,还具有随机性,一般应视为非平稳随机过程。直接建立确定性模型相当困难,但有足够的稳定系数时间序列,就可建立一个与系统同态的数学模型[131],该模型能给出和实际系统相当一致的输出值。滑坡的外观形态一定,环境效应的时间序列是有一定动态规律和统计规律可探寻的。以地质时间尺度量测的继承性构造运动,在较短的观测年份中,如果不受到强震的影响,稳定系数变化也是比较稳定的。

因此,简化模型用如下的叠加模型表示:

$$K(t) = P(t) + Q(t) + \eta(t) \tag{3.2}$$

式中,$K(t)$为稳定系数;$P(t)$为稳定系数趋势项拟合推估值;$Q(t)$为稳定系数周期项拟合推估值;$\eta(t)$为稳定系数随机项拟合推估值;t为时间变量。

1) 趋势项简化模型

根据已述的滑坡稳定系数规律可知,单个生命周期内滑坡稳定系数是逐步变小的,总体趋势变小,在各个不同阶段存在周期性变化,变化幅度和强度是非常有限的,受随机因素的影响具有随机波动性。因此滑坡的稳定系数模型的趋势项总体是递减的,只是不同阶段递减速率有所不同,这是建立模型的一条主要原则。虽然滑坡整体稳定系数变化是非线性的,但从其中提取的趋势项还是可以用线性函数来描述,为使模型更加合理,可用以下分段线性函数来描述在不同阶段的趋势项模型：

$$P(t)=at+b \tag{3.3}$$

式中，a 为某一阶段趋势项稳定系数变化率，且 $a<0$；b 为某一阶段趋势项稳定系数最大值，且 $b>0$。

参数 a、b 可以根据滑坡稳定系数时间序列值，利用最小二乘法求得。最小二乘逼近(曲线拟合的最小二乘法)的具体解法是：对给定的一组数据 $(t_i,k_i)(i=1,2,3,\cdots,m)$，要求在函数类 $\varphi=\{\varphi_0,\varphi_1,\cdots,\varphi_n\}$ 中找一个函数 $y=p^*(t)$，使平方和最小[132]，即

$$\|\delta\|^2=\sum_{i=0}^m\delta_i^2=\sum_{i=0}^m[p^*(t_i)-k_i]^2=\min\sum_{i=0}^m[p(t_i)-k_i]^2 \tag{3.4}$$

其中

$$p(t)=a_0(\varphi_0)+a_1(\varphi_1)+\cdots+a_n(\varphi_n) \tag{3.5}$$

运用最小二乘法拟合曲线的问题，实际上就是在 $p(t)$ 中寻求一函数 $p^*(t)$，使得 $\|\delta\|^2$ 最小，它转化为求多元函数：

$$I(a_0,a_1,\cdots,a_n)=\sum_{i=0}^m\Big[\sum_{j=0}^n a_j\varphi_j(t_j)-k_i\Big]^2 \tag{3.6}$$

I 的极小值问题，由求多元函数极值的必要条件得

$$\frac{\partial I}{\partial a_k}=2\sum_{i=0}^m\Big[\sum_{j=0}^n a_j\varphi_j(t_j)-k_i\Big]\varphi_p(t_i)=0,\quad p=0,1,\cdots,n \tag{3.7}$$

记

$$(\varphi_j,\varphi_p)=\sum_{i=0}^m\varphi_j(t_i)\varphi_p(t_i),\quad (k,\varphi_p)=\sum_{i=0}^m k_i\varphi_p(t_i)=d_p,\quad p=0,1,\cdots,n \tag{3.8}$$

则式(3.7)可改写为

$$\sum_{j=0}^n(\varphi_p,\varphi_j)a_j=d_p,\quad p=0,1,\cdots,n \tag{3.9}$$

由于 $\varphi_0,\varphi_1,\cdots,\varphi_n$ 线性无关，所以方程(3.9)存在唯一解 $(a_0^*,a_1^*,\cdots,a_n^*)$，从而得到最小二乘法方程：

$$p(t)=a_0^*\varphi_0+a_1^*\varphi_1+\cdots+a_n^*\varphi_n \tag{3.10}$$

本书的趋势项是线性方程，所以最小二乘法的函数类为 $(\varphi_0=1,\varphi_1=t)$。用上述方法可以分段求得滑坡在不同阶段稳定系数的趋势项方程 $p(t)$。这种方法求得的趋势项虽然有点简单，但有一定的合理性，能够表达趋势项的意义，同时正因其简化便于操作、直接明了，而且避免了高次多项式剧烈振荡带来数值的不稳定。因此分段线性差值的方法很适合趋势项描述。

2) 周期项简化模型

稳定系数时间序列值根据式(3.2)得周期项表达式为

$$Q(t) = K(t) - P(t) \tag{3.11}$$

由原始数据(t_i, k_i)和式(3.10)求得(t_i, p_i)，两者相减可得出周期项的时间序列值(t_i, Q_i)。将时间序列值用拉格朗日差值法构造初步周期项函数$Q^*(t)$，初步周期项函数在$(0, t_i)$时段内用傅里叶变化构造成最终周期项函数$Q^{**}(t)$，这是周期项简化模型的基本思路。

拉格朗日函数基本形式如下：

$$Q^*(t) = \sum_{i=0}^{m} Q_i l_i(t) \tag{3.12}$$

其中，$l_i(t)$为基函数，

$$l_i(t) = \frac{(t-t_0)\cdots(t-t_{i-1})(t-t_{i+1})\cdots(t-t_m)}{(t_i-t_0)\cdots(t_i-t_{i-1})(t_i-t_{i+1})\cdots(t_i-t_m)} \tag{3.13}$$

由序列值和式(3.12)、式(3.13)可得到$Q^*(t)$，再由傅里叶变换可得周期项的表达式。傅里叶周期函数基本形式如下：

$$Q^{**}(t) = \frac{1}{2}a_0 + a_1\cos\frac{\pi t}{T} + b_1\sin\frac{\pi t}{T} + \cdots + a_n\cos\frac{n\pi t}{T} + b_n\sin\frac{n\pi t}{T} \tag{3.14}$$

参数

$$a_n = \frac{1}{T}\int_{-T}^{T} Q^*(t)\cos\frac{n\pi t}{T}\mathrm{d}t, \quad b_n = \frac{1}{T}\int_{-T}^{T} Q^*(t)\sin\frac{n\pi t}{T}\mathrm{d}t, \quad n = 0,1,2,\cdots \tag{3.15}$$

上述过程仅仅是初步的探讨，有待深入开展进一步的研究。在满足精度的情况下可以截取前六项作为滑坡稳定系数周期项的表达式。

$$Q^{**}(t) = \frac{1}{2}a_0 + a_1\cos\frac{\pi t}{T} + b_1\sin\frac{\pi t}{T} + \cdots + a_6\cos\frac{6\pi t}{T} + b_6\sin\frac{6\pi t}{T} \tag{3.16}$$

3) 随机项简化模型

滑坡稳定系数的时间序列经提取趋势项和周期项后，剩余的最终余波即为平稳随机序列(随机项)，可用$\eta(t) = Q(t) - Q^{**}(t)$求得。随机项可用线性自回归模型 AR($P$) 对其进行拟合和预报。自回归模型 AR($P$) 的形式为[133,134]

$$\eta(t) = \phi_{p,1}\eta(t-1) + \phi_{p,2}\eta(t-2) + \phi_{p,3}\eta(t-3) + \cdots + \phi_{p,p}\eta(t-p) \tag{3.17}$$

式中，$\phi_{p,i}(i=1,2,\cdots,p)$为自回归模型系数；$p$为模型阶数；自回归模型系数可通过建立 Yule-Walker 方程组(3.18)，采用下列递推公式求得：

$$\begin{cases} \phi_{1,1} = \gamma_1 \\ \phi_{k+1,k+1} = \dfrac{\gamma_{k+1} - \sum\limits_{j=1}^{k}\gamma_{k+1-j}\phi_{k,j}}{1 - \sum\limits_{j=1}^{k}\gamma_j\phi_{k,j}} \\ \phi_{k+1,j} = \phi_{k,j} - \phi_{k+1,k+1} * \phi_{k,k+1-j} \end{cases} \tag{3.18}$$

式中，γ_k 为序列的 k 阶自相关系数，用式(3.19)计算：

$$\gamma_k = \frac{\sum_{i=1}^{n-k} X_i X_{i+k}}{\sum_{i=1}^{n} X_i^2} \tag{3.19}$$

模型阶数 p 可用 AIC 准则来确定

$$\begin{cases} \text{AIC}(p) = N\ln(\hat{\sigma}_\varepsilon^2) + 2p \\ \hat{\sigma}_\varepsilon^2 = \sigma_\varepsilon^2 \left(1 - \sum_{k=1}^{p} \phi_{k,k} \gamma_k \right) \\ \sigma_\varepsilon^2 = \frac{1}{N-1} \sum_{t}^{N} (\eta_t - \hat{\eta}_t)^2 \end{cases} \tag{3.20}$$

式中，$\hat{\sigma}_\varepsilon^2$ 为残差的方差；σ_ε^2 为剩余序列的方差。该方法的基本思路是：根据不同的阶数 p，计算出相应的 $\text{AIC}(p)$，使 AIC 达到最小值的相应阶数即为所求模型阶数，这样就可以得到随机项的简化模型。

用趋势项、周期项、随机项叠加得到滑坡稳定系数的简化模型如下：

$$\begin{aligned} K(t) = & at + b + \frac{1}{2}a_0 + a_1 \cos\frac{\pi t}{T} + b_1 \sin\frac{\pi t}{T} + \cdots + a_6 \cos\frac{6\pi t}{T} + b_6 \sin\frac{6\pi t}{T} \\ & + \phi_{p,1} \eta(t-1) + \phi_{p,2} \eta(t-2) + \phi_{p,3} \eta(t-3) + \cdots + \phi_{p,p} \eta(t-p) \end{aligned} \tag{3.21}$$

4. 滑坡稳定系数演化的模型验证

为验证上述滑坡稳定性变化规律及简化模型，根据胡广韬教授在 1974~1988 年对陕西铜川的川口滑坡稳定系数的计算结果(图 3.12)，来验证简化模型的合理性、实用性。

图 3.12 川口滑坡稳定系数动态曲线

为方便计算，把 1974 年视为第 1 年，即 $t=1$，以此后推至 1983 年，即第 10 年 $t=10$，根据动态曲线可得稳定系数时间序列值，见表 3.3。

第3章 双(多)层反翘型滑坡力学机理的现场勘察与监测研究

表 3.3 稳定系数时间序列值

t/a	1	2	3	4	5	6	7	8	9	10
K	1.005	0.996	0.995	1.002	0.998	1.002	0.999	0.991	0.992	0.991

根据当地资料及滑坡稳定系数值的变化幅度,可知 1974~1983 年整段处于微动至小滑动阶段。此段表现为整体趋势向下,向下的过程中具有周期性振荡。因此可用此段来验证模型合理性及实用性。

由滑坡稳定性系数演化的简化模型可知趋势项的函数类为 $(\varphi_0=1,\varphi_1=t)$,由已知的 $(t_i,k_i)(i=1,2,3,\cdots,9)$,通过计算得出

$$(\varphi_0,\varphi_1)=\sum_{i=0}^{9}\varphi_0(t_i)\varphi_1(t_i)=45, \quad (\varphi_0,\varphi_0)=\sum_{i=0}^{9}\varphi_0(t_i)\varphi_0(t_i)=10$$

$$(\varphi_1,\varphi_1)=\sum_{i=0}^{9}\varphi_1(t_i)\varphi_1(t_i)=285, \quad (k,\varphi_0)=\sum_{i=0}^{9}k_i\varphi_0(t_i)=d_0=9.971$$

$$(k,\varphi_1)=\sum_{i=0}^{9}k_i\varphi_1(t_i)=d_1=44.78$$

由 $\sum_{j=0}^{1}(\varphi_p,\varphi_j)a_j=d_p$,得方程组并解方程组

$$\begin{cases}10b+45a=9.971\\45b+285a=44.78\end{cases} \Rightarrow \begin{cases}a=-0.00108\\b=1.00198\end{cases}$$

可得趋势项模型 $p(t)=-0.00108t+1.00198$。

根据原始 (t_i,k_i) 及趋势项模型求得 (t_i,p_i) 的时间序列值,由式(3.10)可得周期项的时间序列值 (t_i,Q_i)(表3.4)。

表 3.4 稳定系数周期项时间序列值

t/a	1	2	3	4	5
Q	3.02×10^{-3}	-4.90×10^{-3}	-4.82×10^{-3}	3.26×10^{-3}	3.40×10^{-4}
t/a	6	7	8	9	10
Q	5.40×10^{-3}	3.50×10^{-3}	-3.42×10^{-3}	-1.34×10^{-3}	-1.26×10^{-3}

由式(3.12)、式(3.13)和表3.4的时间序列值,经过 Matlab 计算可得初步周期项方程如下:

$$\begin{aligned}Q^*(t)=\sum_{i=0}^{9}Q_il_i(t)=&0.00302+0.185545t-0.495573t^2+0.488277t^3\\&-0.246700t^4+7.18577\times10^{-2}t^5-1.25538\times10^{-2}t^6\\&+1.29859\times10^{-3}t^7-7.33085\times10^{-5}t^8\\&+1.74019\times10^{-6}t^9\end{aligned}$$

得出的初步周期项表达式,在(1,10)作傅里叶变换,由式(3.15)可得

$$b_n = \frac{1}{4.5}\int_1^{10} Q^*(t)\sin\frac{n\pi t}{4.5}\mathrm{d}t, \quad a_n = \frac{1}{4.5}\int_1^{10} Q^*(t)\cos\frac{n\pi t}{4.5}\mathrm{d}t$$

用 Matlab 程序计算如下:

syms t;

$Q^*(t) = 0.00302 + 0.185545*t - 0.495573*t^2 + 0.488277*t^3 - 0.246700*t^4$
$\quad\quad + 7.18577*10^{-2}*t^5 - 1.25538*10^{-2}*t^6 + 1.29859*10^{-3}*t^7$
$\quad\quad - 7.33085*10^{-5}*t^8 + 1.74019*10^{-6}*t^9$

$n = 6$;

for $ij = 1:n$

$a(ij) = 1/4.5 * \mathrm{int}(Q*\cos(ij*pi*t/4.5), t, 1, 10)$;

$b(ij) = 1/4.5 * \mathrm{int}(Q*\sin\cos(ij*pi*t/4.5), t, 1, 10)$;

end

vpa(a, 3)

vpa(b, 3)

可得 a, b 如下:

$a = [a_1, a_2, a_3, a_4, a_5, a_6]$
$\quad = [4.46\times10^{-3}, 2.80\times10^{-3}, 2.76\times10^{-3}, -2.32\times10^{-3}, -3.69\times10^{-3}, -3.65\times10^{-3}]$

$b = [b_1, b_2, b_3, b_4, b_5, b_6]$
$\quad = [2.24\times10^{-3}, 4.16\times10^{-3}, 4.57\times10^{-3}, 3.95\times10^{-3}, 1.89\times10^{-3}, -4.24\times10^{-3}]$

$a_0 = 5.66\times10^{-3}$

把 a, b 代入式(3.16)的最终周期项模拟方程。

$$\begin{aligned}Q^{**}(t) = & 2.83\times10^{-3} + 4.46\times10^{-3}\cos\frac{\pi t}{4.5} + 2.80\times10^{-3}\cos\frac{2\pi t}{4.5} \\ & + 2.76\times10^{-3}\cos\frac{3\pi t}{4.5} - 2.32\times10^{-3}\cos\frac{4\pi t}{4.5} \\ & - 3.69\times10^{-3}\cos\frac{5\pi t}{4.5} - 3.65\times10^{-3}\cos\frac{6\pi t}{4.5} \\ & + 2.24\times10^{-3}\sin\frac{\pi t}{4.5} + 4.16\times10^{-3}\sin\frac{2\pi t}{4.5} \\ & + 4.57\times10^{-3}\sin\frac{3\pi t}{4.5} + 3.95\times10^{-3}\sin\frac{4\pi t}{4.5} \\ & + 1.89\times10^{-3}\sin\frac{5\pi t}{4.5} - 4.24\times10^{-4}\sin\frac{6\pi t}{4.5}\end{aligned}$$

由 $\eta(t) = Q(t) - Q^{**}(t)$,可得随机项的时间序列值,见表 3.5。

第3章 双(多)层反翘型滑坡力学机理的现场勘察与监测研究

表3.5 稳定系数随机项时间序列值

t/a	1	2	3	4	5
η	7.0×10^{-4}	3.0×10^{-4}	-6.2×10^{-3}	2.7×10^{-3}	5.0×10^{-4}
t/a	6	7	8	9	10
η	4.2×10^{-3}	4.7×10^{-3}	-5.7×10^{-3}	-4.5×10^{-3}	-3.6×10^{-3}

根据式(3.18)~式(3.20),用 Matlab 编程求得其自相关系数 $\phi_{5,1}=0.19856$, $\phi_{5,2}=-0.17510$, $\phi_{5,3}=-0.499781$, $\phi_{5,4}=-0.60288$, $\phi_{5,5}=0.2740$ 及最优阶数为五阶 AR(5), AIC(5)$=-76.466$。所以随机项方程为

$$\hat{\eta}(t)=0.19856\eta(t-1)-0.17510\eta(t-2)-0.499781\eta(t-3)\\-0.60288\eta(t-4)+0.25740\eta(t-5)$$

由前面求出的趋势项 $p(t)$、周期项 $Q^{**}(t)$ 及随机项 $\hat{\eta}(t)$ 三项叠加即滑坡稳定系数 $K(t)$ 的方程。

$$K(t)=-0.00108t+1.00198+2.83\times10^{-3}+4.46\times10^{-3}\cos\frac{\pi t}{4.5}+2.80\times10^{-3}$$
$$\times\cos\frac{2\pi t}{4.5}+2.76\times10^{-3}\cos\frac{3\pi t}{4.5}-2.32\times10^{-3}\cos\frac{4\pi t}{4.5}-3.69\times10^{-3}$$
$$\times\cos\frac{5\pi t}{4.5}-3.65\times10^{-3}\cos\frac{6\pi t}{4.5}+2.24\times10^{-3}\sin\frac{\pi t}{4.5}+4.16\times10^{-3}$$
$$\times\sin\frac{2\pi t}{4.5}+4.57\times10^{-3}\sin\frac{3\pi t}{4.5}+3.95\times10^{-3}\sin\frac{4\pi t}{4.5}+1.89\times10^{-3}$$
$$\times\sin\frac{5\pi t}{4.5}-4.24\times10^{-4}\sin\frac{6\pi t}{4.5}+0.19856\eta(t-1)-0.17510$$
$$\times\eta(t-2)-0.499781\eta(t-3)-0.60288\eta(t-4)+0.25740\times\eta(t-5)$$

滑坡稳定系数序列的趋势项、周期项、随机项和原始值分别同拟合值的比较曲线如图3.13~图3.16所示。

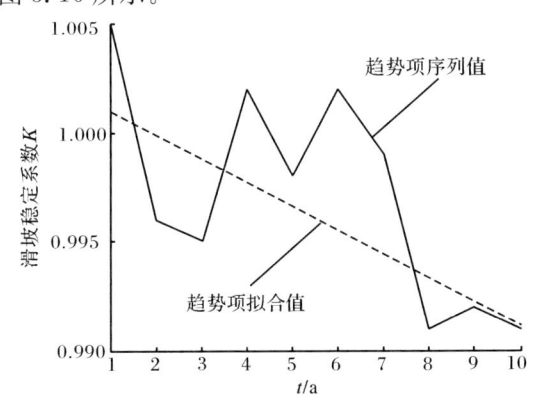

图3.13 稳定系数趋势项序列值和拟合值比较

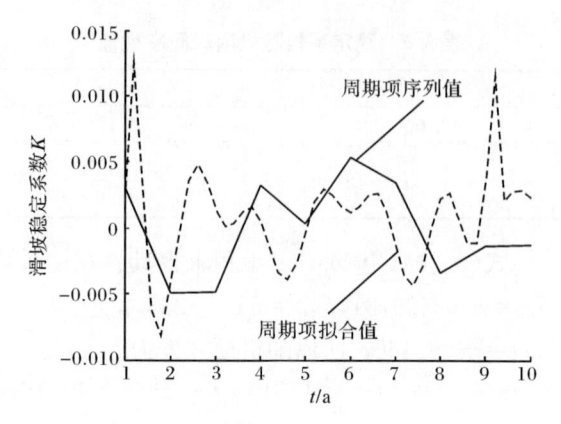

图 3.14 稳定系数周期项序列值和拟合值比较

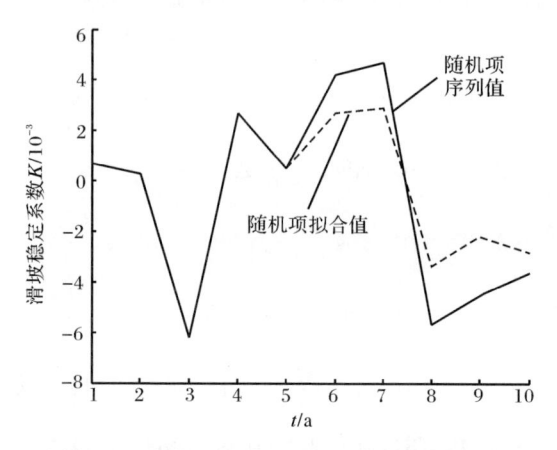

图 3.15 稳定系数随机项序列值和拟合值比较

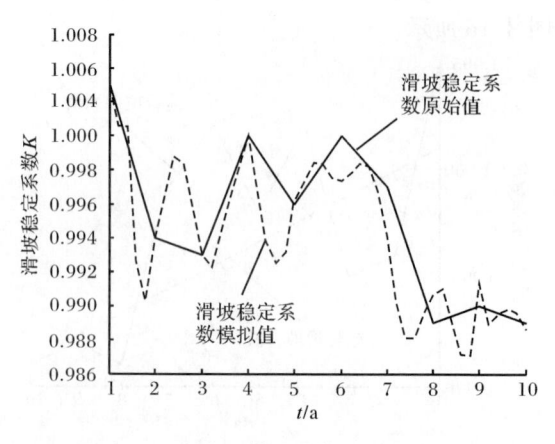

图 3.16 稳定系数原始值和拟合值比较

综上可知，滑坡稳定系数是一种动态非平衡随机变量，把其划分为线性趋势项、周期项和随机项是合理的，通过适当的数学方法可以求得趋势项、周期项及随机项模型，然后三者叠加得到滑坡稳定系数的同态模型，这种同态模型能表达滑坡稳定系数变化规律。

3.3.2 滑坡位移的变化规律

1. 滑坡位移的类型及简化模型

大量事实与试验表明，边坡变形位移不仅仅取决于最终应力状态，而且与应力变化的历史和时间有关，具有明显的流变特征[135]。对于经历漫长地质历史时期演化的滑坡，其变形位移尤为突出。由固体变形组成可知，边坡的变形位移是在多种内外动力作用下其坡体综合变形的外部反映。不同类型边界条件的边坡，不同的变形阶段，坡体及其滑面所受到的作用力的大小和性质也不相同，其变形量的构成也就不同[136]。但滑坡总变形量一般由整体下滑滑移量(S_s)、坡体压缩变形量(S_p)、坡体塑性变形量(S_y)、坡体及滑面蠕动变形量(S_c)构成。其关系可表示为

$$S = S_s + S_p + S_y + S_c \tag{3.22}$$

整体下滑滑移量 S_s，指边坡沿整个滑移面做整体下滑的变形量，是滑坡变形位移量的主要构成；坡体压缩变形量 S_p，指坡体下滑位移受阻时坡体的局部压缩变形，对饱水坡体，其变形量主要由固结变形构成；坡体塑性变形量 S_y，指在坡体下滑力场作用下其坡体产生的屈服塑性位移；蠕动变形量 S_c，指坡体在外力作用下随时间而增长的一种变形量。

边坡变形实例表明，边坡从开始变形到最终破坏都经历了一段很长的时间，一般为数年甚至十几年。根据孙玉科[137]的研究，边坡的变形位移大致有四种类型(图3.17)。在滑坡变形过程中，随着外界条件的变化，其演化过程可能是一个完整的破坏过程，也可能中途停止在某一阶段。同样可能周期性地时滑时停，也可能一次连续发展到破坏。

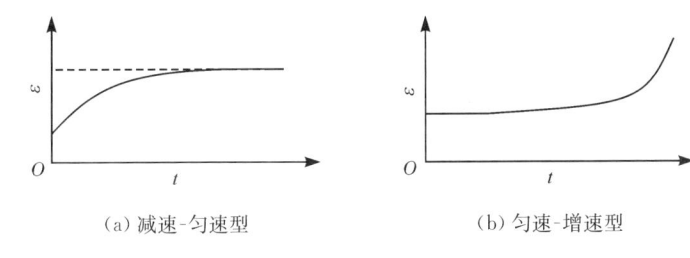

(a) 减速-匀速型　　(b) 匀速-增速型

(c)减速-匀速-增速型　　　　　　　　(d)复合型

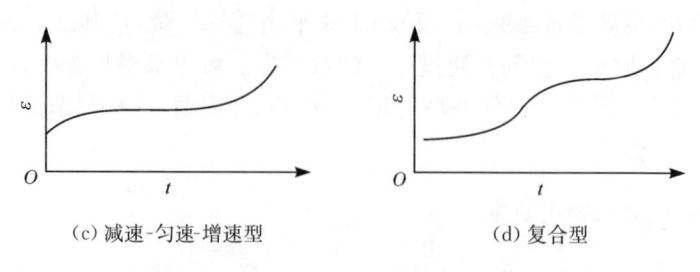

图 3.17　边坡变形-时间曲线的主要类型

边坡变形位移量观测值的大小及变化规律受多种因素的影响和控制,这些因素可分为趋势性因素、周期性因素和随机性因素。因此边坡位移也可用趋势性位移、周期性位移和随机性位移表示,其简化表达式如下：

$$s(t)=l(t)+p(t)+\eta(t) \tag{3.23}$$

式中,$s(t)$ 为变形位移观测值；$l(t)$ 为边坡整体滑移变形趋势性位移,是边坡整体下滑力应力场作用的结果,具有相对稳定性；$p(t)$ 为边坡的周期性变形,是边坡周期环境因素作用结果,具有隐含的作用周期,其变形呈现周期活动规律；$\eta(t)$ 为边坡随机性因素作用结果,表现为随机波动,其位移无整体规律且具有相对不稳定性。

2. 滑坡位移演化的模型验证

为验证上述简化位移模型的可行性及合理性,从以下两方面进行验证：一是现场监测的位移和数学模型的对比；二是利用韩家垭滑坡物理模型试验得到的位移数据与数学模型进行对比。利用测斜孔(DM5)孔口合成累积位移曲线。为便于计算把初始测斜孔的时间 2003 年 3 月 15 日设置为 $t=0$,以月为时间单位,得到位移序列值,从而作出时间位移曲线(图 3.18)。

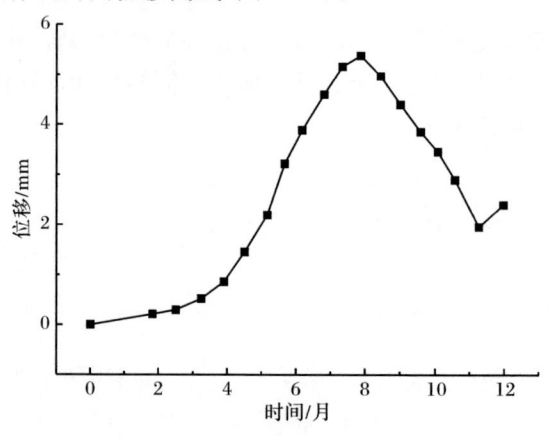

图 3.18　DM5 测斜孔时间位移序列值

1) 位移简化模型的趋势项拟合

理论上滑坡地表位移是单调发展的,单调递增是滑坡位移趋势,只是在不同的阶段增速有所不同,直到滑坡的消亡。因此可用 $l(t)=a+bt$ 表示滑坡趋势位移,参数 a,b 用最小二乘法求的。处理后的原始时间位移序列值如下:

时间:

$t=[0,1.8333,2.5000,3.2333,3.9000,4.5000,5.1667,5.6667,6.1667,$
$\quad 6.8000,7.3333,7.8667,8.4333,9.0000,9.5667,10.0667,10.5667,$
$\quad 11.2667,11.9667]$

对应的位移:

$s=[0,0.2100,0.3000,0.5200,0.8600,1.4500,2.1900,3.2200,3.8900,$
$\quad 4.6000,5.1600,5.3800,4.9700,4.4000,3.8600,3.4600,2.9000,$
$\quad 1.9500,2.4000]$

然后用 Matlab 编程可求得 $a=0.4973, b=0.3359$。因此可以得到位移趋势项方程为

$$l(t)=0.3359t+0.4973 \qquad (3.24)$$

2) 位移简化模型的周期项拟合

根据式(3.23)利用原始位移序列值和上面求出的趋势项拟合值求得滑坡位移周期项序列值如下:

时间:

$t=[0,1.8333,2.5000,3.2333,3.9000,4.5000,5.1667,5.6667,6.1667,$
$\quad 6.8000,7.3333,7.8667,8.4333,9.0000,9.5667,10.0667,10.5667,$
$\quad 11.2667,11.9667]$

对应位移的周期项序列值:

$p=[-0.4973,-0.9031,-1.0371,-1.0634,-0.9473,-0.5588,-0.0428,$
$\quad 0.8193,1.3213,1.8186,2.1994,2.2403,1.6400,0.8796,0.1492,0.4187,$
$\quad -1.1467,-2.3318,-2.1169]$

采用 3.3 节中的计算方法可得周期项表达式如下:

$$p(t)=\frac{1}{2}a_0+a_1\cos\frac{\pi t}{T}+a_2\sin\frac{\pi t}{T}+\cdots+a_{11}\cos\frac{6\pi t}{T}+a_{12}\sin\frac{6\pi t}{T} \qquad (3.25)$$

根据上面的周期项序列值,用 FFT 分析并结合现场经验可得其周期为 12,因此

$$p(t)=\frac{1}{2}a_0+a_1\cos\frac{\pi t}{6}+a_2\sin\frac{\pi t}{6}+\cdots+a_{11}\cos\frac{6\pi t}{6}+a_{12}\sin\frac{6\pi t}{6} \qquad (3.26)$$

再运用 Matlab 编程计算参数 $a_0,a_1,\cdots,a_{12}$,可得

$a=[-0.0536,-0.8419,-1.1446,0.9752,0.0213,0.3369,0.0181,$

0.3009, −0.0522, 0.2647, −0.0702, 0.1161, 0.0039]

因此周期项模型如下：

$$p(t) = -0.0268 - 0.8419\cos\frac{\pi t}{6} - 1.1446\sin\frac{\pi t}{6} + \cdots + 0.1161\cos(\pi t)$$

$$+ 0.0039\sin(\pi t) \tag{3.27}$$

3）位移简化模型的随机项拟合

利用周期项序列值和上面求出的周期项拟合值，来求得滑坡位移随机项序列值。对应的随机项序列值如下：

$\eta = $ [0.7532, −0.0312, 0.0508, −0.0476, 0.0137, 0.0466, −0.1130,
0.1098, −0.0181, −0.0609, −0.0528, 0.0274, −0.0894, 0.0697,
0.0168, −0.0822, 0.0558, 0.0196, −0.7738]

对于随机项模型用 3.3 节中的自相关性模型来求解。求其自相关系数及最优阶数，采用 Matlab 编程实现。

1～19 阶 AIC：

AIC = [−58.079, −42.625, −32.624, −24.764, −18.024, −11.914, −6.140
−0.372, 5.380, 11.047, 16.657, 22.185, 27.603, 32.967, 38.278,
43.487, 48.6266, 55.283, 63.555]

由此可得其绝对值最小的为 AIC(8)=0.372，因此模型最佳阶为 8，其对应的自相关系数为

$\phi_{8,1}, \phi_{8,2}, \cdots, \phi_{8,8}$ = [−0.072435, −0.017054, 0.063463, −0.025171
−0.023591, 0.003845, 0.04485, −0.051486]

所以随机项自相关模型为

$$\eta(t) = \phi_{8,1}\eta(t-1) + \phi_{8,2}\eta(t-2) + \cdots + \phi_{8,8}\eta(t-8) \tag{3.28}$$

滑坡位移简化模型由趋势项、周期项及随机项三项叠加得到。滑坡位移的趋势项序列值、周期项序列值、随机项序列值与拟合值的对比如图 3.19～图 3.22 所示。

综上可知，滑坡位移是一种动态非平衡随机变量，把其划分为线性趋势项、周期项和随机项是合理的，通过适当数学方法可以求得趋势项、周期项及随机项模型，然后三者叠加得到滑坡位移的同态模型，这种同态模型能够表达滑坡位移变化规律。滑坡位移总体具有逐步递增，同时伴有周期性回旋震荡及受随机项因数影响随机起伏的变化规律。

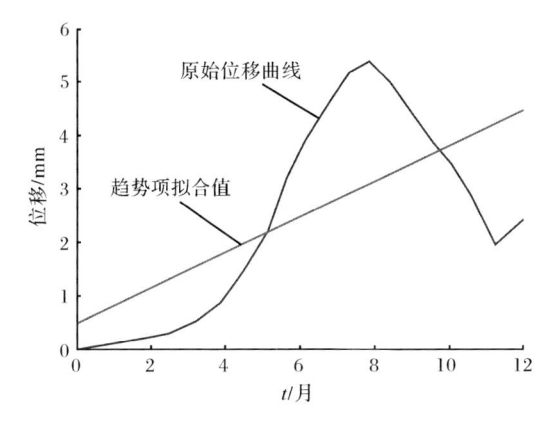

第 3 章 双(多)层反翘型滑坡力学机理的现场勘察与监测研究

图 3.19 位移的趋势项序列值与拟合值比较

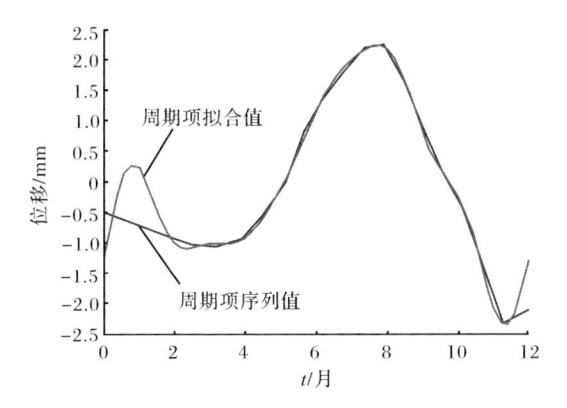

图 3.20 位移的周期项序列值与拟合值比较

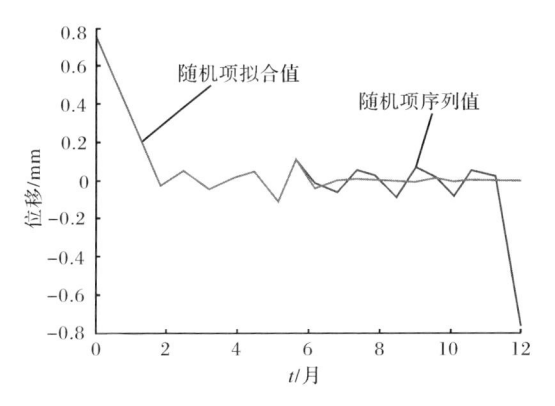

图 3.21 位移的随机项序列值与拟合值比较

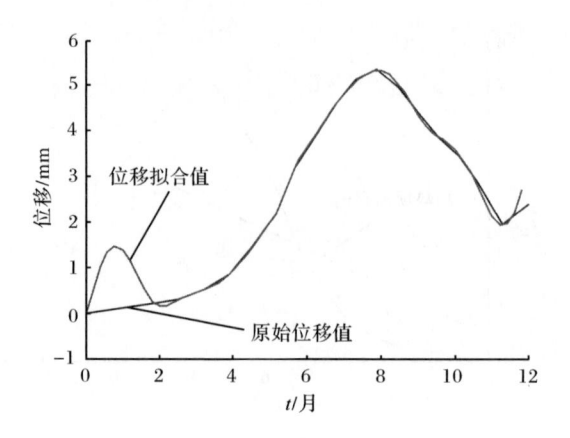

图 3.22　位移原始值和拟合值比较

3.3.3　滑坡时间预测研究

滑坡灾害发生时间的预报按照时间的长短可划分为长期预报、短期预报和临滑预报[138]。长期预报是指当已经发现某些滑坡迹象,但未出现明显位移变化时,对滑坡未来的稳定性演化趋势做出的一种预测。短期预报是指依据滑坡影响因素对滑坡作用的强度和随时间变化的规律进行预报。临滑预报是指当滑坡已经开始出现整体下滑前的一些宏观变形迹象时进行的预报。

利用 3.3.2 节得到的位移时间模型,预测下一周年的总位移量,如图 3.23 所示。

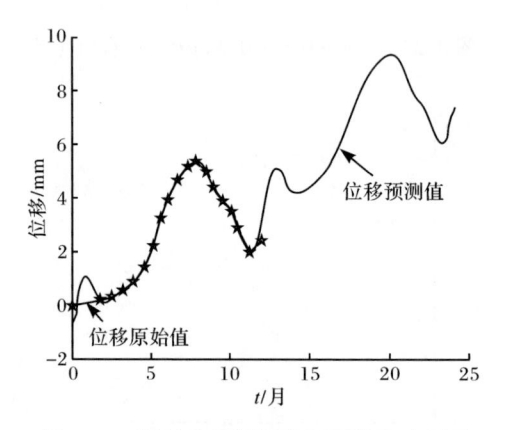

图 3.23　滑坡位移预测值与原始值对比图

由图 3.23 可知,滑坡总位移量较小(<10mm),且速率也很小(<1mm/月),根据滑坡变化规律,此滑坡处在相对安全期的稳定阶段。现场经过加固处理此滑

坡已经稳定,这与实际勘察结果是一致的。说明位移模型是合适的、有效的,预测结果可信。

3.4 滑坡单体空间演化规律与预测

3.4.1 滑坡空间演化趋势

滑坡的空间演化主要是滑坡位移、速度等在滑坡空间的不同表现。滑坡位移及其速度随空间延续而变化的动态性状和变化特点,受控于滑坡稳定性的动态和演化规律。随滑坡稳定系数的变化,滑坡位移及其速度也呈现出特有的变化规律。

1. 滑移速度的演化趋势

一旦稳定系数 $K \leqslant 1$,滑坡便开始以一定的速度顺坡移动,速度大小与 K 的变化呈负相关关系[89]。从 $K=1$ 的极限平衡状态开始,速度随 K 值的减小而增大,而后又随 K 值的回升而减小,在 $K=1$ 处减为 0。再次活动又重复以上变化。滑速与稳定系数的此种关系以曲线表示,便为在 $K=1$ 处直线左侧的一系列循环闭合曲线(图 3.24)。

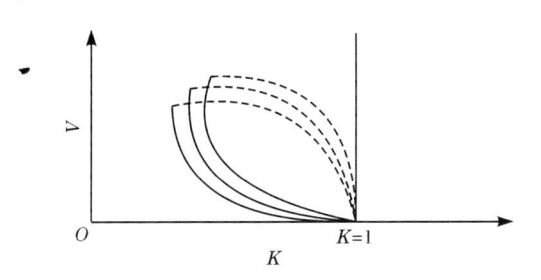

图 3.24 V-K 关系曲线示意图
实线表示 K 增大,虚线表示 K 减小

滑速随时间的变化与稳定系数的动态演化相对应。在不稳定时段中,滑速随时间延续呈上半轴凸峰状变化;在稳定时段中,始终保持零值,与时间变化无关。它呈现出的脉冲、振荡状的波动性状,为滑速的动态特点。滑动因素不断作用,活动次数增加,不稳定时段增长,因而 V-t 曲线的波峰段加宽、直线段缩短。同时,滑带的塑性增强,滑面更加光滑等,意味着滑坡的缓动性更加显著;滑体重心的逐次降低,低位缓倾势动转化的低速效应和后缘低推前缘反阻的低速效应逐渐减弱,滑速更加减缓。因此,峰高逐渐降低,但降低幅度越来越小。人类活动的参与,使峰高、峰宽都有加大的趋势,即滑速增快,滑动时间加长。滑速的这种演化趋势,

可用曲线表示；将其拟合成光滑曲线，为具脉冲振荡性之上半轴滤波的拟正弦波形式，故可有

$$V(t)=A'(t,a_1,a_2,a_3)\sin[\omega'(t,a_1,a_2,a_3)t+\varphi'_0] \quad (3.29)$$
$$2n\pi \leqslant \omega'(t,a_1,a_2,a_3)t+\varphi'_0 \leqslant 2n+1, \quad n=0,1,2,\cdots$$

式中，A'、ω'、φ'_0分别为速度V波动的振幅、频率和初相位。式(3.29)表明，速度V是滑动因素和时间的复合函数。

2. 滑移位移的演化

滑坡位移随滑坡活动而产生，位移增量随活动性而变化，位移增量在加速阶段逐渐增大，在减速阶段逐渐减小，至滑坡稳定时减为0。因而位移增量在总体上亦呈现出与滑速类似的脉冲振荡性之上半轴滤波的拟正弦波状动态特点，有波峰段逐次加宽，峰高降低(位移量减小)，但幅度渐减和滤波段不断缩短的演化规律。与此对应，累积位移曲线则表现出在加速阶段中斜率逐渐增大，而增大幅度逐次减小，在减速阶段中斜率逐渐降低，至稳定阶段斜率为0的一种阶梯状曲线形式，呈现出随时间不断增长的趋势。

1) 地表位移的演化

理论上滑坡地表位移是单调发展的，而实际上监测到的位移曲线往往是或多或少、或大或小地存在着振荡起伏[139]。在位移监测资料分析时，在保证人为操作没有失误的前提下，监测位移发生反复现象的主要原因包括：表层协调变形、内部协调变形[140]、温度对位移监测数据的影响、水对监测数据的影响等。

韩家垭滑坡在主滑方向分为抗滑部分、主滑部分和牵引部分，三部分在不同阶段有不同规律。

滑前阶段。主滑部分处于蠕变过程中，主滑部分变形位移量很小，主要由蠕变变形量S_c构成，牵引及抗滑部分位移量几乎为0。当主滑部分局部发生压缩变形时，向前挤压抗滑部分，主滑部分位移主要由蠕变变形量和压缩变形量构成(S_c+S_p)，抗滑部分也发生局部压缩，发生位移由压缩变形量构成S_p，但其压缩变形量小于主滑部分。

微动和小滑动阶段。主滑部分一直向前挤压抗滑部分，发生局部塑性变化形成滑带，时常局部发生整体性移动，此时主滑段变形位移量为$S_s+S_p+S_y+S_c$。因为没有完全发生滑坡，所以抗滑部分变形位移量总体还是小于主滑部分，牵引部分此时位移量主要为S_s+S_y，牵引部分大于抗滑部分，此时牵引部分的地表痕迹明显。

大滑动阶段。整个滑动面已经贯通，在极短时间内完成滑坡，发生整体性的滑移，因此滑体可作为一刚体，其各部位的位移量相差不大。在主滑方向上主滑部分的位移量最大，随时间变化牵引部分位移逐渐大于抗滑部分，当发生大滑动

时三部分达到相对一致。

滑坡其他部分沿主滑方向的位移量也是符合上述规律的。在垂直主滑方向位移规律是中心主滑线大,向两侧逐渐递减,直到滑体边缘位移为0(图3.25)。

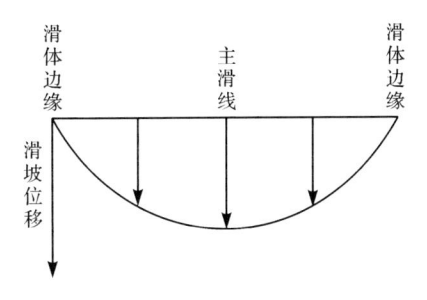

图3.25 韩家垭主滑体沿横向滑动位移分布示意图

2) 深部位移的演化

对于深部位移采用DM5及DM7测斜孔数据来分析。根据前面的分析及滑坡变形、位移监测资料可知,下层滑动带的滑动位移比上层滑动带的位移小,下层滑动带中的滑动擦痕也没有上层滑动带中的多。滑坡体沿垂直方向的向前滑动位移分布如图3.26所示。

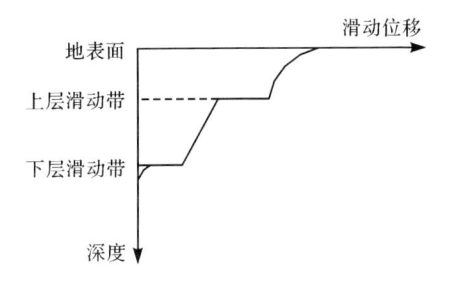

图3.26 韩家垭主滑体沿垂向滑动位移分布示意图

由于辉绿岩及变粒岩层中节理、片理发育,岩层较为破碎,岩体强度较低,整个滑动体并不是一个刚性体,而是一个塑性体。因此,由地表向地下,滑动位移逐渐递减。

滑坡活动在空间上与时间延续相对应,也表现出特有的变化规律。这种规律体现在活动规模、活动位置和活动强度等方面。

3. 活动规模与活动位置的演变规律

滑坡的形成、活动特点表明,随着滑坡的活动,受滑带(面)形态及其强度的影响,滑体逐渐解体,滑坡间歇性活动,造成解体程度越来越强,整体活动能力逐渐减小,逐步呈现分离块体似的活动。随着解体的加剧,活动规模不断减小,而活动位置表现出以发育程度好的一侧边缘为界,有逐渐迁移的特点。从滑坡的发育特征分析,活动位置的这种变化与滑坡侧边发育程度不对称有关。其他活动边界,则受控于上次活动中开裂、变形强烈的地带。

3.4.2 滑坡单体空间预测研究

滑坡灾害空间预测方法分为三大类:定性分析方法、定量分析方法(数学模型法),以及模型试验和监测分析方法。由于滑坡灾害系统的复杂性,对滑坡灾害的预测是近似的、相对定量化的。常用的非确定性分析方法主要有经验模型预测法、数理统计模型法、信息量模型预测法、模糊判别模型法、灰色模型预测法、模式识别模型预测法、非线性模型预测法等。本节重点讨论信息量模型预测。

1. 信息量法介绍

Shannon 把信息定义为"随机事件不确定性的减少",并提出了信息量的概念及信息熵的数学公式。信息量的概念已被广泛应用于滑坡灾害的空间预测和危险性评价等研究[141]。滑坡灾害与地形地质等环境因素密切相关,信息量法的原理是利用滑坡的易滑度影响因素进行类比,即具有类似边坡的地形、地质因素的斜坡具有类似的易滑度。

信息量法是一种变量统计分析预测方法,通过计算各影响因素对滑坡所提供的信息,确定各斜坡段产生滑坡的总信息量,以此作为预测的定量依据。当已有滑坡资料很少,不足以代表所研究区的滑坡信息时,可以采用以相对危险区替代滑坡资料的方法来解决。地质灾害现象(y)受多种因素 x_i 的影响,各种因素所起作用的大小、性质是不相同的。信息预测的观点认为可以通过这些因素所提供给研究对象(灾害体)的信息量来评价其与灾害发生的密切程度。信息量的计算公式如下:

$$I(y,x_1,x_2,\cdots,x_n)=\lg[p(y,x_1,x_2,\cdots,x_n)/p(y)] \quad (3.30)$$

根据条件概率运算,式(3.30)可进一步写为

$$I(y,x_1,x_2,\cdots,x_n)= I(y,x_1)+I_{x_1}(y,x_2)+\cdots+I_{x_1x_2\cdots x_{n-1}}(y,x_n) \quad (3.31)$$

式中,$I(y,x_1,x_2,\cdots,x_n)$ 为因素组合 $x_1,x_2,\cdots,x_n$ 对地质灾害提供的信息量;$p(y,x_1,x_2,\cdots,x_n)$ 为因素组合 $x_1,x_2,\cdots,x_n$ 条件下地质灾害发生的概率;$I_{x_1}(y,x_2)$ 为因素 x_1 存在时,因素 x_2 对地质灾害提供的信息量;$p(y)$ 为地质灾害发生的概率。

由式(3.31)可以分别计算各个因素在其他条件不变时对灾害的信息量,然后相加得出总的信息量,从而对灾害进行评价。在实际运用中,由于 $p(y)$ 在工作初

期不易估计,根据乘法原理各个因素下的信息量可由式(3.32)计算:

$$I(y,x_i)=\lg[p(x_i|y)/p(x_i)] \quad (3.32)$$

式中,$p(x_i|y)$为事件y发生的条件下x_i出现的概率;$p(x_i)$为研究区内x_i出现的概率。

在具体计算中,通常将总体概率改用样本频率进行估算,于是式(3.32)可转化为

$$I(y,x_i)=\lg\frac{N_i/N}{S_i/S} \quad (3.33)$$

式中,N_i为具有因素x_i出现滑坡的单元数;N为研究区内已知滑坡所分布的总数;S_i为因素x_i的单元数;S为研究单元数。信息量$I(y,x_i)>0$时,提供标志x_i状态条件下会发生滑坡的信息;当$I(y,x_i)<0$时,说明在x_i条件下有阻止滑坡发生的信息。

传统的信息量法对滑坡空间预测的主要步骤如下:滑坡系统的因素划分及其量化,因素信息量模型的建立,利用已知发生滑坡的资料反分析模型的正确性。

2. 滑坡系统因素划分

因素的选取及其量化是滑坡空间预测理论最重要的、也是最基础的组成部分。滑坡是一个复杂的非线性系统,它为若干因素的复合体,各因素相互作用及结构等构成了一个完整的滑坡系统。根据前几章所论述评价滑坡的因素可分为两类:滑坡发育的内部因素和滑坡发生的外部因素。

依据工程地质类比原则和相关系数分析,参照前人成功的变量选择经验,滑坡发育的内部因素主要包括地形地貌、地层岩性、地质构造、切割密度等;外部因素主要包括降水强度、地震强度、侵蚀强度、人类工程活动等。因此,根据相关文献及类似工程滑坡影响因素分为 8 个一级因素,分别记为 A、B、C、D、E、F、G、H。这些一级因素按所处不同状态划分为很多二级因素,如地形地貌可按坡度、坡高、坡型分为$(x_1,x_2,\cdots,x_j)$ j 个二级因素,这些二级因素就是需要确定信息量的因素。其他一级因素也是如此,一起划分出 n 个二级因素。不同滑坡可能影响因素有所不同,可以根据具体情况增加或者减少影响因素。划分好系统因素后要进行信息量统计分析。根据相应的地形地质图划分评价单元后利用式(3.33)可以求得各个二级因素的信息量值。

3. 因素信息量模型的改进

传统的信息量模型是把各个二级因素信息量相加便可得如式(3.31)的模型,这个模型表现为每个二级因素的权重是一样的,都是 1。而实际上如地形地貌、

地层岩性相对侵蚀强度对滑坡影响作用更为重要,但式(3.31)不能反映此现象。故采用一种改进的信息模型用以反映不同二级因素对一级因素的差异性贡献。

为改进信息量模型首先对一级因素做一些假设条件[142]:① 影响滑坡稳定性的一级因素的作用互不重叠(便于比较两者的相对重要性),如因素 A 与 B 的作用满足 $A \cap B = \varnothing$;② 所有一级因素的集合,构成影响滑坡稳定性的所有因素,即 $\sum A,B,\cdots,H = \Omega$,即各个一级因素的权重和 $\sum p(A)p(B)\cdots p(H) = 1$。一级因素的权重乘以其相对应的二级因素信息量值可得改进信息量模型,即

$$I(y,x_1,x_2,\cdots,x_n) = p(A)I(y,x_1) + \cdots + p(B)I(y,x_i) + \cdots + p(H)I(y,x_n) \tag{3.34}$$

改进模型的难点在于各个一级因素的权重如何取,下面介绍一种层次分析法。根据前述将一级因素依据表 3.6 进行两两比较,得到判断矩阵 M 如下:

$$M = (m_{i,j})_{8\times 8} = \begin{bmatrix} m_{A,A} & m_{A,B} & \cdots & m_{A,H} \\ m_{B,A} & m_{B,B} & \cdots & m_{B,H} \\ \vdots & \vdots & & \vdots \\ m_{H,A} & m_{H,B} & \cdots & m_{H,H} \end{bmatrix} \tag{3.35}$$

式中,$m_{A,B}$ 代表一级因素 A 与 B 对滑坡影响的重要性比值。因此 $m_{A,B}m_{B,A} = 1$。$m_{A,B}$ 是一个相对的概念。根据相关文献和专家经验 $m_{A,B}$ 的值分为 1~9,具体含义见表 3.6。

表 3.6 一级因素评分

数值	意义
1	表示两个因素相比,具有同样的重要性(相等)
3	表示两个因素相比,前者比后者稍重要(较强)
5	表示两个因素相比,前者比后者明显重要(强)
7	表示两个因素相比,前者比后者强烈重要(很强)
9	表示两个因素相比,前者比后者极端重要(绝对强)
2,4,6,8	表示上述相邻判断的中间值

接下来解判断矩阵 M 的最大特征值 $\lambda_{\max}$,利用 $M\lambda_{\max} = \lambda_{\max}W$ 求出 $\lambda_{\max}$ 所对应的特征向量 W,将 W 归一化即得到一级因素权重值 P。

本章的 8 个一级因素根据上面评分表可建立如下判断矩阵:

$$M=\begin{bmatrix} 1 & 1 & 1 & 2 & 3 & 6 & 2 & 2 \\ 1 & 1 & 1 & 2 & 3 & 6 & 2 & 2 \\ 1 & 1 & 1 & 2 & 3 & 6 & 2 & 2 \\ \frac{1}{2} & \frac{1}{2} & \frac{1}{2} & 1 & \frac{3}{2} & 3 & 1 & 1 \\ \frac{1}{3} & \frac{1}{3} & \frac{1}{3} & \frac{2}{3} & 1 & 2 & \frac{2}{3} & \frac{2}{3} \\ \frac{1}{6} & \frac{1}{6} & \frac{1}{6} & \frac{1}{3} & \frac{1}{2} & 1 & \frac{1}{3} & \frac{1}{3} \\ \frac{1}{2} & \frac{1}{2} & \frac{1}{2} & 1 & \frac{3}{2} & 3 & 1 & 1 \\ \frac{1}{2} & \frac{1}{2} & \frac{1}{2} & 1 & \frac{3}{2} & 3 & 1 & 1 \end{bmatrix} \quad (3.36)$$

然后用 Matlab 解判别矩阵,求得最大特征值 $\lambda_{max}=8.0$,对应的特征向量为
$W=[-0.5071,-0.5071,-0.5071,0.2535,-0.169,0.0845,-0.2535,-0.2535]$
对 W 进行归一化处理,得出一级因素的权重
$$p=[0.20,0.20,0.20,0.10,0.0667,0.0333,0.10,0.10]$$
信息量模型为
$$I(y,x_1,x_2,\cdots,x_n)=0.2I(y,x_1)+\cdots+0.2I(y,x_i)+\cdots+0.1I(y,x_n) \quad (3.37)$$

由式(3.37)建立起信息量模型,然后分别计算各单元(工点)的信息量值,得到所有预测单元的信息量值,然后根据一系列已发生滑坡工点的信息量值回归得出不同等级的信息量值刻度值,结合野外调查及定性分析的情况,把预测结果划分为 4 个等级:高危险性、较高危险性、较低危险性和低危险性。分别求出各等级刻度值,然后进行空间预测。

4. 评价预测精度和结果验证

为了验证预测结果,建议采用一种实地检验直接评价[143]。
$$A=\frac{C}{B}$$
式中,B 为预测区滑坡单元数;C 为预测不稳定单元与滑坡单元重合数。如果 $A>90\%$,说明不同等级的信息量值刻度值及预测结果是符合要求的。

滑坡的空间预测是一个相当复杂的问题,需要借助于许多基础学科(如前面所说的地质学和物理学等)的理论与方法,对滑坡发育史、边坡结构和边坡地质环境的正确认识仍然是空间预测成功的关键,量化研究也应从这 3 个基础条件开始,否则单靠数学模拟和物理模型试验等方法上的改进都无法获得准确的空间预

测成果。

3.5 滑坡的时空演化趋势间的关系

滑坡特有的本构性质及其形成活动方式,使其在时空演化上表现出独有的规律性。时间上呈现出稳定时段渐渐缩短、活动时段逐步加长、稳定性缓慢提高的间歇性活动特点;空间上显示出活动规模逐次减小、活动范围渐向滑坡一侧迁移的分离块体式活动。自然界的时空关系表明,时间在空间上延伸,空间随时间变化,二者密不可分。滑坡的演化亦如此。不断的间歇性活动,造成滑体逐渐破裂、变形,以致解体,从而表现出活动规模逐次减小的分离块体式活动等空间变化规律。如此交织进行,直至滑坡最终稳定。滑坡的时空演化规律及其二者的相互作用并存和促进,构成了滑坡的总体演化规律。

每一序次块体的滑动构成了滑坡演化中的一幕,而每一块体的每次活动形成了滑坡演化中的一场。场与幕的不断交替,形成了一幅错综复杂的滑坡的总体演化图像(图 3.27)。

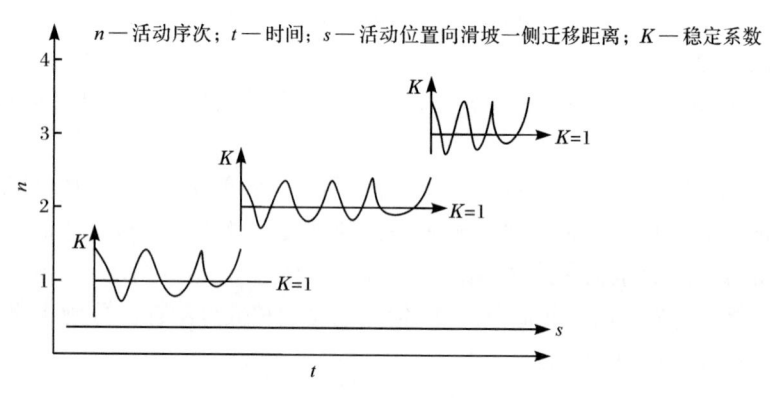

图 3.27 滑坡时空演化关系曲线

该类滑坡是存在于自然环境和工程地质环境中的一种特殊的动力类型滑坡。其滑体沿着已贯通的滑床面(带)缓缓启动,且启动征兆极不明显,仅具有低微移动速度。该类滑坡缓缓发生,起势微弱,移动缓慢,滑程短。鉴于此,该类滑坡活动强度低微,以造成建筑物开裂和一些工程被迫停止等非惨重灾难性的破坏为主。然而,它往往涉及范围广,发生规模大,危害时间长,研究程度差。

该类滑坡的滑移特征,决定了其稳定系数总是变化于 $K=1$ 的极限平衡线附近,即"临稳状态"之中。这种稳定状态使滑坡对外界因素影响的反应极其敏感,外界因素的变化对滑坡活动起着决定性的作用。在时间演化上,滑坡的稳定性状和外界因素的变化,使其随时间呈现间歇性活动,且随活动次数的增加,稳定时段逐渐缩短,活动时段缓慢加长,但稳定性逐次提高,幅度逐次减小,启动滑移越来越缓,滑移速度越来越慢,衰减量逐次降低,增量位移逐次变小,累积位移逐次增大。滑坡演化的 K-t 曲线显示出变态的拟余弦波性质;V-t 曲线、s-t 曲线则具有振荡、脉冲的上半轴滤波的正弦性质;s-t 曲线呈阶梯状上升的曲线形式。在空间演化上,滑坡单体表现为活动规模逐次减小;活动强度依次降低,位置渐向滑坡一侧迁移的变化规律。滑坡演化的时空规律相互作用、并存,构成滑坡演化的总体规律。

第4章 双(多)层反翘型滑坡力学机理的物理模拟研究

由于岩土介质具有非线性、非均质、时效性、各向异性、多场(应力场、温度场、渗流场)、多相(气、固、液)以及既非完全连续又非完全断开等复杂特性,研究对象也在不断变化,很难找到一种精确的算法进行求解。并且数学力学模型不可能模拟所有主要的物理现象,或者模拟某些物理现象还有困难,致使计算结果常常与实际情况存在一定差距。而物理模拟试验可以模拟各种复杂的地质条件和边界条件,能较全面而又形象地呈现工程结构与相关岩土体共同作用下的应力、变形机制、破坏机理、形态及失稳阶段的全貌,它以相似原理为理论基础,是验证理论和新的设计计算方法可靠性的实践。物理模拟试验可得到许多数值模拟无法得到的颇具启发性的全新认识,它具有其他研究方法无可比拟的独特性和不可替代性,其结果对滑坡工程问题更具重要的指导意义和参考价值,物理模拟试验的重要性正日益受到学术界和工程界的重视[66~69,133,134]。

第3章通过现场勘察及监测手段对以韩家垭滑坡为原型的双(多)层反翘型滑坡的变形破坏机理进行了分析,初步分析了双(多)层反翘型滑坡的力学机理。为了进一步研究该类型滑坡的变形与破坏力学机理,本章采用室内平面应力加载条件下的大块体地质力学模型试验的手段,以期在实验室短期内重现双(多)层反翘型滑坡在漫长地质历史时期发育、发展、演化和形成全过程,直观地反映该类滑坡的变形破坏机理。

4.1 模型试验设计

开展物理模拟试验研究的主要目的:

(1)通过探讨以韩家垭滑坡为实例的双层反翘型滑坡的变形和破坏机理、滑坡前缘变粒岩层"反翘"形成机理,为双层反翘型滑坡的力学机理提供第一手的试验依据。

(2)将试验数据与现场测试数据进行对比分析,使分析结果更可靠。

(3)对相应的数值分析计算结果进行校核检验,不断修正地质模型、计算模型及计算参数,使数值分析结果更趋于实际情况。

4.1.1 基本原理

为使模型上产生的物理现象与原型相似,就必须使模型材料、模型形状和荷载等遵循相似原理。对于地质力学模型试验,除要求模型与原型的平衡方程、相容方程、几何方程、物理方程和边界条件须完全一致外,还要求模型与原型的应变相同、模型材料与原型岩土体的强度准则和应力应变关系全过程曲线相似。因此,在地质力学模型中,应模拟岩体中的断层破碎带、软弱带及一些主要节理裂隙组,同时,模型的几何尺寸、边界条件及作用荷载、模型材料的重度、强度及变形特性等方面均须满足相似原理[66,67]。

根据相似原理,地质力学模型试验应满足下列相似判据:

$$\frac{C_\sigma}{C_v C_L}=1 \tag{4.1}$$

$$C_\mu=C_\varepsilon=C_f=C_\varphi=C_{\varepsilon^o}=C_{\varepsilon^c}=C_{\varepsilon^t}=1 \tag{4.2}$$

$$C_\sigma=C_E=C_C=C_{\bar{\sigma}}=C_{R^t}=C_{R^c}=C_\tau \tag{4.3}$$

$$C_\delta=C_L \tag{4.4}$$

式中,C_σ 为应力相似常数;C_L 为几何相似常数;C_v 为重度相似常数;C_μ 为泊松比相似常数;C_ε 为应变相似常数;C_f 为摩擦系数相似常数;C_φ 为内摩擦角相似常数;C_{ε^o} 为残余应变相似常数;C_{ε^c} 为单轴极限压应变相似常数;C_{ε^t} 为单轴极限拉应变相似常数;C_E 为弹性模量相似常数;C_C 为内聚力相似常数;$C_{\bar{\sigma}}$ 为边界应力相似常数;C_{R^t} 为抗拉强度相似常数;C_{R^c} 为抗压强度相似常数;C_τ 为抗剪强度相似常数;C_δ 为位移相似常数。

在实际应用中,全部相似判据都满足的完全相似模型是极难获得的,只能使模型满足主要的相似判据。

4.1.2 试验工况

考虑到研究经费和研究时间,进行了下列两个工况的二维模型试验。

工况1:模拟自然状态未开挖条件下变粒岩层"反翘"形成全过程和边坡变形、破坏机理(图4.1、图4.2)。

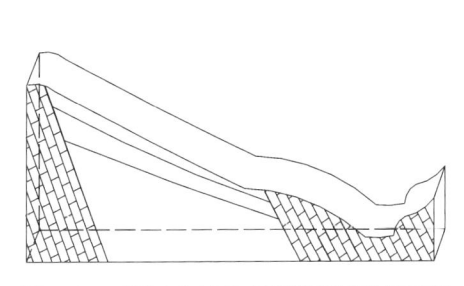

图4.1 工况1自然状态下模型试验剖面图　　图4.2 工况1试验全景

工况2:模拟路堑边坡按施工图设计文件开挖至路基设计高程条件下,滑坡和

路堑边坡变形、破坏特征,以及采用抬高路面反压前沿方案对滑坡稳定效果的评价(图4.3、图4.4)。

图4.3 工况2堑坡开挖条件下模型试验剖面图　　图4.4 工况2试验全景

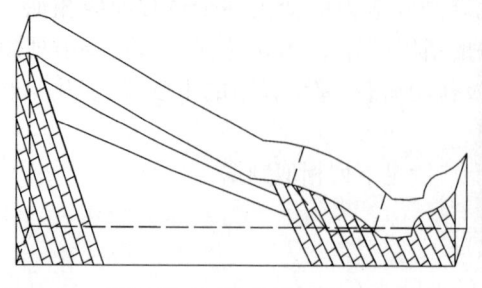

4.1.3 试验剖面的选择

由于地质力学模型试验的试验周期长、工作量大、费用较高,以及对试验技术和量测技术要求较高,因此不可能做很多地质力学模型试验。为此,必须根据滑坡区工程地质条件、滑坡特征、公路路线位置及开挖情况、地表建筑物情况及边坡稳定性计算分析结果,选择典型剖面进行模型试验研究。

选择试验剖面的主要依据:
(1) 尽可能地选择滑坡主滑断面。
(2) 尽可能与公路正交,且开挖断面坡高尽可能高。
(3) 地表有重要建筑物。
(4) 基本工程地质条件和滑坡特征具代表性。

基于上述原则,拟选择主滑体的主滑断面 $I-I'$ 剖面作为物理模拟试验剖面(图4.1、图4.2)。

4.1.4 模拟范围的确定

确定模拟范围的原则是:应包含整个滑坡体,同时在滑坡体变形滑动时,应力扰动不波及边界,亦即模型周边始终保持初始应力状态。

1. 模拟深度的确定

$I-I'$ 剖面滑体后缘山脊高程约460m,滑体前缘沟底高程约275m,路面高程282m,由此得到最小模拟深度为190m。考虑到因受滑坡体滑动变形扰动而导致滑床岩体变形、破坏、应力场变化的影响深度和模型试验时下部加载边界的影响范围,模型试验深度取240m左右。

2. 模拟宽度的确定

Ⅰ—Ⅰ'剖面滑体后缘山脊至滑体前缘沟底的水平距离约 400m，考虑到因受滑坡体滑动变形扰动而导致滑床岩体变形、破坏、应力场变化的影响深度和模型试验时两侧加载边界的影响范围，模型试验宽度取 480m 左右。

4.1.5 模拟的主要岩类及其物理力学参数的选取

根据《某高速公路 K427+750～K428+180 滑坡和路堑边坡工程地质勘察、稳定性分析与整治方案报告》和《某高速公路 K427+750～K428+180 滑坡和路堑边坡稳定性分析与整治工程施工图设计》，考虑到模型试验时模拟的地层岩性不宜太多，在满足试验目的的前提下，尽可能地将某些地层岩性归并。由于 Q_4^{dl+el} 残坡积层较薄，且没有发生 Q_4^{dl+el} 残坡积层层内滑动，Q_4^{dl+el} 残坡积层在本滑坡体中总是与强风化地层结合在一起向前滑动，因而在模型试验时可将 Q_4^{dl+el} 残坡积层与强风化变质辉绿岩或强风化变粒岩合并为一类。滑坡的滑动面主要处在强风化层与弱风化地层之间及弱风化地层之内，微风化地层十分稳定地处在滑床地层中，因而可将弱风化变质辉绿岩(或变粒岩)与微风化变质辉绿岩(或变粒岩)合并为一类。由于变粒岩中滑动面是追踪变粒岩中片理面、节理面及部分岩桥而成，其力学特性与片理面、节理面的力学特性较为相近，故可近似将变粒岩中滑动面、节理面、片理面合并为一类，都用变粒岩中滑动面有关力学参数来替代。因此，模型试验时拟模拟的主要岩类为强风化变质辉绿岩(包括 Q_4^{dl+el} 残坡积层)、弱风化变质辉绿岩(包括微风化变质辉绿岩)、强风化变粒岩(包括 Q_4^{dl+el} 残坡积层)、弱风化变粒岩(包括微风化变粒岩)、辉绿岩中滑动带、变粒岩中薄弱面(含滑面、片理面、节理面)等六类。

根据《工程岩体分级标准》(GB 50218—1994)按岩体分类大致确定某些物理力学参数的范围；据韩家垭滑坡区各类岩体的室内外岩石力学试验结果、力学指标反算结果等原则，综合选取上述六类模拟的岩类的物理力学参数。经过综合分析、反复商讨，上述六种岩类的物理力学参数的最终取值见表 4.1。

表 4.1 拟模拟岩类及滑面的主要物理力学参数

参数 岩类	重度 v /(kN/m³)	弹性模量 E_p/GPa	泊松比 μ	单轴抗压强度 σ_c/MPa	内聚力 c/kPa	内摩擦角 φ/(°)
强风化变质辉绿岩 (包括 Q_4^{dl+el} 残坡积层)	23.0	2～3	0.30～0.35	10～20	70	20
弱、微风化变质辉绿岩	29.0	8～15	0.26	40～50	100	22

续表

参数 岩类	重度 v /(kN/m³)	弹性模量 E_p/GPa	泊松比 μ	单轴抗压强度 σ_c/MPa	内聚力 c/kPa	内摩擦角 φ/(°)
强风化变粒岩（包括 Q^{dl+el} 残坡积层）	21.8	1.5～2	0.30～0.35	10～15	50	20
弱、微风化变粒岩	24.8	6～12	0.2～0.28	30～40	70	21
辉绿岩中滑动带	—	—	—	—	7	15
变粒岩中薄弱面（含滑面、片理面、节理面）	—	—	—	—	50	20

表 4.1 中 σ_c 值已考虑节理弱化作用而进行了适当的折减,除变粒岩外,在后续模型试验中将不再对节理进行模拟。

4.1.6 相似比的确定

正确地选择模型比例尺或几何相似常数 C_L 是十分重要的,它直接关系到:①试验的精度;②制作模型的工作量和经济指标;③寻找合适的模型材料的难易程度;④实验室现有的模型试验设备、测试技术和试验技术;⑤模拟范围等五个方面。为此,经过对多个模型比例尺方案的综合分析比较,最后选定 $C_L=200$, $C_v=1$,则

$$C_\sigma=C_E=C_C=C_{\bar{\sigma}}=C_{R^t}=C_{R^c}=C_\tau=200 \tag{4.5}$$

$$C_\delta=200 \tag{4.6}$$

$$C_\mu=C_\varepsilon=C_f=C_\varphi=C_{\varepsilon^o}=C_{\varepsilon^c}=C_{\varepsilon^t}=1 \tag{4.7}$$

模型试验的地点选在武汉岩土力学与工程国家重点实验室的地表试坑内,该试坑长 3.98m,宽 2.98m,深 1.80m。平面应力模型沿试坑宽度方向布置,扣除边界加载设备尺寸,其净宽可达 2.50m,按 $C_L=200$ 计,可模拟的实际宽度约 500m,深度约 360m,完全满足需模拟范围的要求。考虑到相似材料强度低、易碎,故平面应力模型的厚度选定为 20cm。试验时,模型试体的尺寸为宽 240cm、高 120cm、厚 20cm,模型直立。

4.1.7 地质构造的模拟

为了模拟滑坡前缘变粒岩层"反翘"形成机理,需对变粒岩中片理、节理进行概化后模拟。根据现场节理统计结果,同时考虑片理面与室内试块制作难易程度,本次试验对变粒岩中片理、节理综合概化为:片理产状 NE10°∠67°,视倾角为 65°,顺坡向,片理间距为 5cm;节理面与片理面呈正交,节理间距为 5cm。在堆砌试体时,片理面呈全贯通,节理面上下层相互错开,节理面连通率为 50%(图 4.1)。辉绿岩中节理裂隙十分发育,要模拟其中的节理裂隙较为困难,因此将节理裂隙

对辉绿岩体力学特性的弱化作用反映到对该类岩石力学参数的折减上。

滑坡区断层发育较少,与滑坡体的稳定性联系不密切,故只模拟两个滑动面。

4.1.8 地应力的模拟

对于边坡工程,在模型试验中,一般只模拟岩体自重情况。由于 $C_v=1$,因此岩体自重完全由模型材料的自重来模拟。

4.1.9 边坡开挖过程的模拟

在韩家垭滑坡和路堑边坡工程现场,路堑边坡分四级开挖,每级坡高 10m,各级坡之间的平台宽 2m。按照相似比理论,则模型试验时,每级坡高为 5cm,由于相似材料十分松散及考虑节理、片理的切割,在试块切割及模型体堆砌时十分困难。同时在预试验时,粗略的边坡分级开挖对滑坡体的变形破坏影响较小,所以在模型试验时,边坡开挖采用一步开挖至路基设计高程的方案。在工况 2 中,先开挖至路基设计高程,然后再开挖至抬高路面高程前的原路基设计标高,以观测抬高路面 3m、反压滑坡前沿对滑坡的影响作用(图 4.3、图 4.4)。

4.1.10 相似材料研制

研配满足相似原理的模型材料是地质力学模型试验的关键之一,迅速、准确地寻找出相似材料的组分及相应配比,是模型试验能否成功和如期完成的首要保证。由已确定的相似比及各岩类的物理力学参数,可以算得相应各岩类相似材料的物理力学参数,具体数值见表 4.2 中的理论值(理论值系由原型参数除以相应的相似常数而得)。按所算得的各岩类相似材料的物理力学参数值进行相似材料配比试验。

表 4.2 岩类及滑面相似材料主要物理力学参数的理论值和实测值

参数 岩类	重度 v /(kN/m³)		弹性模量 E_p/MPa		单轴抗压强度 σ_c/MPa		内聚力 c/kPa		内摩擦角 φ/(°)	
	理论	实测	理论	实测	理论	实测	理论	实测	理论	实测
强风化变质辉绿岩 (包括 Q^{dl+el} 残坡积层)	23.0	21.47	10~15	64.58	0.05~0.1	0.097	0.35		20	
弱、微风化变质辉绿岩	29.0	28.34	40~75	117.34	0.2~0.25	0.247	0.50		22	
强风化变粒岩 (包括 Q^{dl+el} 残坡积层)	21.8	20.86	7.5~10	77.40	0.05~0.075	0.073	0.25		20	

续表

参数 岩类	重度 v /(kN/m³) 理论	重度 v /(kN/m³) 实测	弹性模量 E_p/MPa 理论	弹性模量 E_p/MPa 实测	单轴抗压强度 σ_c/MPa 理论	单轴抗压强度 σ_c/MPa 实测	内聚力 c/kPa 理论	内聚力 c/kPa 实测	内摩擦角 φ/(°) 理论	内摩擦角 φ/(°) 实测
弱、微风化变粒岩	24.8	25.06	30~60	38.45	0.15~0.2	0.172	0.35	—	21	—
辉绿岩中滑动面	—	—	—	—	—	—	0.035	1.076	15	15.29
变粒岩中薄弱面(含滑面、片理面、节理面)	—	—	—	—	—	—	0.25	2.102	20	19.82

1. 各岩类相似材料的研制

在研究岩质边坡变形、破坏问题时，一般将岩体视为存在许多不连续结构面的弹塑性材料，边坡岩体的变形、破坏基本上是受其中的滑动面或各种软弱结构面的不利组合所控制，极少有完整岩块剪断而发生变形破坏的。所以，在各岩类相似材料的配比试验过程中，主要测定试样的重度、单轴抗压强度和变形模量等参数。由于试样制作和试验工作量极大，在初选阶段采用二次正交组合设计法优化相似材料配比试验，且试验时只求出试样的重度和单轴抗压强度。在基本材料和大致配比基本确定以后的精选阶段，试验时除求出试样的重度和单轴抗压强度外，还须测得弹性模量和变形模量。由于本次物理模拟试验只作平面应力模型，所以相似材料的泊松比对试验结果影响甚微，故试验时不测相似材料的泊松比。

经过八个多月500余组不同成分和配比的相似材料物理力学参数测定，最终选取：

(1) 重晶石粉∶砂∶水＝20∶40∶2 作为强风化变质辉绿岩(包括其上覆第四系残坡积层)的相似材料。

(2) 重晶石粉∶铁粉∶水＝10∶30∶3.3 作为弱、微风化变质辉绿岩的相似材料。

(3) 重晶石粉∶砂∶水＝20∶20∶1.5 作为强风化变粒岩(包括其上覆第四系残坡积层)的相似材料。

(4) 重晶石粉∶水∶甘油＝35∶1∶1 作为弱、微风化变粒岩的相似材料。

通过对上述四种相似材料的前后两批共计6个标准试件(ϕ50mm，高100mm)的单轴抗压试验，测得了它们的基本物理力学参数(表4.2和图4.5~图4.8)。

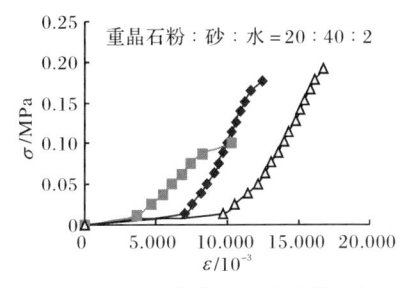

图 4.5　强风化变质辉绿岩类相似
材料的应力-应变曲线

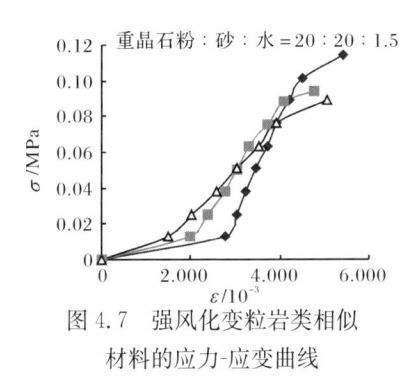

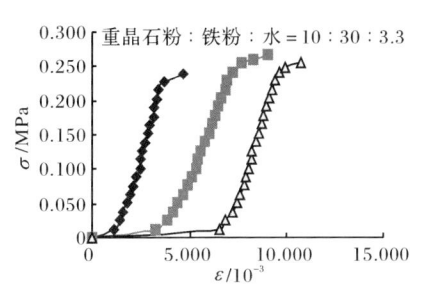

图 4.6　弱、微风化变质辉绿岩类相似
材料的应力-应变曲线

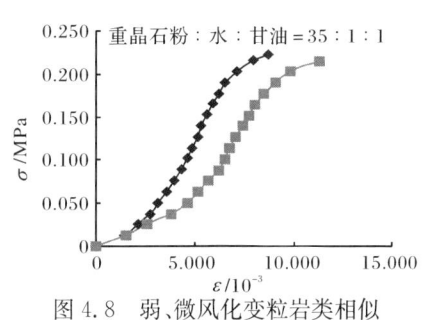

图 4.7　强风化变粒岩类相似
材料的应力-应变曲线

图 4.8　弱、微风化变粒岩类相似
材料的应力-应变曲线

从表4.2和图4.5～图4.8中可以看出,所选取的相似材料基本上满足了相似设计的要求。

2. 滑动面、节理面相似材料的研制

对于已经存在滑动面、软弱夹层等的滑坡和路堑边坡,先存的滑动面是控制边坡变形、应力、稳定和破坏的关键因素。因此,能否找到较好满足相似原理的滑动面、节理面相似材料,是滑坡和路堑边坡工程物理模拟试验成败的关键。当主要沿已有滑动面发生滑动破坏时,只要保证原型与模型的抗剪强度比等于应力比,则物理模拟试验成果具有定量的意义。所以,在滑动面、片理面、节理面等相似材料的配比试验过程中,主要进行满足抗剪强度相似比的滑动面、节理面等相似材料的直剪试验,测定相似材料受剪试验面的内聚力和内摩擦角。

经过八个多月120余组不同材料和组合的结构面直剪试验的相似材料抗剪强度参数测定,最终选取:

(1) 前述相应岩类相似材料夹双层聚乙烯塑料薄膜作为变质辉绿岩中上、下二层滑动面的相似材料。

(2) 前述相应岩类相似材料夹双层透明纸作为变粒岩中片理面、节理面与滑动面的相似材料。

通过对上述滑动面、节理面相似材料的三组直剪试验（试样大小为 30cm×20cm×10cm），测得了它们的抗剪强度参数（表4.2，图4.9，图4.10）。

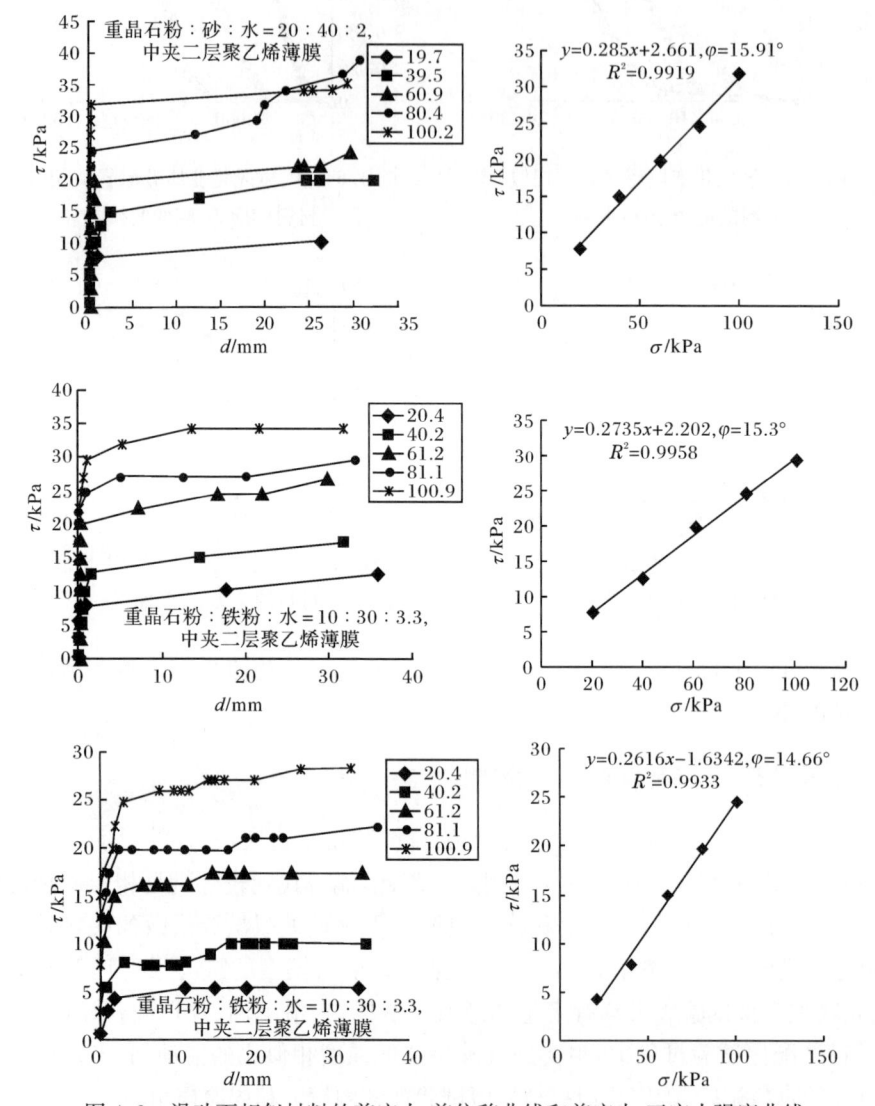

图4.9 滑动面相似材料的剪应力-剪位移曲线和剪应力-正应力强度曲线

从表4.2和图4.9、图4.10中可以看出，所选取的相似材料基本上满足了相似设计的要求，这为最终研究成果的可靠性提供了重要保证。

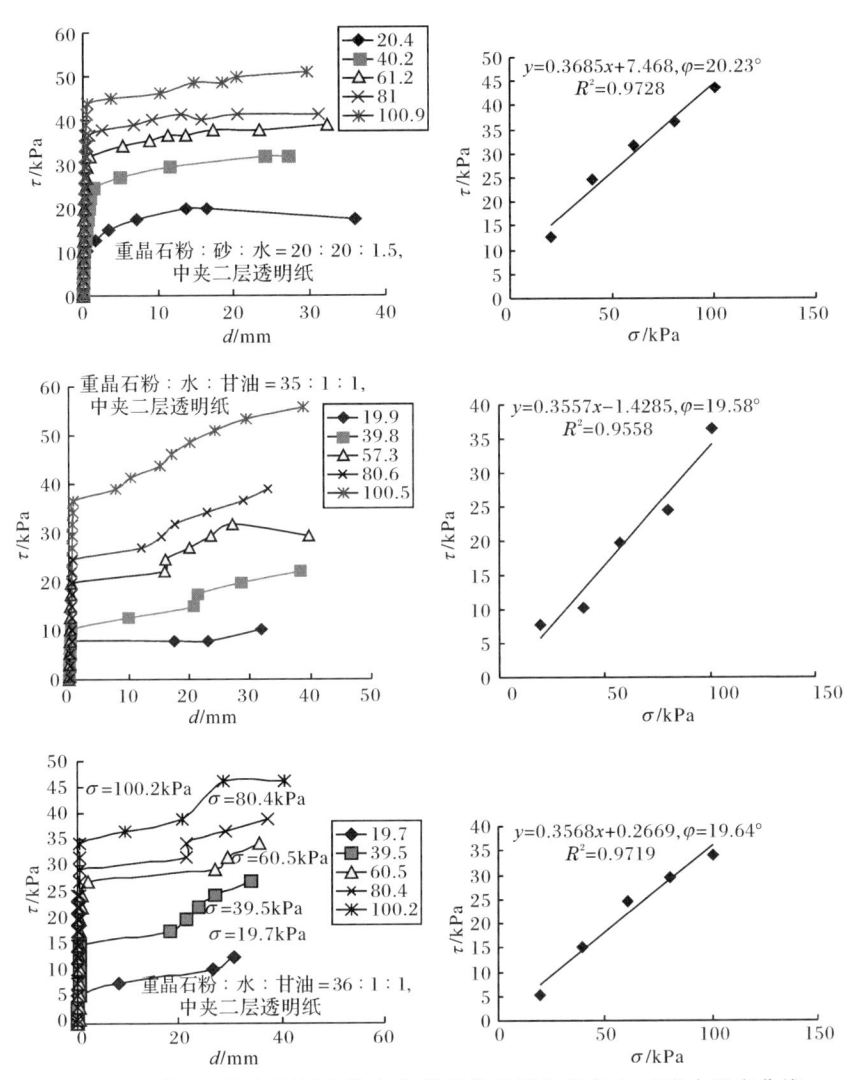

图 4.10 节理面相似材料的剪应力-剪位移曲线和剪应力-正应力强度曲线

4.1.11 模型制作

1. 试块制作

试验专门加工了高强度钢制成的模具,根据配比试验所确定的各成分按比例混合均匀,倒入模子中捣实成形。在试块的制备过程中,尽量保证所有的操作过程相同,以使材料的性能更加稳定。

考虑试块搬运、切割、钻孔等破坏损耗,同时大部分滑床试块可重复使用等情况,最终实际制作的试块尺寸为:强风化变质辉绿岩为 30cm×20cm×10cm,弱、微风化变质辉绿岩为 30cm×20cm×20cm,强风化变粒岩为 20cm×10cm×5cm,弱、微风化变粒岩为 20cm×10cm×5cm(图 4.11)。

图 4.11 模型试块制备

2. 模型体制作

砌筑模型体前,先在主滑断面Ⅰ—Ⅰ′剖面图上画出各岩类的分界线及滑动面的具体位置,算出变粒岩片理面的视倾角、间距及节理间距等。然后按各岩类试块大小尺寸分层画出并算出各试块的具体布置,最后按图砌筑试块,各试块上、下表面间采用与模型材料性能相当的黏结剂黏结,遇到需进行切割的试块则用钢丝锯切割,模型上界面形状按Ⅰ—Ⅰ′剖面实际地形线砌筑(图 4.12)。

图 4.12 模型体砌筑

对于工况 2,在砌筑模型体时,事先把边坡开挖线与路基高程线切割出来,以便试验时不必再去切割试块。抬高路基高程 3m 的模拟,由于在模型体中只有 1.5cm 厚,厚度太小,在切割成对应大小形状的块体时难度较大,极易破碎,故试验时采用向下刮磨 1.5cm 来模拟。

4.1.12 观测内容及手段

由于相似材料的强度很低,测量模型体中的应力难度很大。滑坡体位移观测采用百分表和数码相机数字化近景摄影测量联合使用的方法,二者平行使用,相互校验,使结果更可靠。

1. 百分表观测

在模型体背面的关键部位及模型体前面滑体后缘一端底部钢板上共布置了11个百分表测点,其中在模型体背面的上层滑体、下层滑体、滑床、滑体前缘变粒岩层中布置五个点以测量每个点的水平向位移和垂向位移。测量标点是将有机玻璃标点直接粘贴于模型体表面。百分表安装在独立于模型体及反力系统以外的钢架上(图4.13~图4.15)。

图4.13 百分表观测布置

图4.14 工况1近景摄影测量测点分布 　　图4.15 工况2近景摄影测量测点分布

2. 数码相机数字化近景摄影测量

由于用百分表等接触式量测位移的方法测点有限,难以测到全场位移。数码相机数字化近景摄影测量是从摄影测量中逐步发展起来的,它是一种非接触式量测,它具有无损模型、光路简单、可测较大范围的全场位移、摄影像片记录的信息可永久保存、随时提取、设备简单、操作方便、对环境条件要求低、自动化程度较

高、精度较高等优点。数码相机能直接提供内方位元素；摄影时无需底片，不存在软片压平误差；它以数字方式存储影像，可通过计算机直接从相机上下载像片，在计算机上进行位移数据处理，可用于自动摄影变形监测系统。

本试验使用 Nikon D1X 型数码相机，其像素面阵为 3008×1960。根据位移变化大致情况及滑体岩类、上层滑动面、下层滑动面、滑床、变粒岩片理及节理等的分布情况，在模型体的正面、底部钢板及两侧边界钢板上共布置 200～300 个测量标志点，测量标志点为含两个正对黑色三角形的矩形白色小纸片，测点需要统一编号。为了减少近景摄影测量误差，实验时被测表面悬挂了小钢尺作为纵向控制（图 4.2、图 4.4、图 4.14、图 4.15）。

数码相机数字化近景摄影测量的全过程简述如下：第一，进行实地摄影，把初始状态及每步开挖或底部钢板滑体后缘端每级升幅后的状态用数码相机拍摄下来，并将所拍摄的像片转存到计算机上；第二，对每张像片中各测点进行坐标量测；第三，对相同开挖状态或底部钢板滑体后缘端相同升幅状态下所拍摄的像片进行各像片间的相对定向，形成各独立像对的独立模型；第四，通过对各独立模型的变换进行模型连接，建立统一的整体模型；第五，通过空间相似变换和绝对定向实现实际坐标的计算，并将初始状态及各步开挖或各级升幅状态下的坐标系统移到同一坐标系中去；第六，将每步开挖或每级升幅状态下各测点的坐标值与初始状态下相应测点的坐标值相减，即得到不同开挖或升幅状态下各测点的绝对位移值[144～146]。

1）摄影方式

摄影前需在待测模型上布设一定数量的人工标志点，本次测量布设的人工标志点分为三大类：第一类是模型体左右两侧钢板上的标志点，用于控制拍摄时相机投影轴的位置和方向的变化；第二类是底板上的标志点，用来控制由滑移面抬升而引起的刚体位移；第三类是分布在模型体上的观测点，可以根据需要确定其数量和分布。所有的标志都采用打印好的有较强对比度的圆形标志，本次试验使用的人工标志主要有如图 4.16 所示的几种类型，标志粘贴好后，用小钢尺量出控制点之间的距离。

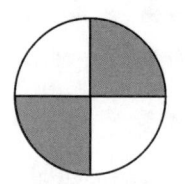

图 4.16　本试验所采用的人工标志点图案

试验时采用 Nikon D1X 型数码相机，拍摄照片的分辨率为 3008×1960 像素，采用jpg格式存储,试验开始之前,用交向摄影的方式拍摄2张以上的照片,用于立体像对的解析相对定向,拍摄过程中将相机安置在离被摄模型约3m的三脚架上,按正直摄影方式摄影,试验工程中,每个变形阶段只拍摄一张照片,并使所有的观测点都纳入相机的观测范围之内,摄影时尽量保持相机的空间位置和摄影光轴方位的固定,由于此相机没有快门线,人的手动操作可能会引起相机的移动,在数据处理的过程中需消除。

2) 解算模型

(1) 单像共线条件解算。摄影测量的共线条件是指像点、投影中心、物点三点的连线位于同一直线上,可用共线方程来描述:

$$\begin{cases} x-x_0+\Delta x = -f\dfrac{a_1(X-X_S)+b_1(Y-Y_S)+c_1(Z-Z_S)}{a_3(X-X_S)+b_3(Y-Y_S)+c_3(Z-Z_S)} \\ y-y_0+\Delta y = -f\dfrac{a_2(X-X_S)+b_2(Y-Y_S)+c_2(Z-Z_S)}{a_3(X-X_S)+b_3(Y-Y_S)+c_3(Z-Z_S)} \end{cases} \quad (4.8)$$

式中,(x_0,y_0,f)为像片的内方位元素;(X,Y,Z)为点的物方空间坐标;(X_S,Y_S,Z_S)为投影中心的物方空间坐标;$(a_1,a_2,a_3,b_1,b_2,b_3,c_1,c_2,c_3)$为物方空间坐标系与像空间坐标系三个旋转角的组合;$(x,y)$为像点的像平面坐标;$(\Delta x,\Delta y)$为像点坐标需要引进的某种系统误差的改正值,如镜头的畸变差等。

由于(x,y)为像平面坐标,而数码相机的影像是以行号和列号表示的像素值,若以(λ_x,λ_y)表示每像素对应的物理尺寸,则像平面坐标和影像坐标之间的转换关系可表示为

$$\begin{cases} x-x_0=\lambda_x(u-u_0) \\ y-y_0=\lambda_y(v-v_0) \end{cases} \quad (4.9)$$

将式(4.9)代入式(4.8),可以直接建立标志点的影像坐标和物方空间坐标之间的转换关系。

(2) 解析相对定向。以双像解析为例,相对定向的共面条件为

$$F=\begin{vmatrix} B_X & B_Y & B_Z \\ X_1 & Y_1 & Z_1 \\ X_2 & Y_2 & Z_2 \end{vmatrix}=0 \quad (4.10)$$

式中,(X_1,Y_1,Z_1)为像片1的像点在其像空间坐标系中的空间坐标;(X_2,Y_2,Z_2)为像片2的像点在其像空间坐标系中的空间坐标;(B_X,B_Y,B_Z)为像片2的主点在像片1的像空间坐标系中的空间坐标。

将式(4.10)线性化后即可得到用于相对定向的共面条件观测方程,并通过相对定向形成各像对的独立模型。相对定向不需要按常规方法由左向右依次进行,而是经过判别程序选择最佳组合。这样,设站位置和摄影方向可以任意选择,使工作时更加灵活方便。

相对定向以后,通过对各独立模型的变换进行模型连接,建立整体模型。由此所得到的整体模型只与实体相似,需经过空间相似变换和绝对定向实现与地面坐标的相连。设某点地面坐标为 $X_M=(X_M,Y_M,Z_M)^T$,像空间坐标为 $X=(X,Y,Z)^T$,则由模型坐标转换为地面坐标的空间相似变换关系用式(4.11)表示:

$$X_M=\lambda AX+\Delta X \tag{4.11}$$

式中,A 是由三个空间旋转角所构成的旋转矩阵;$\Delta X=(\Delta X,\Delta Y,\Delta Z)^T$ 为三个坐标平移量;λ 为缩放系数。求解这 7 个变换参数至少需要 7 个误差方程式,即在整体模型中有两个空间坐标控制点和一个高程控制点。多余控制点可以提高解算精度。如果实际问题中不需要与地面坐标系连接,则只要一条已知边长和一个已知方向即可完成定向。

3) 误差来源

摄影测量观测值的误差一般包括系统误差、偶然误差和失误误差。系统误差主要是由相机本身的镜头畸变误差、光电转换误差、几何和辐射变形及用作物方纵向控制的小钢尺的刻度误差等引起的,它是恒定性的误差。偶然误差主要来自像片量测,它服从一定的统计规律。失误误差是在试验过程中,试验人员由于各种原因操作失误所造成的,它只能靠试验人员认真操作、细心校核才能避免。

本次试验中,像片的构像环境、相机投影中心的位置及摄影光束的空间方位基本固定,采用正直摄影的方式。因此上述系统误差较小,而且同名点在不同时刻的系统误差也是基本固定的,而变形观测需要的是不同时刻的位移,大部分系统误差完全可以通过两次坐标值相减消去,解算时只考虑镜头畸变这一系统误差。对于偶然误差则要在数据处理中按误差传播规律来确定此次试验能达到的最终精度。

4) 镜头畸变参数的解算

镜头畸变采用室内检校的方法,并使构像环境,即采用摄影的光照条件、所摄物体的大小、投影的方向,大致与模型试验类似,离被摄目标的距离与试验环境大致相同,采用 5 参数模型,最终解得镜头畸变参数,其中 k_1,k_2,k_3 为径向畸变参数,p_1,p_2 为偏心畸变参数,代入下面的公式,即得到改正后的像素坐标值,见表 4.3。

$$\begin{cases} \Delta u=\xi(k_1r^2+k_2r^4+k_3r^6)+p_1(r^2+2\xi^2)+p_2\xi\eta \\ \Delta v=\eta(k_1r^2+k_2r^4+k_3r^6)+p_1\eta\xi+p_2(r^2+2\eta^2) \end{cases} \tag{4.12}$$

$$[\xi,\eta]=[u-u_0,v-v_0] \tag{4.13}$$

$$r=\sqrt{\xi^2+\eta^2} \tag{4.14}$$

表 4.3　镜头畸变参数

参量	k_1	k_2	k_3	p_1	p_2
参量值	1.387×10^{-5}	-1.330×10^{-11}	3.67×10^{-18}	-4.023×10^{-4}	1.809×10^{-4}

5) 误差分析

本节对初始观测和最终观测采用解析相对定向的方法来进行数据处理,对试验过程则采用单像量测的方法来进行处理。从上面的数学模型可以看出,无论采用哪种解算方法,首先必须量测标志点的像平面坐标值,像平面坐标的量测采用 Photo 近景摄影测量系统来完成。此系统采用人工量测的方法来确定标志点中心的像素值,标志中心可视为在同一像素中的均匀分布,因此,可以得出量测的中误差约为 1/3 像素。

(1) 单像量测的误差分析。单像量测的数据处理过程可以用图 4.17 来表示。

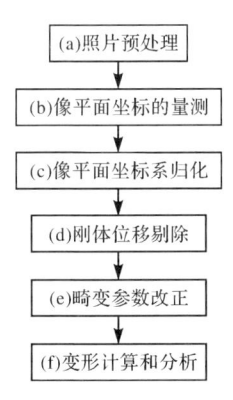

(a)照片预处理
(b)像平面坐标的量测
(c)像平面坐标系归化
(d)刚体位移剔除
(e)畸变参数改正
(f)变形计算和分析

图 4.17　单像量测的数据处理过程框图

从以上的数据处理过程可以看出,上述误差主要集中在(c)、(d)两个数据转换阶段,(c)的目的是消除不同时刻的由于投影中心的位置和摄影光轴的转动而造成的影像坐标系的不一致,(d)的目的是消除由于模型上升而引起的刚体位移。影像的两次数据转换都采用 Helmert 相似变换,具体的数学模型如下。

设某点在 t_0 时刻的像素值为 (u_0, v_0),t_i 时刻的像素值为 (u_i, v_i),两时刻的坐标转换关系为

$$\begin{bmatrix} u_i \\ v_i \end{bmatrix} = \begin{bmatrix} t_u \\ t_v \end{bmatrix} + K \begin{bmatrix} \cos\alpha & -\sin\alpha \\ \sin\alpha & \cos\alpha \end{bmatrix} \begin{bmatrix} u_0 \\ v_0 \end{bmatrix} = \begin{bmatrix} t_u \\ t_v \end{bmatrix} + \begin{bmatrix} a & -b \\ b & a \end{bmatrix} \begin{bmatrix} u_0 \\ v_0 \end{bmatrix} \quad (4.15)$$

写成矩阵形式,得

$$\begin{bmatrix} u_i \\ v_i \end{bmatrix} = \begin{bmatrix} 1 & 0 & u_0 & -v_0 \\ 0 & 1 & v_0 & u_0 \end{bmatrix} \begin{bmatrix} t_x \\ t_y \\ a \\ b \end{bmatrix} \quad (4.16)$$

$$L = BX \tag{4.17}$$

解出以上的 4 个参数需要至少两个以上的同名点，当有两个以上的公共点时，需要用最小二乘法求解。计算时选择位于模型体两侧立柱上的标志点作为控制点（点号为 1~8,19~26）（表 4.4）得

$$X = (B^{\mathrm{T}}B) B^{\mathrm{T}} L \tag{4.18}$$

转换参数的协方差阵为

$$D(x) = \sigma_0^2 (B^{\mathrm{T}}B)^{-1} \tag{4.19}$$

表 4.4 控制点坐标及变换后的残差

点号	初始影像 u_0	v_0	第 i 张影像 u_i	v_i	改正数 v_u	v_v
1	321	983	289	996	−0.12	0.95
2	309	1302	278	1315	0.00	0.6
3	298	1629	268	1642	0.12	0.25
4	290	1947	260	1959	−0.19	0.35
5	279	2292	251	2305	0.36	−0.46
6	275	2610	247	2621	0.05	0.08
7	269	2910	241	2922	−0.24	−0.69
8	262	3385	236	3396	0.18	−0.77
20	5706	3319	5666	3315	−0.07	0.52
21	5673	2777	5633	2775	0.54	0.51
22	5644	2332	5602	2333	0.04	−0.3
23	5602	1768	5558	1770	−0.36	−0.08
24	5560	1312	5516	1316	0.03	−0.42
25	5526	871	5480	877	−0.47	−0.79

式中，σ_0^2 为单位权方差，由式(4.20)得出：

$$\sigma_0^2 = \frac{V^{\mathrm{T}}V}{2n-4} \tag{4.20}$$

其中，n 为所采用控制点的个数。

以某次转换为例，计算得

$$\sigma_0^2 = 0.212433$$

$$D(x) = \begin{bmatrix} 0.037023 & 0 & -5.0904 \times 10^{-6} & 4.2331 \times 10^{-6} \\ 0 & 0.037023 & -4.2331 \times 10^{-6} & -5.0904 \times 10^{-6} \\ 5.0904 \times 10^{-6} & -4.2331 \times 10^{-6} & 1.9969 \times 10^{-9} & 0 \\ 4.2331 \times 10^{-6} & -5.0904 \times 10^{-6} & 0 & 1.9969 \times 10^{-9} \end{bmatrix}$$

误差估算时,取 $a=1,b=0$(即假设坐标系没有旋转分量),$u_0=3008$,$v_0=1960$,并考虑人工量测的方差为 1/6 像素,由误差传播律,经过第一次转换后的误差为

$$(m_u)_{\mathrm{I}}^2=(m_v)_{\mathrm{I}}^2=0.215$$

第二次转换以模型下部的点作为控制点,利用其在不同时刻经第一次转换后的两套坐标作为已知数据,最终计算得

$$(m_u)_{\mathrm{II}}^2=(m_v)_{\mathrm{II}}^2=0.5996$$

从而得到,经两次转换后的中误差为 $\pm\sqrt{0.5996}=\pm0.77$ 像素,每像素的实际距离约为 0.45mm,最终的精度为 ±0.35mm。

(2) 多像立体解析的精度。利用数学解算模型,选择 3 张以上从不同摄影方向拍摄的照片,组成立体分析对象,每张照片量取 5 个以上的控制点,进行平差处理,得到多像解析的精度。本章该方法处理的数据是选择 3 张照片,每张照片选择 30 个同名像点,采用自检校平差法,在 Photo 软件中进行平差计算,最终得到的点位中误差为 ±0.165mm。

4.1.13 试验步骤

(1) 安装好滑体后缘端底部钢板下的千斤顶的油管、油泵、油压表等,并给油泵灌满机油。

(2) 安装好所有的百分表,在模型体正面粘贴上数码相机的测量标志点(含一对正对黑色三角形的矩形白色小纸片),并记录下各自的初读数。

(3) 记录完初读数后,即可开始开挖或抬高滑体后缘了。

依据不同试验工况具体试验步骤见表 4.5 和表 4.6。每完成一步开挖或后缘升高,就相应读一遍百分表、数码相机测点、光纤传感器测点、电阻应变片测点。

表 4.5 工况 1 试验步骤

试验步骤	1	2	3	4	5	6	7	8	9	10	11	12	13
底部钢板滑体后缘端上抬位移/mm	0	30.10	30.10(10min后)	68.01	68.01(10min后)	98.73	98.73(10min后)	127.53	127.53(5min后)	127.53(10min后)	127.53(15min后)	151.85	151.85(10min后)

试验步骤	14	15	16	17	18	19
分步操作	后缘加推力	后缘加推力	后缘加推力	后缘加推力	后缘加推力	回油

表 4.6　工况 2 试验步骤表

试验步骤	1	2	3	4	5	6	7	8	9	10	11	12	13
堑坡开挖或底部钢板滑体后缘端上抬位移/mm	初读	堑坡下挖9cm	堑坡下挖15.6cm至路基设计标高	堑坡下挖17.1cm至原路基设计标高	1.55	3.15	5.20	10.37	16.07	23.93	39.43	59.05	77.95

试验步骤	14	15	16	17	18	19	20	21
堑坡开挖或底部钢板滑体后缘端上抬位移/mm	87.45	100.78	100.78(10min后)	110.88	117.80	117.80(4min后)	126.90	126.90(8min后)

4.2　试验结果及其分析

4.2.1　百分表与近景摄影测量对应各点所测位移值比较

根据百分表与数码相机数字化近景摄影测量所得到的位移值，现提取出几对对应测点（图4.18、图4.19），对两种不同观测方法所取得的位移值进行比较分析（表4.7）。可以发现，摄影测量与百分表测量存在较大差异，二者差异基本上为3%～139%，平均为40.2%；总的来看，垂直方向（y方向）的测值差异比水平方向（x方向）的大，滑体后缘测点比滑体前缘测点的测值差异大，这可能与试验过程中滑体后缘底板抬高，整个模型体发生顺时针旋转，在扣除刚体位移时产生较大误差有关。

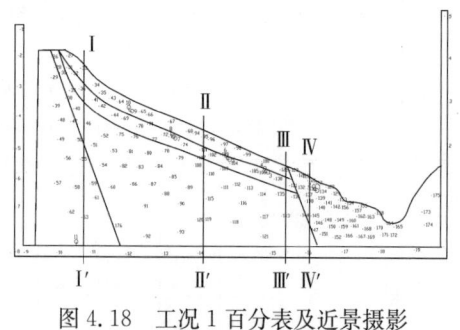

图 4.18　工况 1 百分表及近景摄影测量测点布置示意图

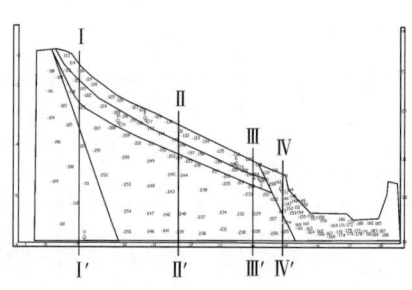

图 4.19　工况 2 百分表及近景摄影测量测点布置示意图

综观百分表、摄影测量结果,百分表测值比较杂乱,规律性较差,而摄影测量所得的位移场规律性好,这可能与试验过程中滑体后缘底板抬高,百分表因量程有限需多次调表,而摄影测量是一种非接触式测量等因素有关。摄影测量结果与试验过程中所产生的某些定性现象也较相符,它能基本反映本次试验条件下因底板抬高、滑动面倾角变大所产生的自然状态、路堑边坡开挖、滑体加固等多种情形下滑坡变形和破坏规律。所以,本次试验各种工况下,滑体位移场分析主要依靠近景摄影测量结果,百分表测值仅作参考。

表 4.7 百分表与近景摄影测量对应点测值比较 （单位:mm）

工况			1	2	3	4	5	6	7	8	9	10
工况 1 第 12 步	百分表	测点	1	2	3	4	5	6	7	8	9	10
		测值	21.61	11.47	38.93	16.04	33.29	13.15	29.38	11.06	28.84	12.76
	摄影测量	测点	133, 34x	133, 34y	106x	106y	103, 104x	103, 104y	73x	73y	64, 65x	64, 65y
		测值	19.98	12.36	40.06	−14.19	39.58	−15.76	37.73	−15.83	41.20	−19.22
工况 2 第 18 步	百分表	测点	1	2	3	4	5	6	7	8	9	10
		测值	6.77	9.43	9.33	3.12	13.62	2.91	14.20	2.94	9.02	2.35
	摄影测量	测点	144x	144y	205x	205y	136x	136y	128, 129x	128, 129y	190x	190y
		测值	5.82	7.73	12.90	−4.36	17.95	−5.70	20.24	−6.14	16.16	−4.68
工况 3 第 10 步	百分表	测点	1	2	3	4	5	6	7	8	9	10
		测值	2.58	2.51	1.72	0.89	1.97	0.63	1.44	0.56	1.21	1.46
	摄影测量	测点	76,78x	76,78y	66x	66y	58x	58y	48x	48y	40,41x	40,41y
		测值	1.16	−1.05	2.01	−1.78	3.03	−1.15	3.41	−1.87	3.90	−2.09
工况 4 第 12 步	百分表	测点	1	2	3	4	5	6	7	8	9	10
		测值	3.30	1.13	2.18	2.55	6.46	2.89	3.21	2.73	1.48	2.25
	摄影测量	测点	107x	107y	98x	98y	77,79x	77,79y	54x	54y	52x	52y
		测值	1.94	−0.77	3.47	−3.91	4.98	−4.89	5.16	−5.33	3.28	−4.69

4.2.2 滑坡稳定系数随底板抬升高度变化规律

根据模型试验所采用的试验剖面和岩土物理力学参数,同时结合有关试验结果,即在自然状态下,当底部钢板滑体后缘端上抬 90mm 及 350mm 左右时,分别发生沿上滑面及下滑面的失稳滑动。由此可以计算得到自然状态下和堑坡开挖状态下,滑坡稳定系数随底板抬升高度变化规律,如图 4.20 所示。

(a) 自然状态下

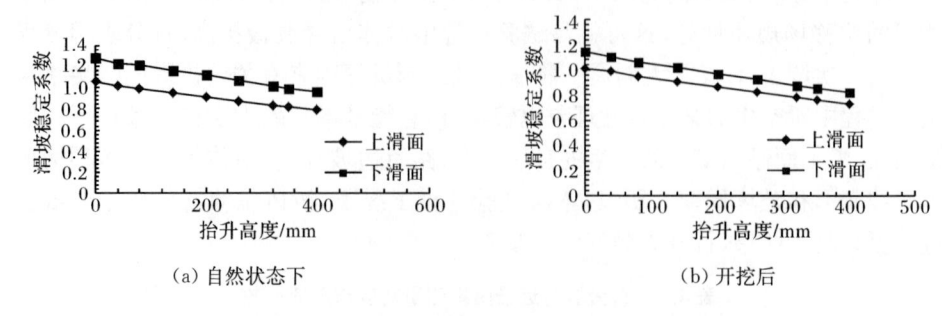

(b) 开挖后

图 4.20　滑坡稳定系数随底板抬升高度变化图

从图 4.20(b)可见,在堑坡开挖条件下,上滑面的稳定系数为 1.014,下滑面的稳定系数为 1.143。可见,由于堑坡开挖,上滑面的稳定系数下降了 0.035,已基本处于临界状态;下滑面的稳定系数下降了 0.127,滑坡和路堑边坡的稳定性大幅降低。而从工况 2 的试验结果来看,当底板抬高 3.15mm 时,上滑面已开始出现失稳滑动的迹象,该上抬高度对应于上滑面稳定系数变化量为 0.0022,所以可得未抬底板前,上滑面的稳定系数为 1.0022;当底板抬高 59.05mm 时,下滑面出现失稳滑动的迹象,该上抬高度对应于下滑面稳定系数变化量为 0.048,则底板未抬前的下滑面的稳定系数为 1.048,比图 4.20(b)的稳定性计算结果明显偏小。

由图 4.20 可见,无论在自然状态还是堑坡开挖状态下,上、下滑动面稳定系数随底板抬升高度基本呈线性递减,可算得自然状态下上、下滑面的稳定系数分别以 $0.000655mm^{-1}$、$0.00078mm^{-1}$ 减小,堑坡开挖状态下滑坡上、下滑面的稳定系数分别以 $0.0006975mm^{-1}$、$0.000805mm^{-1}$ 减小。

但总的来看,由于堑坡开挖,滑坡和路堑边坡的稳定系数大幅降低,上滑面的稳定系数由 1.049 基本降至临界状态,下滑面的稳定系数由 1.27 降至 1.095 左右。因此,堑坡开挖后,必须对该滑坡和路堑边坡进行必要的加固治理。

4.2.3　滑坡滑动机理分析

工况 1 自然状态下由近景摄影测量所得的滑坡累积位移矢量图如图 4.21~图 4.38 所示。从图 4.21~图 4.38 可见,在第 2 步时,全场位移都很小,x 方向最大位移是 131 点的 4.69mm,y 方向最大位移是 95 点的 -2.85mm,最大合成位移为 131 点的 5.09mm。变质辉绿岩中的上、下二层滑坡体的位移矢量基本上是与滑动面平行向下,虽然位移量很小,但上、下二层滑体下滑趋势明显。

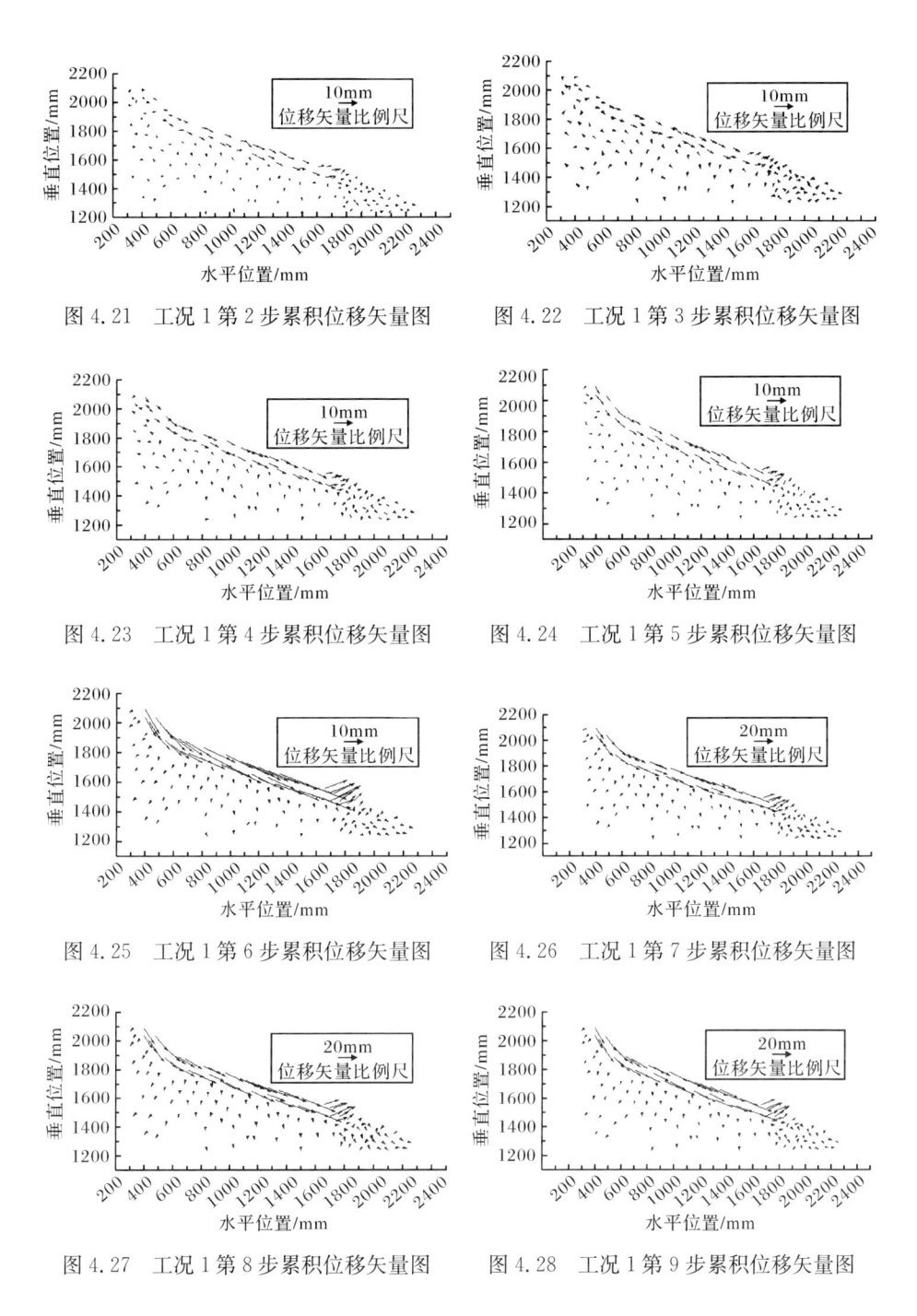

第4章 双(多)层反翘型滑坡力学机理的物理模拟研究

图4.21 工况1第2步累积位移矢量图

图4.22 工况1第3步累积位移矢量图

图4.23 工况1第4步累积位移矢量图

图4.24 工况1第5步累积位移矢量图

图4.25 工况1第6步累积位移矢量图

图4.26 工况1第7步累积位移矢量图

图4.27 工况1第8步累积位移矢量图

图4.28 工况1第9步累积位移矢量图

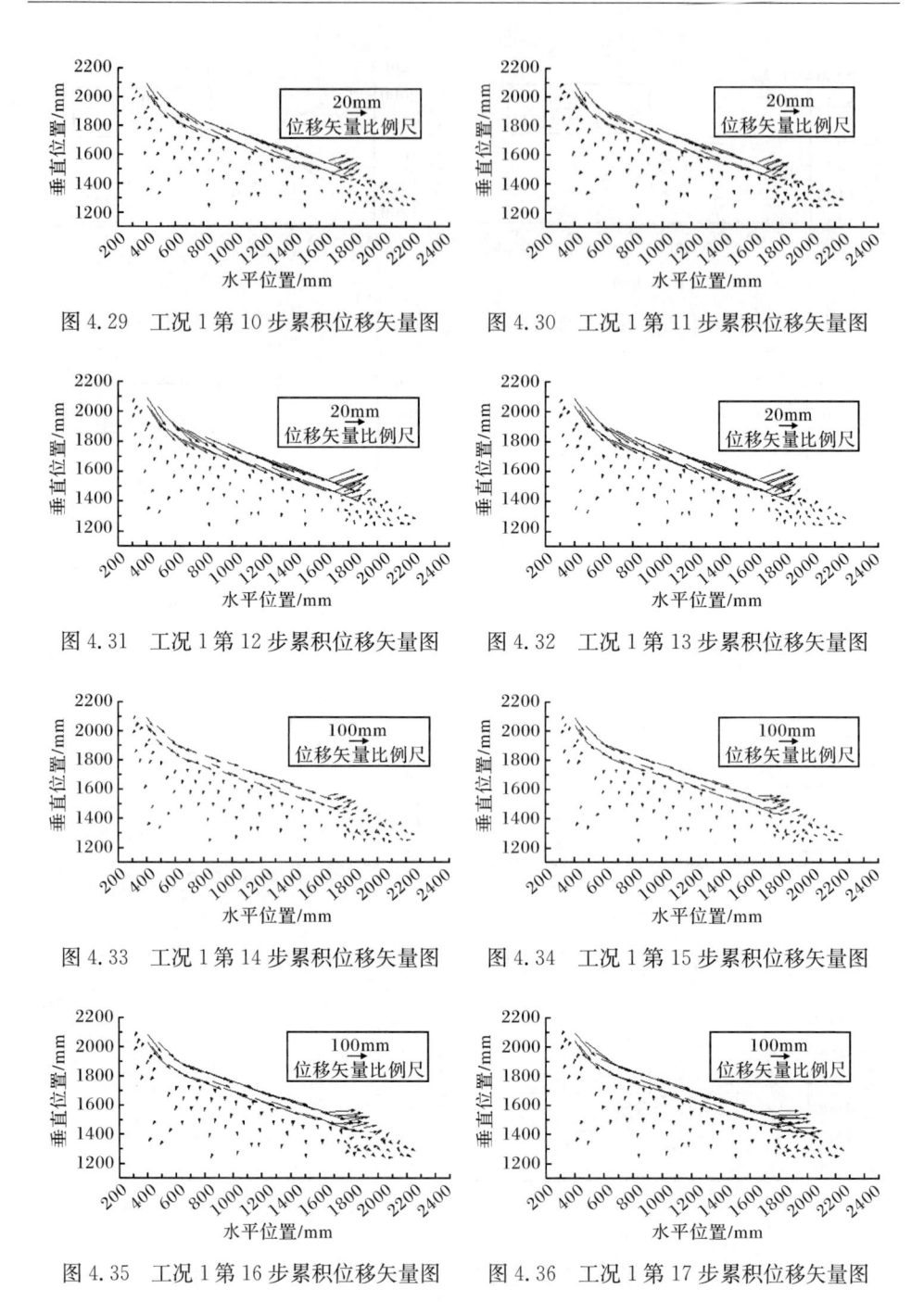

图 4.29　工况 1 第 10 步累积位移矢量图　　图 4.30　工况 1 第 11 步累积位移矢量图

图 4.31　工况 1 第 12 步累积位移矢量图　　图 4.32　工况 1 第 13 步累积位移矢量图

图 4.33　工况 1 第 14 步累积位移矢量图　　图 4.34　工况 1 第 15 步累积位移矢量图

图 4.35　工况 1 第 16 步累积位移矢量图　　图 4.36　工况 1 第 17 步累积位移矢量图

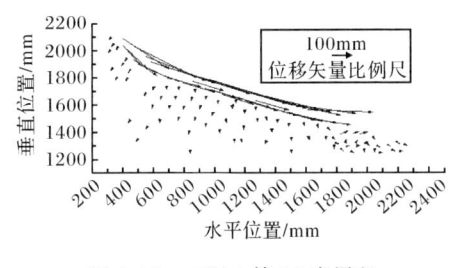

图 4.37　工况 1 第 18 步累积位移矢量图

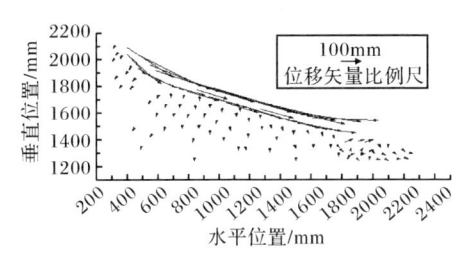

图 4.38　工况 1 第 19 步累积位移矢量图

滑坡前、后部的变粒岩体、下层滑面以下的滑床岩体中的位移矢量杂乱无章，不仅位移量值很小，而且各测点的位移方向毫无规律，基本上都在测量误差范围内。紧贴上、下层滑体前面的变粒岩中一个很小范围内的一些测点的 y 向位移方向朝上，这可能是由于变质辉绿岩中上、下层滑体向下滑动挤压其前部的变粒岩体而造成的。

由图 4.39~图 4.42 可以看出，变粒岩中的滑动破坏是一个渐进性过程。从滑体前缘的变粒岩体中，在接近地表附近，由辉绿岩与变粒岩交界面往沟底方向依次挑选出 124、126、127、129、153、155、158、164 等测点，把它们的 x 方向、y 方向、合成位移随试验步骤的变化绘制成图 4.43~图 4.45；以 124 点作为原点，沿边坡倾向作为 x 轴正向，把它们的 x 方向、y 方向、合成位移随各测点至 124 点的水平距离的变化绘制成图 4.46~图 4.48。从图 4.43~图 4.45 中可见，滑体前缘变粒岩 x 方向、合成位移随试验步骤增加逐渐增大，尤其是第 6 步及第 10 步后位移有一明显增加，y 方向先是随试验步骤增加向上位移逐渐增大，至第 15 步时向上位移达到最大值，随后又逐渐减小，最终发展成为向下位移，说明变粒岩层在上部滑体推动下不断弯曲旋转，产生向上位移。随着试验步骤的增加，上、下二层滑体向前位移也不断增加，滑体前部变粒岩中向上向前位移的区域也不断扩大并不断向沟底方向发展。至第 15 步后，变粒岩层中形成一个统一贯通的滑动面而向下大幅滑动，使这些原本向上位移的测点最终都向下位移。从图 4.46~图 4.48 可见，由辉绿岩与变粒岩交界面往沟底方向，变粒岩层的位移逐渐减小，随着试验步骤增加，变粒岩层位移由岩性分界面逐渐向沟底方向发展，说明变粒岩层中的变形破坏是由岩性分界面逐渐往沟底方向渐进发展的，进一步说明了变粒岩中滑动面是由岩性分界面处逐渐往沟底方向渐进破坏最终贯通而成的。

图 4.39　滑坡前缘变粒岩层滑动面渐进破坏过程(初始阶段)

图 4.40　滑坡前缘变粒岩层滑动面渐进破坏过程(变形阶段)

图 4.41　滑坡前缘变粒岩层滑动面渐进破坏过程(弯曲阶段)

图 4.42　滑坡前缘变粒岩层滑动面渐进破坏过程(破坏阶段)

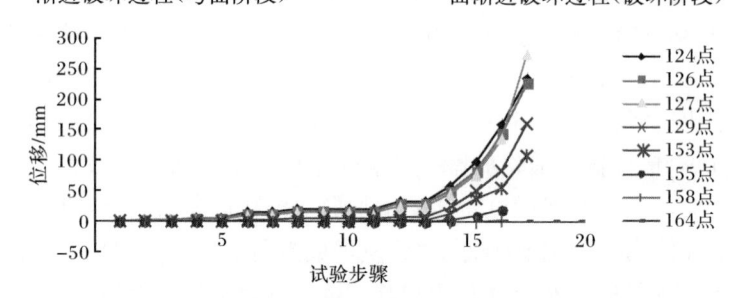

图 4.43　滑体前缘变粒岩内测点位移(x 方向)随试验步骤变化

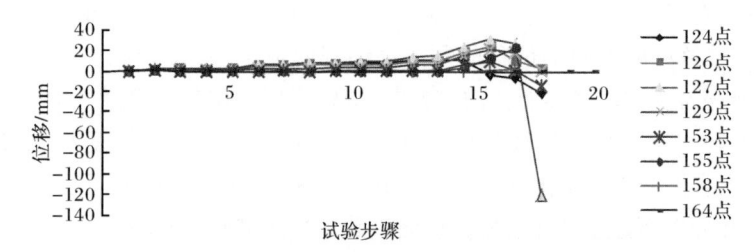

图 4.44　滑体前缘变粒岩内测点位移(y 方向)随试验步骤变化

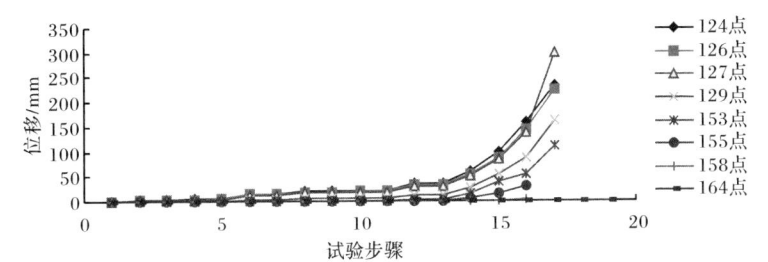

图 4.45　滑体前缘变粒岩内测点位移(合成)随试验步骤变化

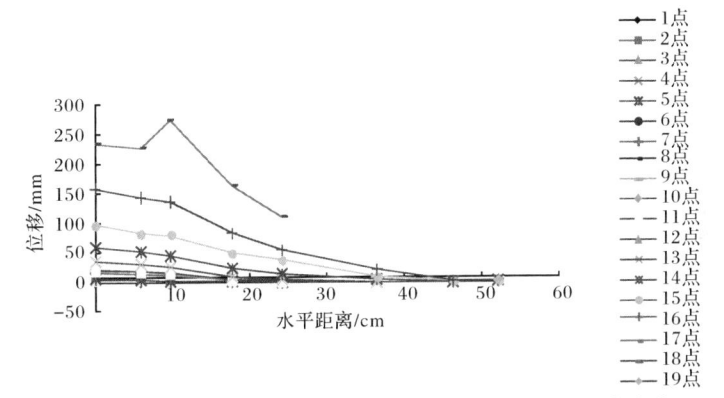

图 4.46　滑体前缘变粒岩内测点位移(x方向)随水平距离变化

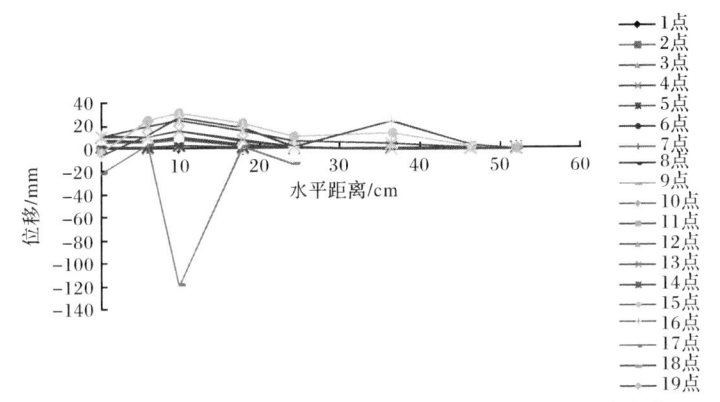

图 4.47　滑体前缘变粒岩内测点位移(y方向)随水平距离变化

从图 4.21～图 4.38 可见，第 6 步的上、下二层滑体和滑体前缘变粒岩的位移明显比第 5 步之前增大，第 14 步又比第 13 步位移有一突增；第 16 步之前，滑体前缘变粒岩层向上位移较大且该区域也较大；至第 17 步及以后，滑体前缘变粒岩层中原来向上位移较大的测点向上位移突然显著减小，水平位移突然显著增加，甚至变成向下位移，这说明第 17 步及以后滑体前缘变粒岩层中的滑动面已完全贯通发生整体向前滑动，整个下层滑面以上滑体发生大位移滑动破坏，辉绿岩滑体

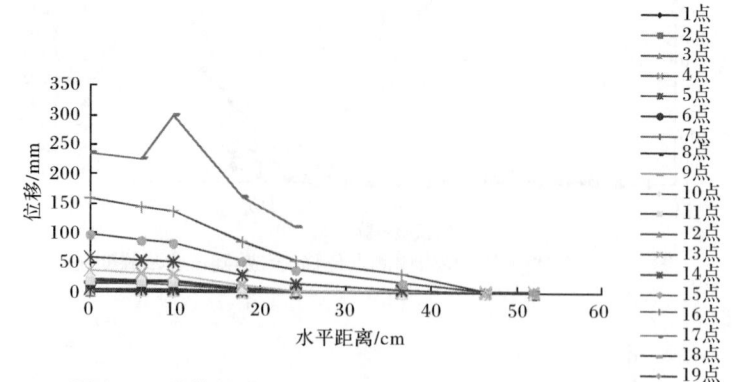

图 4.48　滑体前缘变粒岩内测点位移(合成)随水平距离变化

上覆于变粒岩之上(图 4.49、图 4.50)。在整个工况 1 试验过程中,滑体后缘变粒岩层、下层滑动面以下辉绿岩体及滑体前缘深部变粒岩体的位移极小,基本处于稳定不动状态。

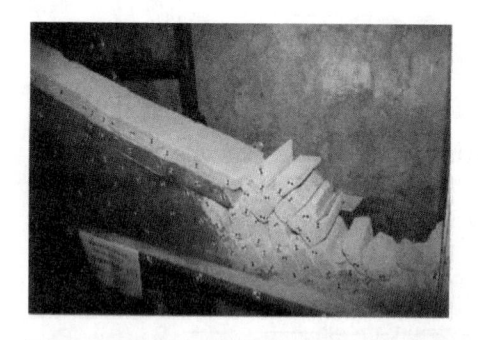

图 4.49　辉绿岩上覆于变粒岩之上(变形阶段)　　图 4.50　辉绿岩上覆于变粒岩之上(破坏阶段)

为了进一步分析滑坡滑动机理,在工况 1 中不同位置选择四个垂向剖面(图 4.18),绘出各个剖面上各测点位移随深度变化图(图 4.51～图 4.54)。从图中

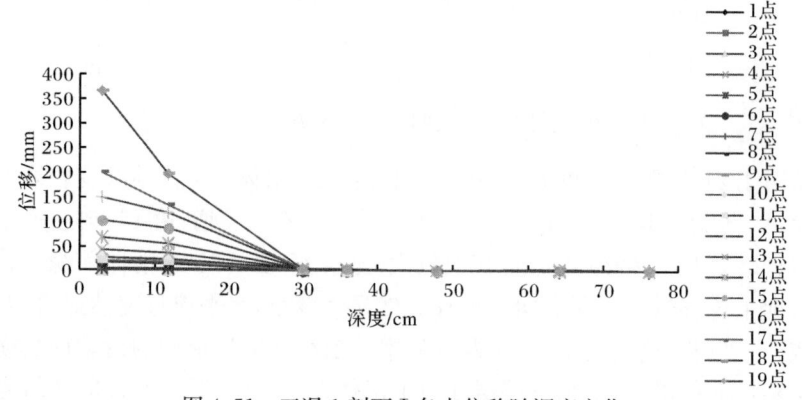

图 4.51　工况 1 剖面 I 各点位移随深度变化

第4章 双(多)层反翘型滑坡力学机理的物理模拟研究

图4.52 工况1剖面Ⅱ各点位移随深度变化

图4.53 工况1剖面Ⅲ各点位移随深度变化

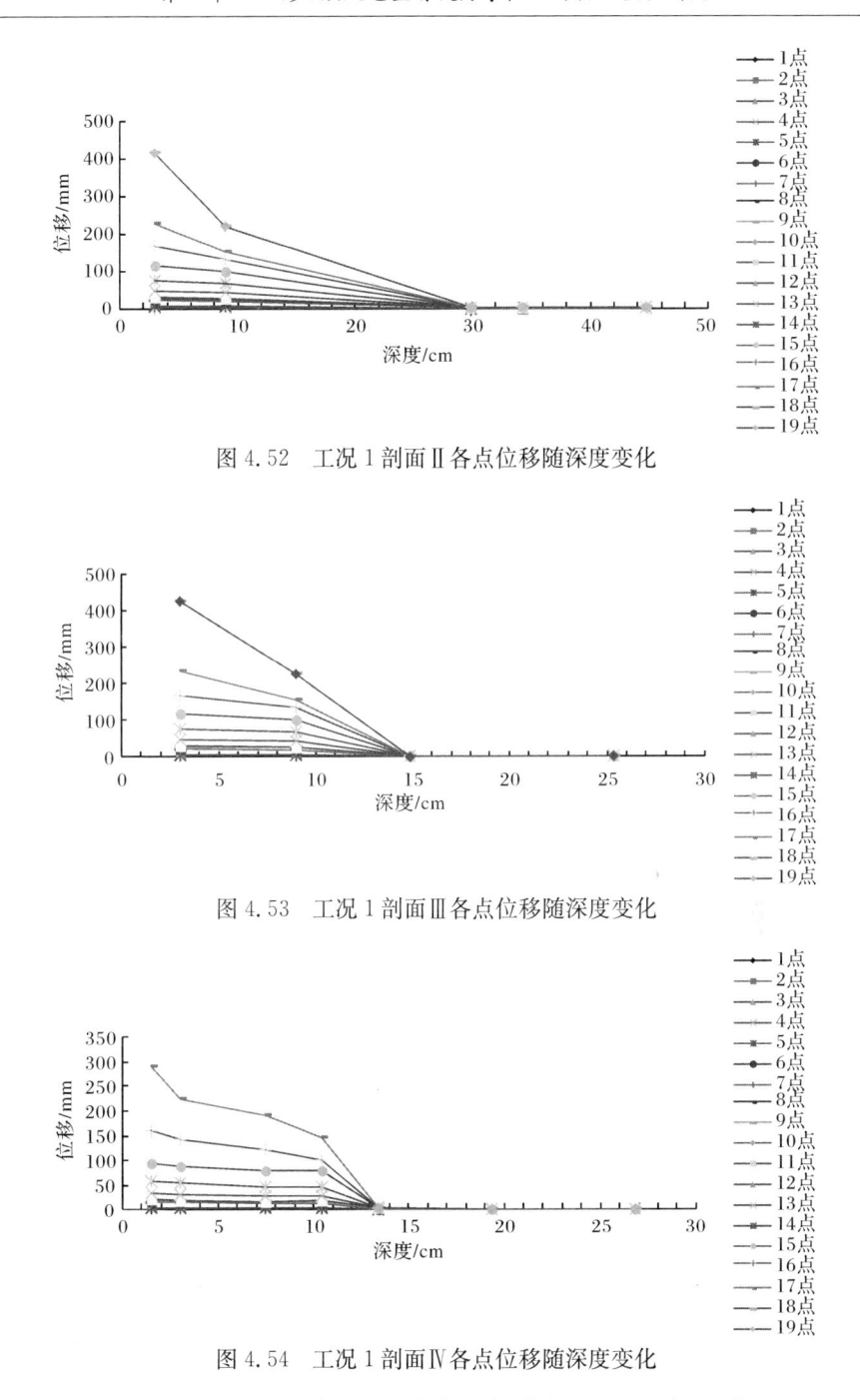

图4.54 工况1剖面Ⅳ各点位移随深度变化

可见,滑体前缘变粒岩层由地表往下,位移逐渐减小,至138点(埋深134.16mm)以下基本没有位移,这从定量角度证明了变粒岩层向沟底方向弯曲变形过程,滑动面位置则在埋深 104.35(137 点)～134.16mm(138 点)。

在上层滑体、下层滑体、滑床等的后缘、中部、前缘等不同部位选择一些典型测点绘制出各测点随试验步骤变化图(图 4.55～图 4.57)。从图 4.51～图 4.54 可见,无论是滑体后缘、中部,还是前缘,边坡位移都从地表向地下逐渐递减,上层滑体比下层滑体位移大,滑床岩体基本上无位移,从图中也可看出该滑坡前缘的弯曲倾倒变形。从图 4.55～图 4.57 可看出,上层滑体在第 18 步时,后缘、中部、前缘三个测点的平均位移为 398.9mm,下层滑体在第 18 步时,后缘、中部、前缘三个测点的平均位移为 211.8mm,而滑床在第 18 步时,后缘、中部、前缘八个测点的平均位移为 2.7mm,可见上层滑体的位移比下层滑体大,下层滑体的位移又比滑床大得多,滑床位移很小,可认为基本稳定无位移。对于辉绿岩中同一层滑体上的测点,后缘测点位移比中部小,中部测点位移又比前缘小。整个位移场在上、下滑面处是不连续的,在从上滑体过渡到下滑体、下滑体过渡到滑床时,无论是位移大小还是位移方向都有一明显的突变。

可见,随着试验步骤增加,底部钢板滑体后缘端不断上抬,辉绿岩中上、下二层滑体不断向前滑移,使其剩余下滑力直接作用于前部顺向陡倾的变粒岩层上,持续不断的下滑力使前部变粒岩层被逐渐推弯(图 4.39～图 4.42、图 4.49、图 4.50),由于前部陡倾的变粒岩层受到类似"悬臂梁"的受力状态,使其自由端(地表岩层)的位移相对较大,固定端(深部岩层)的位移相对较小(图 4.54),其结果是导致变粒岩层不断前倾,变粒岩层产状发生倒转,变粒岩层自上而下由缓变陡,呈弧形弯曲,形成典型的"点头哈腰"的地质现象(图 4.39～图 4.42、图 4.49、图 4.50)。

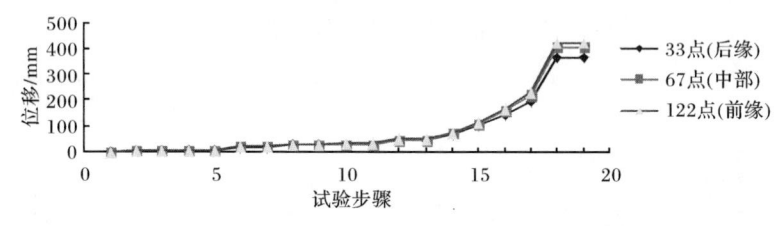

图 4.55　工况 1 上层滑体测点位移随试验步骤变化

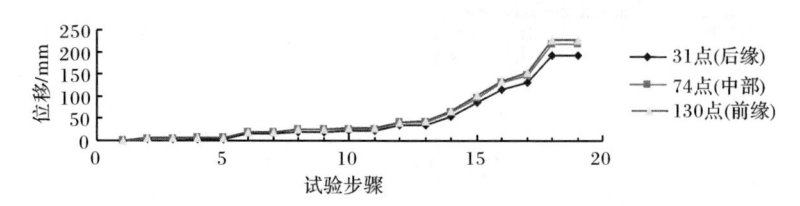

图 4.56　工况 1 下层滑体测点位移随试验步骤变化

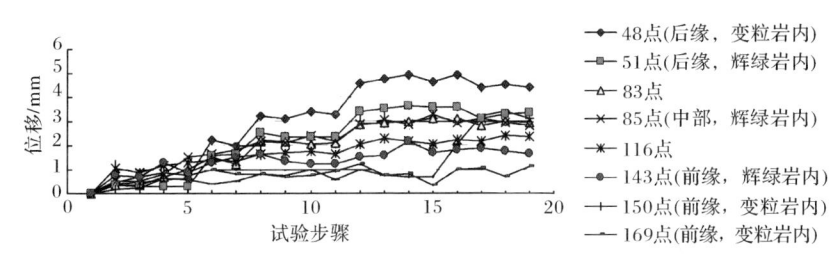

图 4.57 工况 1 下层滑床测点位移随试验步骤变化

随着底部钢板滑体后缘端不断上抬,辉绿岩中上、下二层滑体不断向前滑移,使滑体前面的变粒岩层不断弯曲旋转,导致一定范围内的变粒岩产生向上位移,使得靠近推力一侧的岩层产生拉应力,当其中的拉应力达到变粒岩层的抗拉强度时,变粒岩层被弯曲折断。前一岩层被折断后,使后一岩层所受到的推力更大,位移也增大,弯曲程度加剧,当该岩层中的拉应力达到其抗拉强度时,该岩层也随之被折断,这种位移→弯曲→拉裂→沿岩石断口、节理面、片理面滑移的变形破坏过程由辉绿岩与变粒岩分界面处向沟底渐进发展,形成一个折线形的滑动面(图 4.39～图 4.42),滑动面上的位移由上(辉绿岩一侧)向下(沟底一侧)逐渐递减(图 4.46～图 4.48)。在这种变形破坏过程中,变粒岩层会沿片理面发生一定的剪切滑移,弯曲折断时会优先沿着岩层中的节理面发生。因此,变粒岩滑动面主要为由片理、节理、岩石断口等所构成的折线形的渐进破坏滑动面。

对于已形成贯通滑动面的变质辉绿岩中的上、下二层滑体,滑体前缘位移比滑体后缘大,似乎是一种牵引式滑坡;但对于包括山坡下部变粒岩层的整个滑坡而言,整个滑坡的形成是由变质辉绿岩中上、下二层滑体的剩余下滑力持续不断推动下部变粒岩层,使下部变粒岩层发生弯曲、折断,最终形成一个统一贯通的滑动面。所以,对于整个滑坡而言,是一个推动式滑坡。发育于变质辉绿岩中的滑体是整个滑坡的主体,若没有滑坡前缘变粒岩层的阻挡作用,则变质辉绿岩中的上、下二层滑体是不稳定的。因此,只要把变质辉绿岩中的上、下二层滑体加固稳定,则整个滑坡就能基本稳定,它是整个滑坡加固治理工作的关键。

根据位移观测结果,可知滑坡前缘变粒岩中靠近变质辉绿岩附近部分岩层发生向上位移,在滑坡变形破坏发展演化过程中,滑坡前缘辉绿岩与变粒岩交界面附近近地表变粒岩层有一向上鼓起的现象。而实际滑坡现场未发现此现象,这可能是由于滑坡现场强风化变粒岩层和 Q_4^{dl+el} 残坡积层强度很低,塑性特征明显,而在物理模拟试验时,由于很难找到与强风化变粒岩和 Q_4^{dl+el} 残坡积层完全相似的极低强度的相似材料,所选相似材料强度和变形模量偏大所引起的。

综上所述,通过对滑坡上测点累积位移矢量图及试验中观察到的现象,可对滑坡体变形破坏的过程有一完整的描述。对于整个滑坡体来说,滑坡变形破坏的主体是发育于变质辉绿岩中的上、下二层滑体。试验初始滑坡后缘的抬高使得上、下二层滑体有了沿滑面下滑的趋势,随着试验的进行,滑坡后缘的进一步抬高,上、下二层滑体开始逐渐沿滑面向下滑动,其剩余下滑力作用于滑坡前缘变粒岩,产生一个推动作用。在这个推力作用下,类似悬臂梁的受力变形原理,使其表面(相当于悬臂梁的自由端)与上、下二层滑体相接触的部分被推动而产生向上向前的位移,导致其产生弯曲旋转,且靠近推力一侧的岩层产生拉应力。随着试验的进行,上、下二层滑体的滑移位移增大,对滑体前缘的推力增大,滑体前缘的弯曲程度也随之加剧,产生位移的区域也不断扩大并沿着岩性分界面向沟底发展。当拉应力增大到超过其抗拉强度时,滑体前缘岩层就被拉裂折断。前一岩层被折断后后一岩层也随之被折断。这种上、下二层滑体滑移→前缘弯曲→拉裂折断→整体滑移的变形破坏过程由岩性分界面处逐渐向沟底渐进发展,最终形成一个统一贯通的滑动面。

4.2.4 堑坡开挖条件下滑坡和路堑边坡变形破坏分析

工况 2 堑坡开挖状态下由近景摄影测量所得的边坡累积位移矢量图如图 4.58~图 4.77 所示。从图中可见,第 4 步之前的堑坡下挖除对堑坡开挖临空面附近及路基岩体位移有一定影响外,整个位移场几乎没有什么变化。对比第 3 步与第 4 步,位移场都呈杂乱无章状态,各点位移都很小,二者无明显差别,可见抬高路面 3m 对控制边坡的变形影响较小。第 5 步之前,边坡开挖临空面附近及路基岩体的位移较大,其余部位位移很小,基本上在测量误差范围内;第 6 步后,辉绿岩中上、下二层滑体的位移有一较明显的增大;第 12 步后,辉绿岩中上、下二层滑体的位移又有一明显的增大,滑体前缘变粒岩层在近地表处有一较明显的向上位移。

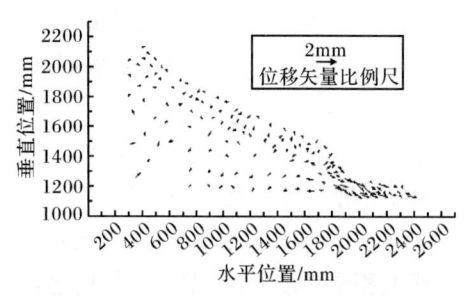

图 4.58　工况 2 第 2 步累积位移矢量图 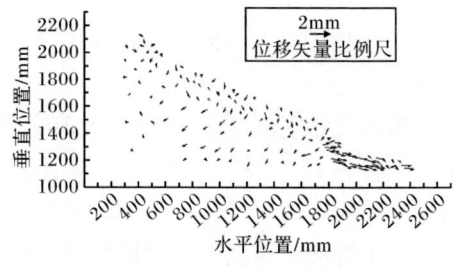　　图 4.59　工况 2 第 3 步累积位移矢量图

第4章 双(多)层反翘型滑坡力学机理的物理模拟研究

图 4.60 工况 2 第 4 步累积位移矢量图

图 4.61 工况 2 第 5 步累积位移矢量图

图 4.62 工况 2 第 6 步累积位移矢量图

图 4.63 工况 2 第 7 步累积位移矢量图

图 4.64 工况 2 第 8 步累积位移矢量图

图 4.65 工况 2 第 9 步累积位移矢量图

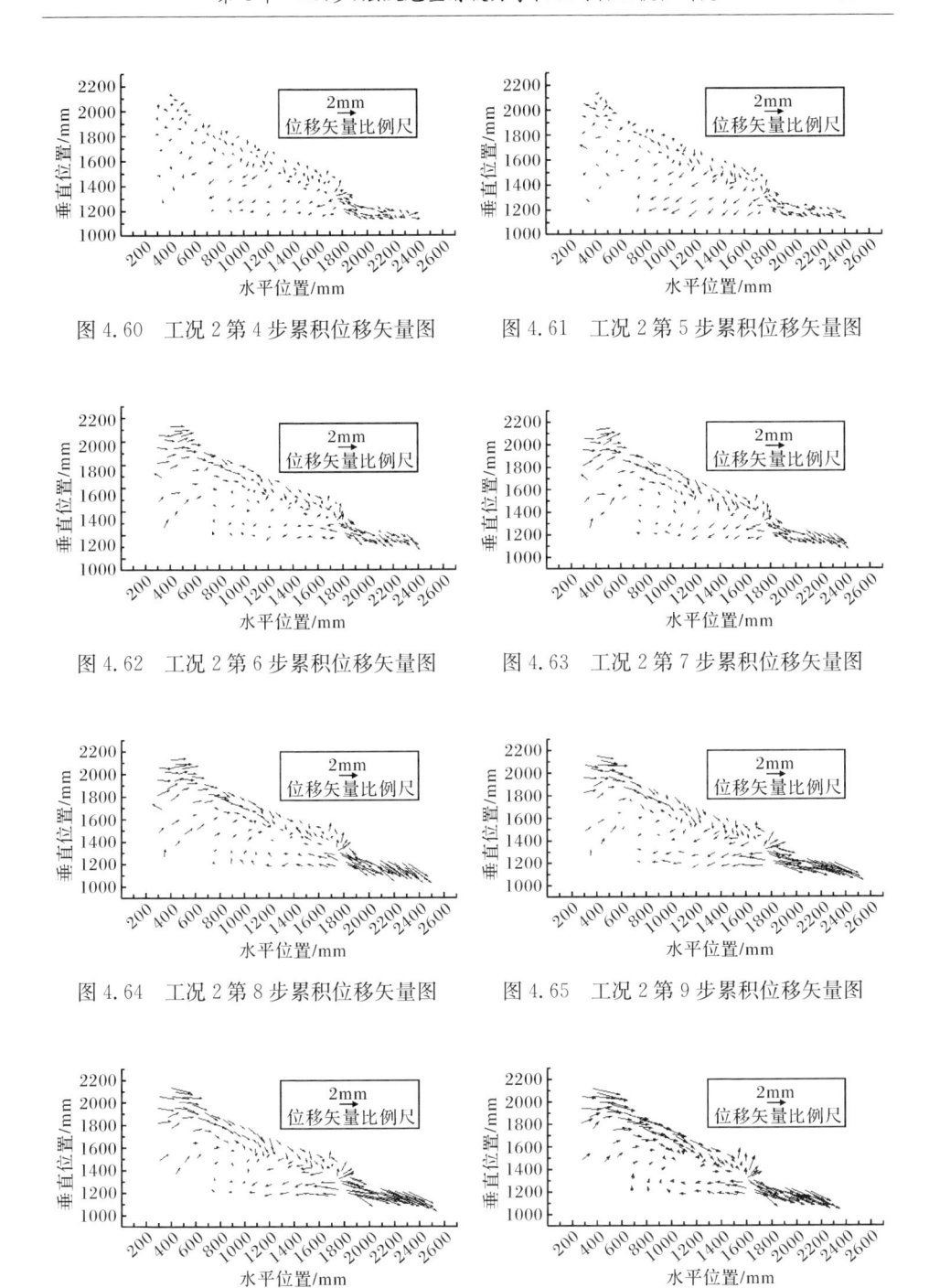

图 4.66 工况 2 第 10 步累积位移矢量图

图 4.67 工况 2 第 11 步累积位移矢量图

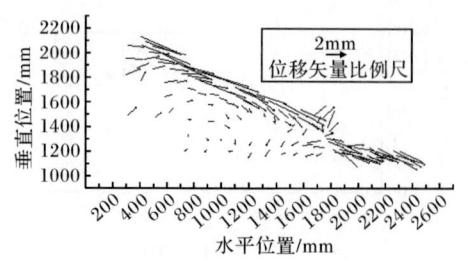

图 4.68 工况 2 第 12 步累积位移矢量图 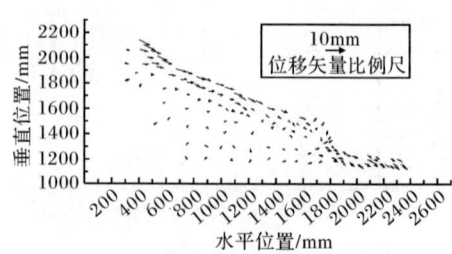　　图 4.69 工况 2 第 13 步累积位移矢量图

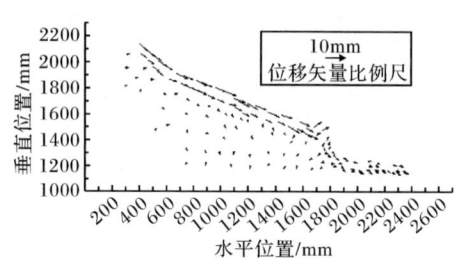

图 4.70 工况 2 第 14 步累积位移矢量图 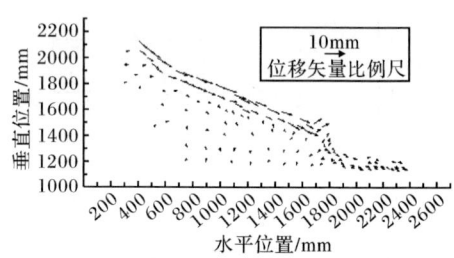　　图 4.71 工况 2 第 15 步累积位移矢量图

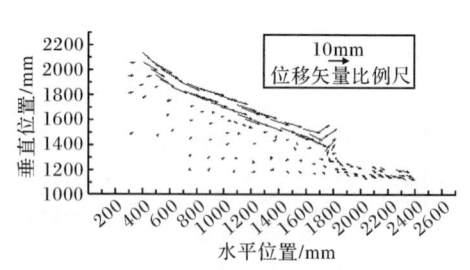

图 4.72 工况 2 第 16 步累积位移矢量图 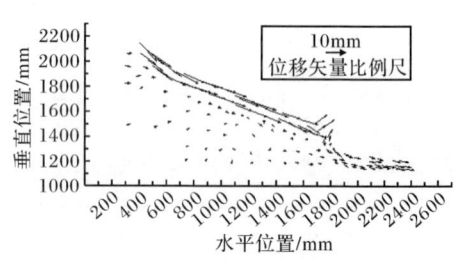　　图 4.73 工况 2 第 17 步累积位移矢量图

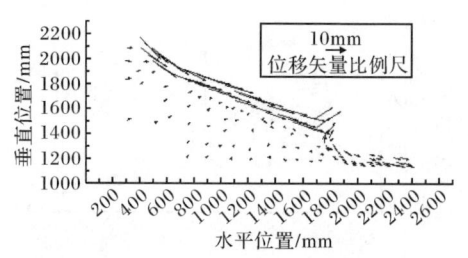

图 4.74 工况 2 第 18 步累积位移矢量图 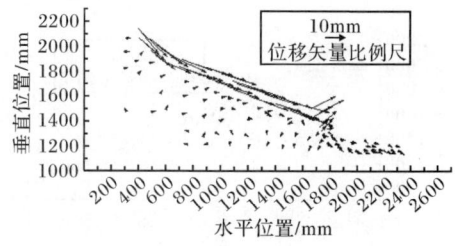　　图 4.75 工况 2 第 19 步累积位移矢量图

图 4.76 工况 2 第 20 步累积位移矢量图　　图 4.77 工况 2 第 21 步累积位移矢量图

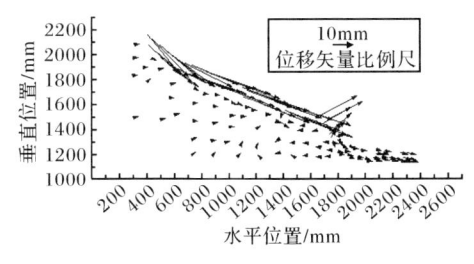

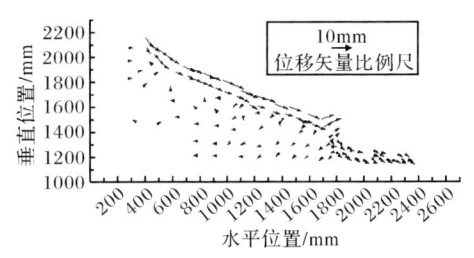

随着试验步骤的增加,底部钢板滑体后缘端被不断抬高,辉绿岩中上、下二层滑体不断向前滑移,滑体前缘变粒岩层的向上向前位移不断增大,变粒岩层被逐渐推弯(图 4.78、图 4.79),使得靠近辉绿岩一侧的岩层产生拉应力。当其中的拉应力达到变粒岩层的抗拉强度时,变粒岩层被弯曲折断,这种位移→弯曲→拉裂→沿岩石断口、节理面、片理面滑移的变形破坏过程由辉绿与变粒岩分界面处向堑坡临空面渐进发展,形成一个折线形的渐进破坏滑动面(图 4.78～图 4.81)。在整个工况 2 试验过程中,滑体后缘变粒岩层、下层滑动面以下辉绿岩体及滑体前缘深部变粒岩体的位移很小,基本上处于稳定不动状态。

图 4.78 堑坡开挖条件下变粒岩层中滑面
渐进破坏过程(初始阶段)

图 4.79 堑坡开挖条件下变粒岩层中滑面
渐进破坏过程(变形阶段)

图 4.80 堑坡开挖条件下变粒岩层中滑面
渐进破坏过程(弯曲阶段)

图 4.81 堑坡开挖条件下变粒岩层中滑面
渐进破坏过程(破坏阶段)

为了进一步分析堑坡开挖条件下边坡变形破坏机理,在工况2中不同位置选择四个垂向剖面(图4.19),绘制出各个剖面上各测点位移深度变化图(图4.82～图4.85)。在上层滑体、下层滑体、滑床等的后缘、中部、前缘等不同部位选择一些典型测点绘制出各测点随试验步骤变化图(图4.86～图4.88)。从图4.82～图4.85可见,无论是滑体后缘、中部、还是前缘,边坡位移都从地表向下逐渐递减,上层滑体比下层滑体位移大,滑床岩体基本上无位移,从图中也可看出该滑坡前缘变粒岩层的弯曲倾倒变形特征。从位移测试数据看,滑坡前缘变粒岩层中的滑动面主要从147与223、152与153、154与155等测点之间通过,从堑坡坡脚剪出。

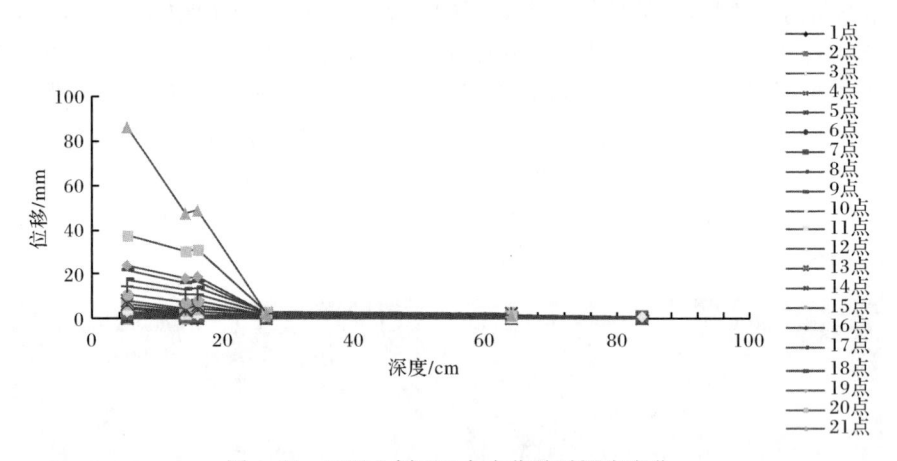

图4.82 工况2剖面Ⅰ各点位移随深度变化

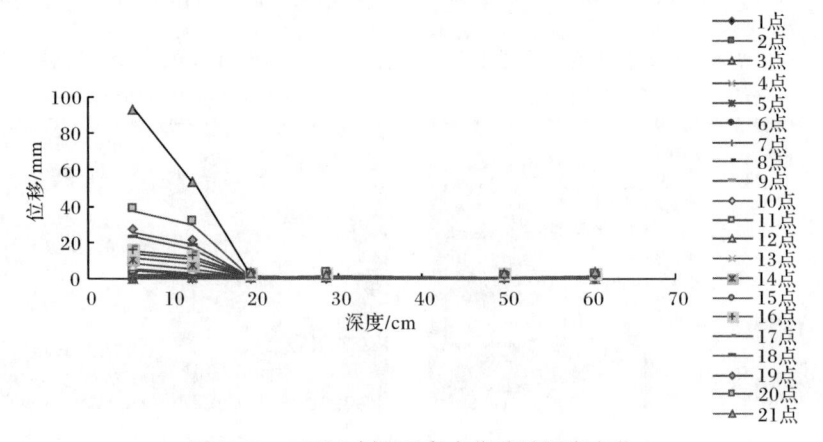

图4.83 工况2剖面Ⅱ各点位移随深度变化

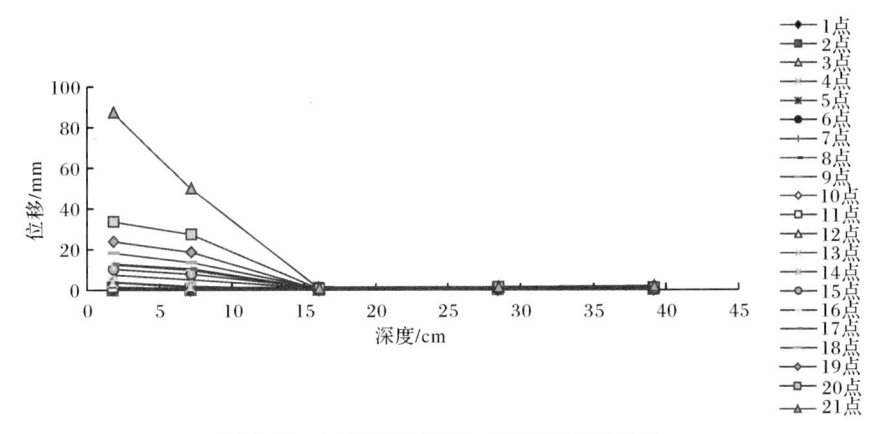

图 4.84 工况 2 剖面Ⅲ各点位移随深度变化

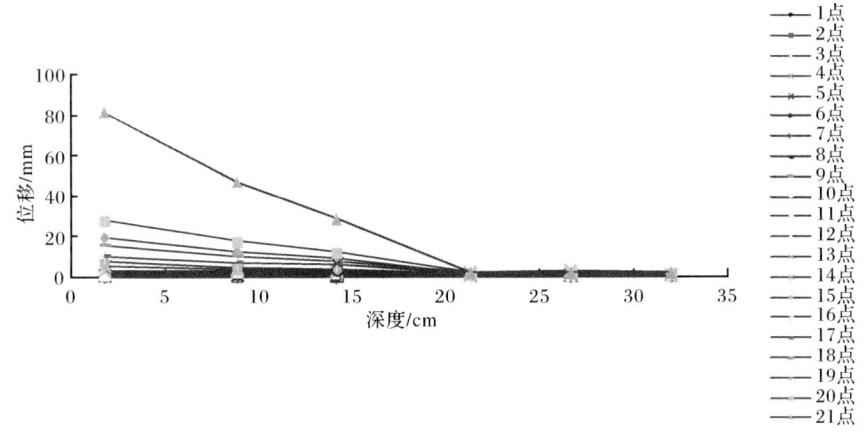

图 4.85 工况 2 剖面Ⅳ各点位移随深度变化

从图 4.86～图 4.88 及图 4.55～图 4.57 可见,在第 6 步及第 12 步时位移较前都有一个明显的阶跃增大,上层滑体在第 21 步时的平均位移为 102.7mm,下层滑体在第 21 步时的平均位移为 50.0mm,而滑床在第 21 步时的平均位移为 1.9mm。可见上层滑体的位移比下层滑体大一倍多,下层滑体的位移又比滑床的大得多,滑床位移很小,可认为基本稳定无位移。对于辉绿岩中同一层滑体上的测点,开始时后缘测点位移相对较大,至第 12 步后,前缘位移逐渐增大并超过后缘及中部测点位移;对于滑床测点,前缘变粒岩层中的测点位移比滑床中部、后缘测点位移大。

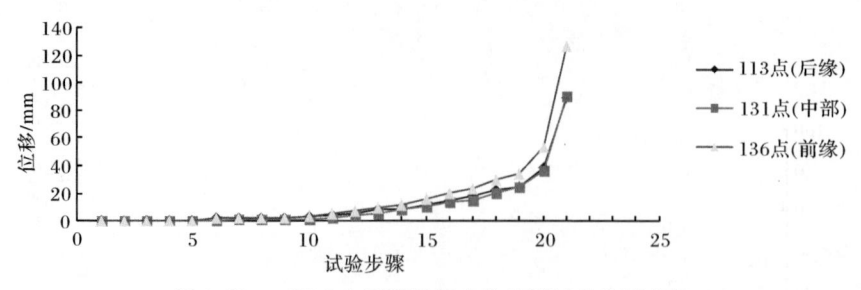

图 4.86　工况 2 上层滑体测点位移随试验步骤变化

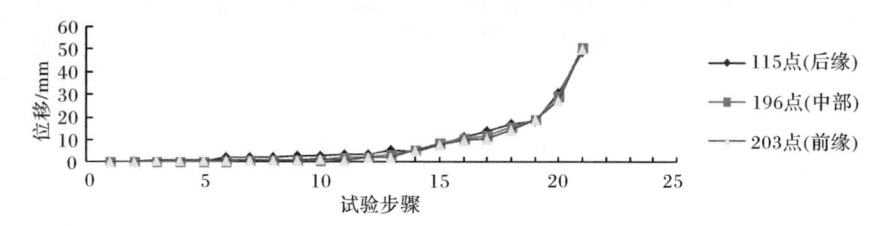

图 4.87　工况 2 下层滑体测点位移随试验步骤变化

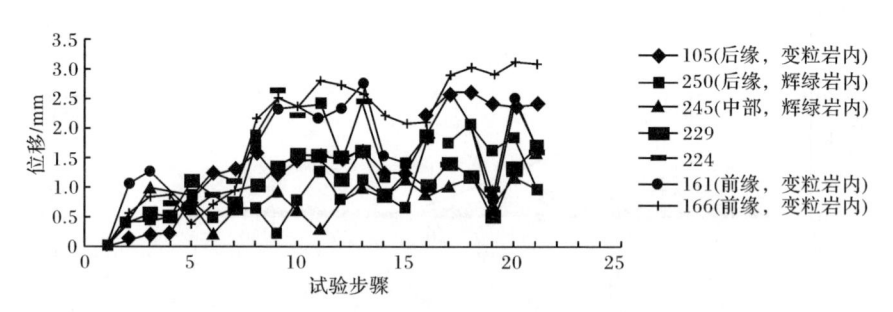

图 4.88　工况 2 滑床测点位移随试验步骤变化

与工况 1 自然状态下相比,滑体前缘变粒岩层中向上向前位移量及其范围都明显减小;滑体前缘变粒岩层中形成统一贯通破坏面时上、下层滑体的位移量也比工况 1 明显减小,即在开挖条件下,较小位移量就使整个边坡失稳滑动破坏,且变粒岩层中的统一贯通破坏面比自然状态下埋深要浅;堑坡开挖条件下上、下滑面稳定系数随底板抬高变化速率要比自然状态下的稍大。整个位移场在上、下滑面处是不连续的,在上、下滑面处,无论是位移大小还是位移方向都有一明显的突变。

第 5 章　双(多)层反翘型滑坡力学机理的数值模拟研究

有限元法是一种可以求解复杂工程问题的数值方法，无论是在理论上还是在实用技术上都趋于完善，已成为有效求解各种实际工程问题的方法之一。它是建立在现代计算机技术和工程问题基本理论基础上，对理论推导无法解决、室内试验难以实施的工程问题进行数值模拟的一种研究手段，它可以解决非线性问题；易于处理非均质材料、各向异性材料；能够适应各种复杂的边界条件。为了更好地了解和研究双层反翘型滑坡的力学机理，本章采用有限元法与刚体极限平衡方法相结合的数值模拟技术对该类型滑坡体的变形特性、应力分布、稳定性等力学机理进行分析。

5.1　稳定性分析方法与原理

5.1.1　岩土体的破坏准则

岩土的常用破坏准则有单参数模型和双参数模型，单参数模型是指破坏准则的数学表达式中只含一个参数，而双参数模型则含两个参数。由于双参数模型比单参数模型能更好地描述岩土体的破坏特点，因此，本章采用双参数模型形式。

常用的双参数模型有 Mohr-Coulomb 模型、Drucker-Prager 模型和 Lade 双参数模型，下面介绍前两种模型[109,110]。

1. Mohr-Coulomb 模型破坏准则

Mohr 破坏包络线的最简单形式是如图 5.1 中所示的直线，直线包络线的方程为

$$|\tau| = c + \sigma \tan\varphi \tag{5.1}$$

式中，c 与 φ 分别为材料的内聚力和内摩擦角；σ 采用岩土力学的符号约定，即压应力为正。

与式(5.1)有关的破坏准则称为 Mohr-Coulomb 模型破坏准则，由于其简单并具有较好的精确性，目前广泛地用于岩土工程的实际分析之中。

利用主应力 $\sigma_1 \geqslant \sigma_2 \geqslant \sigma_3$，式(5.1)可改写为

$$\sigma_1 \frac{1-\sin\varphi}{2c\cos\varphi} - \sigma_3 \frac{1+\sin\varphi}{2c\cos\varphi} = 1 \tag{5.2}$$

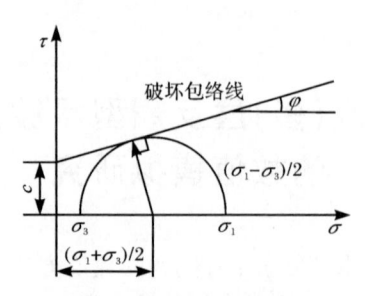

图 5.1 Mohr 破坏包络线

Mohr-Coulomb 模型破坏准则有两个主要的缺点：一是假定中间主应力 σ_2 对破坏没有影响，与试验结果不一致；二是子午线和 Mohr 图的破坏包络线是直线，表示强度参数 φ 不随约束（静水）压力而变化，这种近似只是在约束压力的有限范围内合理，当压力范围变大时，误差增大。

2. Drucker-Prager 模型破坏准则

Drucker-Prager 模型破坏准则是对 von Mises 模型破坏准则的简单修正，故又称为扩展的 von Mises 模型破坏准则，它用应力不变量 I_1 和 J_2 表述如下：

$$f(I_1, J_2) = \sqrt{J_2} + \alpha I_1 - k = 0 \tag{5.3a}$$

式中，α 和 k 为材料常数，可以从试验获取，它们与内聚力 c 和内摩擦角 φ 有着密切的联系，I_1 和 J_2 分别表示为

$$I_1 = \sigma_1 + \sigma_2 + \sigma_3 \tag{5.3b}$$

$$J_2 = \frac{1}{6}\left[(\sigma_1 - \sigma_2)^2 + (\sigma_2 - \sigma_3)^2 + (\sigma_3 - \sigma_1)^2\right] \tag{5.3c}$$

Drucker-Prager 模型破坏准则的主要特点如下：

(1) 破坏准则简单，只有两个参数 α 和 k，可以从常规三轴试验确定。

(2) 破坏面光滑，可方便用于三维模型。

(3) 考虑了静水压力的影响。但是，由于在子午面上的破坏面轨迹是直线，在静水压力的有限范围内，只有当破坏包络线的弯曲可以忽略时，才能得出合理的结果。

(4) 虽然考虑了中间主应力的影响，但是，如果不从试验结果中选择好材料参数 α 和 k，将不能正确反映这种影响，甚至可能导致严重不一致的结果。

可见，参数 α 和 k 有多种组合的近似描述，但要正确选取，却不是件容易的事。若取

$$\alpha = \frac{\tan\varphi}{(9 + 12\tan^2\varphi)^{1/2}}, \quad k = \frac{3c}{(9 + 12\tan^2\varphi)^{1/2}} \tag{5.4}$$

则在平面应变情况下,破坏函数式(5.3)可以简化为式(5.2)的 Mohr-Coulomb 模型破坏准则。

由 Drucker-Prager 模型破坏准则主要特点可知,α 和 k 的选取若不适当,则将严重影响计算结果的正确性,因此,本研究采用式(5.2)的 Mohr-Coulomb 模型破坏准则。

5.1.2 弹塑性应力-应变关系

本书的计算考虑基于理想塑性的弹塑性本构模型[52,109,110]。确定材料的本构关系,岩土工程界广泛采用以下假设:即岩土体为具有理想塑性性态的材料,满足相关联的流动法则。

弹塑性本构关系的一般表达式为

$$d\{\sigma\} = \left[[D] - \frac{[D]\left\{\frac{\partial G}{\partial \sigma}\right\}\left\{\frac{\partial f}{\partial \sigma}\right\}^{\mathrm{T}}[D]}{A + \left\{\frac{\partial f}{\partial \sigma}\right\}^{\mathrm{T}}[D]\left\{\frac{\partial G}{\partial \sigma}\right\}} \right] d\{\varepsilon\} \tag{5.5}$$

式中,$[D]$ 为弹性矩阵。

$$[D_{eP}] = [D] - [D_P] \tag{5.6}$$

式中,D_{eP} 为弹塑性矩阵,$[D_P]$ 为塑性矩阵。

$$[D_P] = \left[[D] - \frac{[D]\left\{\frac{\partial G}{\partial \sigma}\right\}\left\{\frac{\partial f}{\partial \sigma}\right\}^{\mathrm{T}}[D]}{A + \left\{\frac{\partial f}{\partial \sigma}\right\}^{\mathrm{T}}[D]\left\{\frac{\partial G}{\partial \sigma}\right\}} \right] \tag{5.7}$$

式中,参数 A 统称为应变硬化参数,可由相应的应变硬化规律导出。若设 dH_a 是塑性应变能的函数,则有 $A = -\left\{\frac{\partial f}{\partial H_a}\right\}\{\sigma\}^{\mathrm{T}}\left\{\frac{\partial G}{\partial \sigma}\right\}$;若设 dH_a 是塑性体积应变增量的函数,则有 $A = -\left\{\frac{\partial f}{\partial H_a}\right\}\left\{\frac{\partial G}{\partial I_1}\right\}$。其中硬化参量取决于材料的塑性性状,对理想塑性材料 $A \equiv 0$。

在式(5.5)中令 $A = 0$,并取 $G = f(I_1, \sqrt{J_2}, J_3)$,则

$$\left\{\frac{\partial f}{\partial \sigma}\right\} = \left\{\frac{\partial f}{\partial I_1}\right\}\left\{\frac{\partial I_1}{\partial \sigma}\right\} + \left\{\frac{\partial f}{\partial \sqrt{J_2}}\right\}\left\{\frac{\partial \sqrt{J_2}}{\partial \sigma}\right\} + \left\{\frac{\partial f}{\partial J_3}\right\}\left\{\frac{\partial J_3}{\partial \sigma}\right\} \tag{5.8}$$

其中

$$\left\{\frac{\partial I_1}{\partial \sigma}\right\} = [1,1,1,0,0,0]^{\mathrm{T}} \tag{5.9}$$

$$\left\{\frac{\partial \sqrt{J_2}}{\partial \sigma}\right\} = \left\{\frac{\partial \sqrt{J_2}}{\partial J_2}\right\}\left\{\frac{\partial J_2}{\partial \sigma}\right\} = \frac{1}{2\sqrt{J_2}}[S_x, S_y, S_z, 2\tau_{xy}, 2\tau_{yz}, 2\tau_{zx}]^{\mathrm{T}} \tag{5.10}$$

$$\left\{\frac{\partial J_3}{\partial \sigma}\right\} = \left\{\begin{array}{c} S_y S_z - \tau_{yz}^2 \\ S_z S_x - \tau_{zx}^2 \\ S_x S_y - \tau_{xy}^2 \\ 2(\tau_{xy}\tau_{xz} - S_x \tau_{xy}) \\ 2(\tau_{yz}\tau_{yx} - S_y \tau_{yz}) \\ 2(\tau_{zx}\tau_{zy} - S_z \tau_{zx}) \end{array}\right\} + \frac{1}{3} J_2 \left\{\begin{array}{c} 1 \\ 1 \\ 1 \\ 0 \\ 0 \\ 0 \end{array}\right\} \quad (5.11)$$

将式(5.8)～式(5.11)及弹性矩阵$[D]$代入式(5.7)，可导出弹塑性本构关系中塑性矩阵$[D_P]$的具体形式如下：

$$[D_P] = \frac{1}{S_0} \begin{bmatrix} S_1^2 & S_1 S_2 & S_1 S_3 & S_1 S_4 & S_1 S_5 & S_1 S_6 \\ S_1 S_2 & S_2^2 & S_2 S_3 & S_2 S_4 & S_2 S_5 & S_2 S_6 \\ S_1 S_3 & S_2 S_3 & S_3^2 & S_3 S_4 & S_3 S_5 & S_3 S_6 \\ S_1 S_4 & S_2 S_4 & S_3 S_4 & S_4^2 & S_4 S_5 & S_4 S_6 \\ S_1 S_5 & S_2 S_5 & S_3 S_5 & S_4 S_5 & S_5^2 & S_5 S_6 \\ S_1 S_6 & S_2 S_6 & S_3 S_6 & S_4 S_6 & S_5 S_6 & S_6^2 \end{bmatrix} \quad (5.12)$$

式中

$$S_i = D_{i1} \overline{\sigma_x} + D_{i2} \overline{\sigma_y} + D_{i3} \overline{\sigma_z}, \quad i = 1, 2, 3$$

$$S_i = G \overline{\tau_{kj}}, \quad kj = xy, yz, zx, \quad i = 4, 5, 6$$

$$S_0 = S_1 \overline{\sigma_x} + S_2 \overline{\sigma_y} + S_3 \overline{\sigma_z} + S_4 \overline{\tau_{xy}} + S_5 \overline{\tau_{yz}} + S_6 \overline{\tau_{xz}}$$

对于Mohr-Coulomb模型破坏准则可得

$$\overline{\sigma_x} = \frac{\partial f}{\partial \sigma_x} = a + \frac{\sigma_x - \sigma_m}{2\sqrt{J_2}} \quad (5.13)$$

$$\overline{\tau_{xy}} = \frac{\tau_{xy}}{\sqrt{J_2}} \quad (5.14)$$

$$\sigma_m = \frac{1}{3}(\sigma_x + \sigma_y + \sigma_z) \quad (5.15)$$

5.1.3　岩土体材料拉裂破坏分析

岩土体材料的抗拉强度较低，当拉应力超过其抗拉强度时，将发生拉裂破坏。通过裂纹的方向将不能再承受拉应力。而当裂纹闭合后，虽然不能承受拉应力，但可以承受压应力。所以，拉裂破坏是一种强非线性问题。为了能进行有限元分析，对拉裂破坏作如下假定：

(1) 拉裂裂纹发生在最大拉伸主应力的垂直方向，且$\sigma_1 = \sigma_t$。
(2) 拉裂后，将使该方向的应力应变为0。
(3) 裂纹闭合后，该方向仍能承受压应力，但不能承受拉应力。

在平面应变问题处理时,可以采用小模量的弹性材料替代裂纹,即拉裂单元的弹性模量取小值(这样将会引起另一方向的计算误差,然而,由于拉应力往往只发生在岩土体的表面,因而误差可以忽略不计),也可采用删除裂纹单元的做法(但如果该单元在后续变形过程中又受压,则会带来单元恢复的麻烦,而且可能造成裂纹闭合时单元材料侵入的现象,而采用弹性模量取小值的做法则可避免这一现象)。

5.1.4 岩土体滑动面的接触摩擦模型

滑动面的约束处理采用硬弹簧和软弹簧以描述接触摩擦模型,按受力性质滑动面可分成以下三种:

(1) 固定型。裂纹闭合,无滑动(切向滑动力未达最大值)。
(2) 滑动型。裂纹闭合,有滑动(切向滑动力达到最大值)。
(3) 张开型。裂纹张开。

可见,滑动面具有很强的非线性特性,需要迭代运算。

初始计算时,滑动面的切向和法向均采用硬弹簧约束,计算结束后,所有切向弹簧均用软弹簧代替,并检验滑动面单元属于上述三种情况中的哪一种。

首先,检验切向弹簧力是否满足 Mohr-Coulomb 模型破坏准则,即

$$\tau_{\max} = c + \sigma_n \tan\varphi \tag{5.16}$$

或

$$F_{\tau\max} = c l_i + F_n \tan\varphi \tag{5.17}$$

式中,σ_n 为滑面第 i 单元的法向应力(压为正);l_i 为该单元的边长;F_n 为法向力。

若有限元计算得到的土体平衡时滑动面单元(节点)的切向力大于可能产生的最大切向力 $F_{\tau\max}$,则属于滑动型,否则属于固定型。若法向弹簧力为拉力,则属于张开型。

其次,沿滑面方向对节点施加切向力。

若是固定型,则沿切向软弹簧方向施加有限元计算得到的切向力,若是滑动型,则沿切向软弹簧方向施加最大切向力 $F_{\tau\max}$,剩余力将在迭代运算时逐步释放并由其他弹簧承担,直至达到最后的平衡状态。

对于张开型,由于裂纹张开,滑动面不能再承受法向力,理应令法向弹簧刚度为 0,考虑到迭代过程中裂纹可能会重新闭合,因而其法向采用软弹簧代替,而施加的切向力可考虑为 0,也可考虑有一定的切向凝聚力。

实际的滑坡情况,往往属于滑动型的接触摩擦模型,而崩塌则主要属于张开型的接触摩擦模型。

5.1.5 稳定性分析

众所周知,一般各种边坡稳定性分析方法均建立在极限平衡概念的基础上,

首先假定一个破坏面，在极限平衡状态下，沿破坏面的剪应力为

$$\tau = \frac{S}{F} \tag{5.18}$$

式中，τ 为剪应力；S 为抗剪强度或抗滑应力；F 为安全系数。根据 Mohr-Coulomb 模型破坏准则，抗剪强度可表示为

$$S = c + \sigma_n \tan\varphi \tag{5.19}$$

式中，c 与 φ 分别为破坏面的内聚力和内摩擦角；σ_n 为法向应力。

实际上，式(5.19)为一个点的应力或一个面的平均应力情况，对于破坏面为任意复杂的曲面形式，应该采用抗滑力与滑动力来描述，此时，稳定系数为抗滑力与滑动力的比值，当采用有限元方法进行稳定性分析时，其计算公式为

$$K = \frac{\sum_{i=1}^{n}(cL_i + F_{ni}\tan\varphi)}{\sum_{i=1}^{n} F_{\tau i}} \tag{5.20}$$

式中，F_{ni} 和 $F_{\tau i}$ 分别为有限元计算得到的破坏面上第 i 单元的法向力和切向力；L_i 为第 i 单元的长度；K 为稳定系数。

有限元分析方法能考虑滑坡岩土体的应力-应变关系，且还能考虑岩土体与锚杆、抗滑桩等抗滑工程措施的共同作用及其变形协调，其有如下优点：

(1) 可考虑岩土体的非线性弹塑性本构关系，从而较准确地得到应力场和位移场，作为稳定性分析的基础。

(2) 能够动态模拟滑坡的失稳过程及其滑移面形状。

(3) 能够对各种复杂结构的高边坡进行分析。

(4) 求解稳定系数时，可以不需要假定滑移面的形状，不需要假定条块之间的相互作用力。

在式(5.20)中，为了得到法向力和切向力，将滑体进行有限元划分，在破坏面的节点上采用法向和切向约束。正如在前面岩土体滑动面的接触摩擦模型中所讨论的那样，由于在斜率大的破坏面上，有限元计算得到的节点(单元)切向力比可能产生的最大切向力($cL_i + F_{ni}\tan\varphi$)大。因此，需对切向弹簧进行处理，将所有的切向弹簧用软弹簧代替，并加上相应的切向力，对于没有达到最大切向力的弹簧，施加有限元计算得到的切向弹簧力；而对于大于最大切向力的弹簧，则施加最大切向力。按照 Coulomb 定律，将超过滑面岩土体抗剪强度的点释放其超过部分的剪应力给其他点，然后重新进行有限元分析或迭代运算。在此过程中，大于最大切向力的弹簧力得到逐步释放，剩余力由其他弹簧承担，直至最后达到收敛的平衡状态，最终计算稳定系数。

5.2 计算参数、计算工况及计算模型

根据地质剖面图和勘测资料,对韩家垭滑坡的Ⅰ—Ⅰ′和Ⅱ—Ⅱ′两剖面进行了应力应变分析与稳定性分析。

5.2.1 Ⅰ—Ⅰ′剖面

1. 应力应变分析计算模型

Ⅰ—Ⅰ′剖面几何尺寸见工程地质剖面图(图2.6),地层分布如图5.2所示。

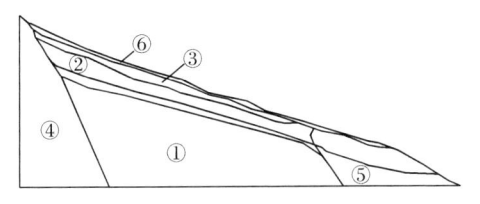

图5.2 Ⅰ—Ⅰ′剖面岩层分布

由岩土物理力学试验得出的各岩(土)层物理力学参数,见表5.1。

表5.1 岩(土)层物理力学参数

名称	1	2	3	4	5	6
饱水重度/(kN/m³)	29.7	29.3	23.2	27.3	25.0	21.2
弹性模量/GPa	17.600	6.870	2.400	12.200	8.350	0.006
泊松比	0.283	0.261	0.245	0.185	0.185	0.200
内聚力 c/kPa	150	100	70	100	70	18
内摩擦角 φ/(°)	25	22	20	22	21	9

滑带的抗剪强度参数为:辉绿岩中的滑面 $c=17.2\text{kPa}$,$\varphi=17°$;变粒岩中滑面 $c=50\text{kPa}$,$\varphi=20°$。

计算时考虑两种不利工况:饱水、饱水+地震。采用平面应变模型计算。平面应变网格模型如图5.3所示,采用三角形单元。

图5.3 Ⅰ—Ⅰ′剖面平面应变网格模型

2. 稳定性分析计算模型

根据工程地质勘测资料,对Ⅰ—Ⅰ′剖面中的上、下两个滑动面进行了稳定性分析。计算模型如图5.4和图5.5所示。

图5.4 Ⅰ—Ⅰ′剖面上滑动面网格模型

图5.5 Ⅰ—Ⅰ′剖面下滑动面网格模型

5.2.2 Ⅱ—Ⅱ′剖面

1. 应力应变分析计算模型

Ⅱ—Ⅱ′剖面几何尺寸见工程地质剖面图(图2.4),地层分布如图5.6所示。

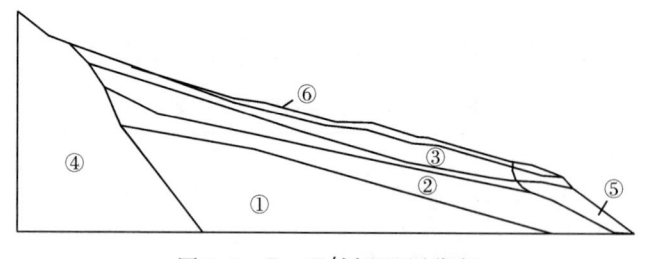

图5.6 Ⅱ—Ⅱ′剖面地层分布

计算时考虑两种工况:饱水、饱水+地震,其中地震计算取值为 $g=125\text{Gal}$[①]。采用平面应变模型,也可以用三维空间模型进行计算。图5.7是采用三角形单元的平面应变网格模型。

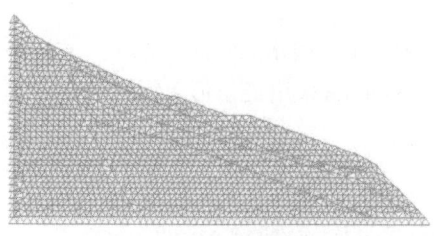

图5.7 Ⅱ—Ⅱ′剖面平面应变网格模型

---

① 1Gal=1cm/s²,下同。

三维网格模型如图5.8所示,采用六面体等参元。

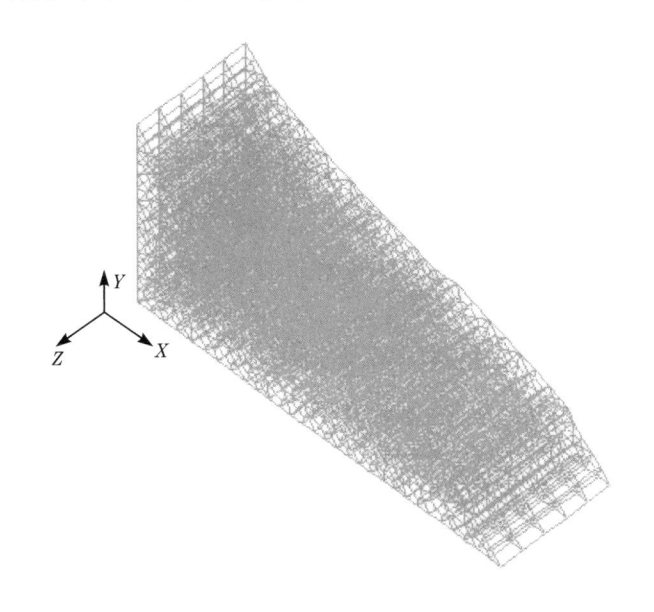

图5.8 Ⅱ—Ⅱ′剖面三维网格模型

2. 稳定性分析计算模型

根据工程地质勘测资料,对Ⅱ—Ⅱ′剖面中的上、下两个滑动面进行了稳定性分析。计算模型如图5.9和图5.10所示。

图5.9 Ⅱ—Ⅱ′剖面上滑动面网格模型　　图5.10 Ⅱ—Ⅱ′剖面下滑动面网格模型

5.3　计算结果与分析

5.3.1　Ⅰ—Ⅰ′剖面应力应变和稳定性分析

1. 应力应变分析计算结果

下面列出平面应变模型的部分计算结果。

1) 工况1:饱水状态

在饱水状态下,剖面第一主应力分布情况如图5.11和图5.12所示。

图5.11　Ⅰ—Ⅰ′剖面第一主应力云图　　图5.12　Ⅰ—Ⅰ′剖面第一主应力色带图

剖面第三主应力分布情况如图5.13和图5.14所示。

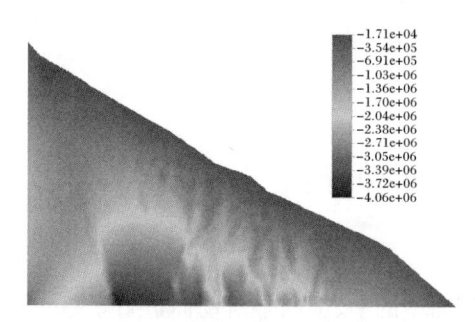

图5.13　Ⅰ—Ⅰ′剖面第三主应力云图　　图5.14　Ⅰ—Ⅰ′剖面第三主应力色带图

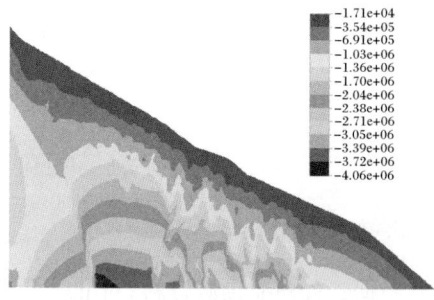

2) 工况2:饱水状态+地震

饱水状态并考虑地震作用时,剖面第一主应力分布情况如图5.15和图5.16所示。

图5.15　Ⅰ—Ⅰ′剖面第一主应力云图　　图5.16　Ⅰ—Ⅰ′剖面第一主应力色带图

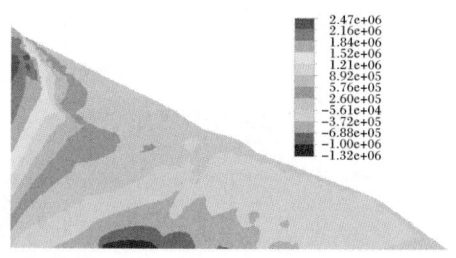

饱水状态并考虑地震作用时,剖面第三主应力分布情况如图5.17和图5.18所示。

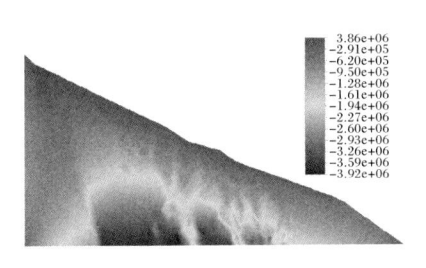

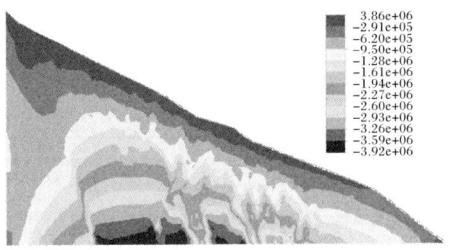

图 5.17　Ⅰ—Ⅰ′剖面第三主应力云图　　图 5.18　Ⅰ—Ⅰ′剖面第三主应力色带图

2. 稳定性分析计算结果

计算两种工况下上、下滑动面的稳定系数 K,见表 5.2。

表 5.2　Ⅰ—Ⅰ′剖面上、下滑动面的稳定系数

工况	上滑动面稳定系数 K	下滑动面稳定系数 K
饱水	1.037	1.143
饱水+地震	0.770	0.842

由表 5.2 可见,在饱水状态下,下滑动面稳定系数要比上滑动面大,上滑动面处于临界状态,下滑动面比上滑动面稳定。考虑地震作用时,两滑面稳定系数均小于 1。由于计算模型与实际情况间存在差距,如参数的取值、动水压力及其他不可预见的因素,可以认为,该剖面的安全储备不足,有可能失稳。该计算结果与刚体极限平衡法的计算结果十分接近。

3. 内聚力 c 和内摩擦角 φ 对稳定系数的影响

为进一步探讨稳定性,下面分析在工况 1 饱水情况下,滑动面的内聚力 c 和内摩擦角 φ 对稳定系数的影响。考虑到下滑动面更危险,因而以下滑动面为研究对象。

1) 工况 1:饱水状态

在不考虑地震作用时的饱水状态下,当仅改变滑动面的内聚力 c,不改变其他参数时,Ⅰ—Ⅰ′剖面下滑动面的稳定系数 K 值见表 5.3。

表 5.3　Ⅰ—Ⅰ′剖面内聚力 c 对稳定系数 K 的影响(工况 1,$\varphi=17°$)

c/kPa	10	17.2	20	40	60	80	100	120	140	160	180
K	1.101	1.143	1.184	1.349	1.515	1.680	1.846	2.011	2.176	2.342	2.507

当仅改变滑动面岩层的内摩擦角 φ、不改变其他参数时,该滑动面的稳定系数 K 见表 5.4。

表 5.4　I—I′剖面内摩擦角 φ 对稳定系数 K 的影响（工况 1，c＝17.2kPa）

$\varphi/(°)$	0	5	10	15	17	20	25	30	35	40	45
K	0.555	0.723	0.894	1.070	1.143	1.255	1.451	1.665	1.901	2.168	2.478

由表 5.3、表 5.4 可见，内聚力 c 和内摩擦角 φ 对稳定系数均有较大影响。若滑动面的内摩擦角 φ 值发生变化，则可能使稳定系数 K 降到 1 以下，导致失稳。

2) 工况 2：饱水状态＋地震

在饱水状态并考虑地震作用时，当仅改变滑动面的内聚力 c、不改变其他参数时，该滑动面的稳定系数 K 见表 5.5。

表 5.5　I—I′剖面内聚力 c 对稳定系数 K 的影响（工况 2，φ＝17°）

c/kPa	10	17.2	20	40	60	80	100	120	140	160	180
K	0.810	0.842	0.873	1.000	1.127	1.253	1.380	1.507	1.634	1.760	1.887

仅改变滑动面岩层的内摩擦角 φ、不改变其他参数时，该滑动面的稳定系数 K 见表 5.6。

表 5.6　I—I′剖面内摩擦角 φ 对稳定系数 K 的影响（工况 2，c＝17.2kPa）

$\varphi/(°)$	0	5	10	15	17	20	25	30	35	40	45
K	0.420	0.540	0.663	0.789	0.842	0.923	1.063	1.217	1.386	1.578	1.800

由表 5.5 和表 5.6 可见，内聚力 c 和内摩擦角 φ 对稳定系数均有较大影响。

5.3.2　II—II′剖面应力应变和稳定性分析

1. 应力应变分析计算结果

结果表明，平面应变模型和三维实体模型的计算结果相差不大，下面仅列出平面应变模型的计算结果。

1) 工况 1：饱水状态

在饱水状态下，剖面第一主应力分布情况如图 5.19 和图 5.20 所示。

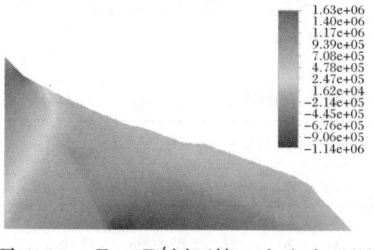

图 5.19　II—II′剖面第一主应力云图　　图 5.20　II—II′剖面第一主应力色带图

剖面第三主应力分布情况如图 5.21 和图 5.22 所示。

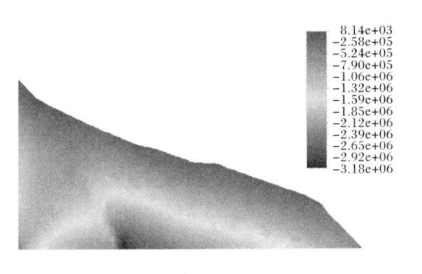

图 5.21　Ⅱ—Ⅱ′剖面第三主应力云图 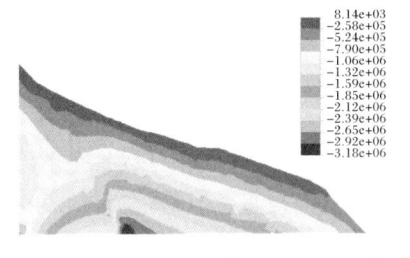　　图 5.22　Ⅱ—Ⅱ′剖面第三主应力色带图

2)工况 2:饱水状态+地震

饱水状态并考虑地震作用时,剖面第一主应力分布情况如图 5.23 和图 5.24 所示。

图 5.23　Ⅱ—Ⅱ′剖面第一主应力云图 　　图 5.24　Ⅱ—Ⅱ′剖面第一主应力色带图

饱水状态并考虑地震作用时,剖面第三主应力分布情况如图 5.25 和图 5.26 所示。

图 5.25　Ⅱ—Ⅱ′剖面第三主应力云图 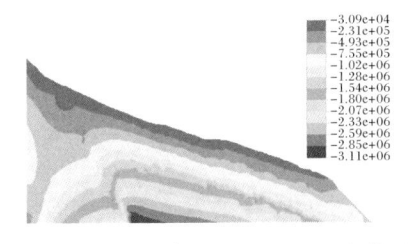　　图 5.26　Ⅱ—Ⅱ′剖面第三主应力色带图

2. 稳定性分析计算结果

计算两种工况下上、下滑动面的稳定系数 K,见表 5.7。

表 5.7　Ⅱ—Ⅱ′剖面上、下滑动面的稳定性系数

工况	上滑动面稳定系数 K	下滑动面稳定系数 K
饱水	1.052	1.191
饱水＋地震	0.743	0.844

由表 5.7 可见,在自然状态下,下滑动面稳定系数约比上滑动面大,上滑体处于临界稳定状态。但是,在有地震作用时,稳定系数均小于 1。考虑到计算模型与实际情况之间的差距,如参数的取值、动水压力及其他不可预见的因素,可以认为,该滑坡剖面具有滑动的危险性。该计算结果与刚体极限平衡法的计算结果十分接近。

5.3.3　路堑开挖对滑坡稳定性的影响

以Ⅰ—Ⅰ′剖面的下滑动面为研究对象,分析在路堑边坡开挖后对该滑坡的稳定性系数的影响。如图 5.27 所示路堑边坡开挖后网格模型,其分析计算得出稳定系数为 0.991。

图 5.27　Ⅰ—Ⅰ′剖面下滑面开挖后平面应变网格模型

5.3.4　滑坡反翘特征数值模拟分析

为了进一步研究滑坡前缘岩层反翘形成的力学机理,应用数值模拟来近似反映这一特征,计算结果表明正是两层滑体的向前缓慢蠕滑运动才逐渐使前缘岩层产生反翘变形。图 5.28 为考虑岩层反翘特征下建立的平面应变网格模型,图 5.29 为数值模拟计算结果,图 5.30 为计算反翘过程模拟,图 5.31 和图 5.32 为反翘模拟计算的应力等值线图和应力浓淡图。图 5.33 为反翘模拟计算流程。

第 5 章 双(多)层反翘型滑坡力学机理的数值模拟研究

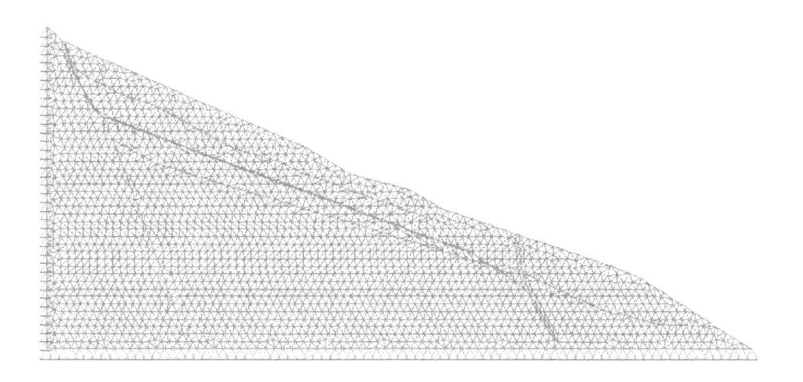

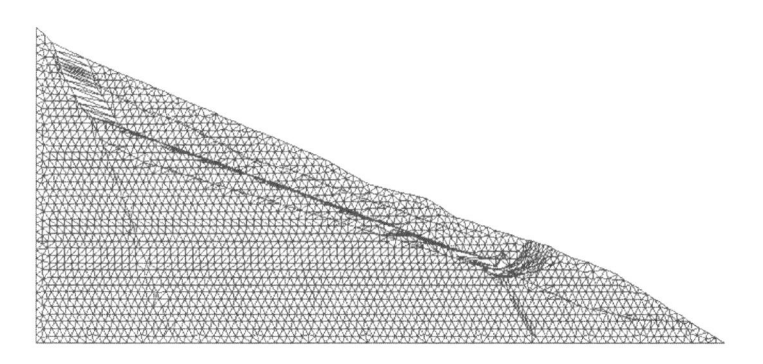

图 5.28　Ⅰ—Ⅰ′剖面反翘平面应变网格模型(变形前)

图 5.29　Ⅰ—Ⅰ′剖面的滑坡反翘变化结果网格模拟模型(变形后)

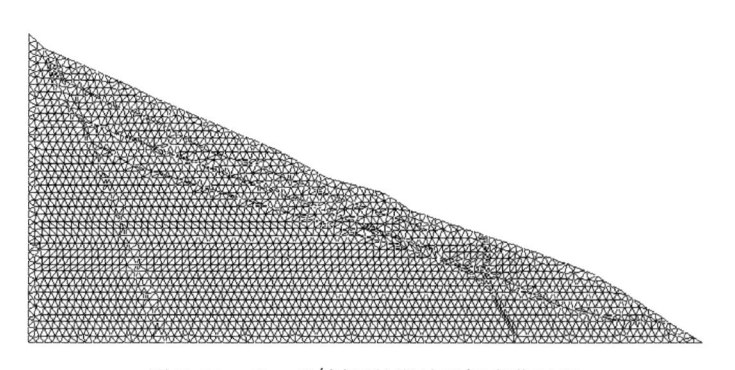

图 5.30　Ⅰ—Ⅰ′剖面的滑坡反翘变化过程

图 5.31　反翘模型的应力等值线图(最大主应力)

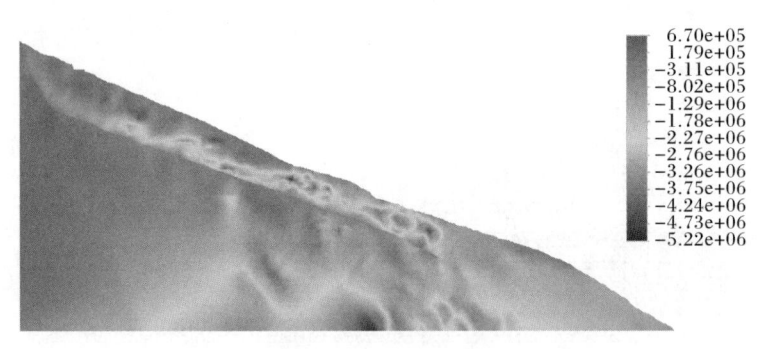

图 5.32　反翘模型的应力浓淡图(最小主应力)

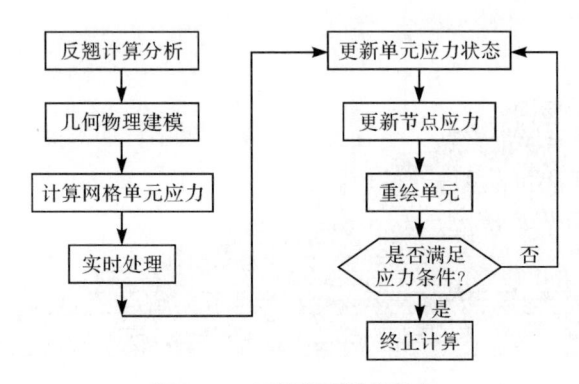

图 5.33　反翘模型计算流程

第6章 双(多)层反翘型滑坡力学机理与稳定性判据分析

6.1 引　言

在岩质边坡中,顺层边坡是极易发生变形破坏的一类。在反向高陡倾角的情况下,易出现倾倒崩塌破坏;在顺向中缓倾角条件下易沿层面产生滑移弯曲而导致滑坡。研究表明,在弹性条件下,这两种边坡的变形破坏形式都与岩层的弯曲失稳有关。另外,还有一种破坏形式是由岩层滑移—弯曲变形的逐渐发展而导致的滑坡。这类滑坡在宏观上表现为:后缘拉裂陷落,上部和中部顺层滑移,在其变形过程中下部能形成连续而不折断的强烈"褶曲"。对于这类滑坡,不能简单地套用弹性分析中弯曲失稳的方法来预测其产生的条件,这类滑坡与岩层的弹黏性性状密切相关,变形破坏是由岩层的蠕变变形引起的弯曲破坏,称为蠕变弯曲破坏机制。如霸王山古滑坡、成昆线北段的某些滑坡,工程地质界一致认为是由岩层的蠕变变形而引起的弯曲破坏所致。

自20世纪80年代以来,以孙广忠教授为首的专家学者利用材料力学中的压杆稳定理论、尖角突变理论等对顺层边坡的溃屈问题先后进行了开创性的研究,并推导了理论公式,就简单的实例进行了计算校核。此后,李强、张倬元、刘钧等诸多学者对顺层边坡的蠕变弯曲、溃屈破坏机理进行了深入研究,并提出了顺层边坡的临界坡长、临界坡高及稳定性判据。但随着研究工作的开展,顺层边坡弯曲破坏的力学分析还有待进一步深化。材料力学中压杆失稳问题是由外界施加的轴向力达到或超过临界荷载造成的,因为轴向力通常要比杆件自重大得多,故在稳定分析时杆件的自重往往忽略不计。对于平面问题的顺层边坡而言,岩层横截面尺寸要比杆件大得多,主要的外力则是岩层的自重。自重的切向分力是轴向力,而法向分力为作用在岩层上的横向力,除非层状边坡为直立边坡(边坡角 $\alpha = 90°$),横向力总是存在的,特别是缓倾边坡($\alpha \leqslant 45°$),横向力比轴向力还要大。因此,从受力状态来分析,顺层边坡层面弯曲变形从本质上是纵横弯曲问题,这里横向力的作用更为突出。顺层边坡发生弯曲破坏时,表面一层或几层岩层的某一部位向层面的外法线方向鼓出,而不可能向内法线方向凹陷,因此,不变形的底层相对于弯曲层而言是刚性的单面约束,约束反力是被动力,在不考虑约束变形的情况下,在弯曲过程中不做功。而弯曲岩层自重的法向分力即横向力是沿着内法线阻碍向上弯曲的主动力,这是一个有利于边坡稳定的因素。这一点是顺层边坡弯曲变形破坏不同于压杆溃屈问题的关键差别。顺层边坡在纵横向力的联合作用下产生弯曲变形破坏,是一般的广义破坏现象,而溃屈破坏则是弯曲破坏的一个特例,二者并不相同,因此,需要全面地从力学上对顺层边坡的弯曲破坏问题进行分析研究。

对于双层反翘型滑坡而言,由于其特殊的地质构造和受力状态,前缘陡倾顺层结构的变粒岩层在双层剩余滑坡推力的作用下发生反翘弯曲,表现为下部锁固段顺倾,滑床部位的岩层在滑坡推力的剪切作用下产生轻微的弯曲变形,而滑床以上部位产生较大的反翘弯曲变形,岩层靠近滑坡推力一侧产生弯拉应力,当岩层内弯拉应力达到岩层的抗拉强度时便发生弯曲折断破坏。

以下针对双层反翘型滑坡这一特殊的边坡变形破坏方式,分别建立"叠合梁"、"多层薄板"的失稳-破坏力学模型及稳定性判据对其反翘弯曲-破坏机制进行分析。

6.2 叠合梁渐进破坏力学模型

针对韩家垭滑坡而言,起主导作用的是发育于变质辉绿岩中的上、下两层滑体。由地质构造分析可知,在水等外部因素的作用下,滑体地层重度增大,地下水位升高,滑动面抗剪强度降低,从而使双层滑动地层产生足够的剩余下滑力,对前缘顺向陡倾薄层状变粒岩夹片岩岩层产生一个横向推力,导致变粒岩层不断弯曲前倾,产状发生倒转。随着推力的不断增大,靠近双层滑体部分的变粒岩层首先会因拉应力达到岩层的抗拉强度而被拉裂折断。前缘岩层在剩余下滑力作用下不断产生反翘变形以致弯曲折断,这种"双层蠕滑—反翘变形—弯曲折断—坡体滑移"的变形破坏过程是不断累积并由分解面向滑坡前缘沟底渐进发展的。由于双层滑体的剩余下滑力受降水等因素影响有间歇性和周期性特点,前缘岩层的弯曲折断、滑动面的形成和扩展、坡体的滑动也表现出分阶段、渐进性特点。

对于双层反翘滑坡这种特殊的变形破坏方式,前缘陡倾顺层结构的变粒岩层在滑坡剩余下滑推力的作用下不断产生累积反翘弯曲变形以致破坏的变形破坏方式具有明显的"叠合梁"的变形破坏特性。因此,本节将建立叠合梁的计算模型,对边坡的反翘弯曲-破坏机制进行分析。

6.2.1 叠合梁计算模型的基本假定

(1) 叠合梁为均质、等厚度岩梁。
(2) 叠合梁之间各岩梁接触面的 $c、\varphi$ 值相同。
(3) 叠合梁各梁板的上、下接触面间的正应力、剪应力为均匀分布。
(4) 岩梁折断后忽略岩梁折断面与滑床之间的摩擦力。

6.2.2 叠合梁弯曲-破坏模型及渐进破坏分析

滑坡前缘陡倾顺层结构变粒岩层在双层滑体剩余下滑推力作用下发生反翘弯曲折断的判据为：多层叠合梁在上覆岩层自重体积力、双层滑体剩余下滑力及梁板间剪切力作用下产生的弯拉应力 σ_t 大于岩梁板的抗拉强度 $[\sigma_t]$，即

$$\sigma_t > [\sigma_t] \tag{6.1}$$

式中，σ_t 为岩梁板内的弯拉应力；$[\sigma_t]$ 为岩梁板的材料抗拉强度。

图 6.1 为滑坡前缘变粒岩层反翘弯曲-破坏的叠合梁力学模型示意图。选定如图 6.1 所示的坐标系，Oxy 面平行于反翘弯曲的岩层层面并位于"叠合梁"中面上，z 轴垂直于反翘岩层向坡脚方向倾斜。

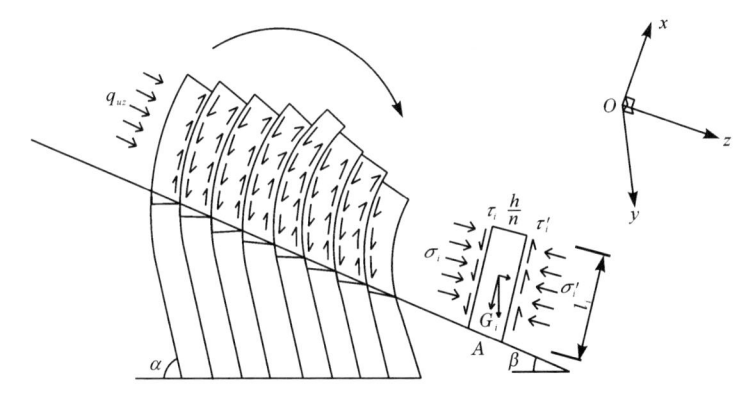

(a) 岩层反翘弯曲的叠合梁概化模型

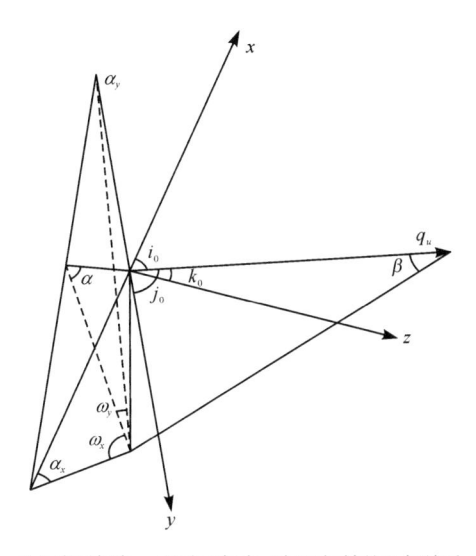

(b) 岩层倾角 α、滑动面倾角 β 与坐标轴的几何关系

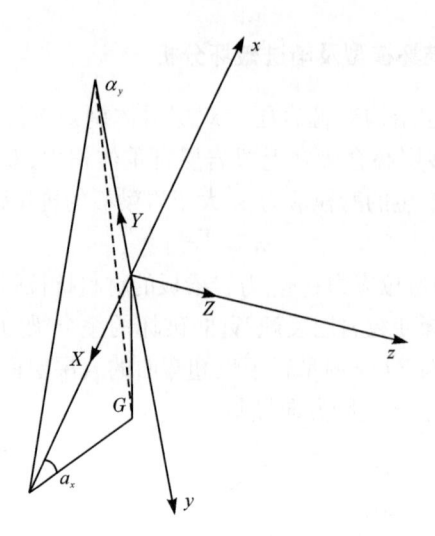

(c) 叠合梁自重力及其分力 X、Y、Z 之间的关系

图 6.1 变粒岩层反翘弯曲-破坏的重合梁计算模型

设滑坡前缘叠合梁总的厚度为 h,沿 y 方向的宽度取为单位宽度 1,α 为岩层真倾角;α_x、α_y 分别为岩层在 x、y 方向的视倾角;ω_x、ω_y 分别为岩层真倾向与视倾向之间的夹角,且有 $\omega_x + \omega_y = 90°$;$\beta$ 为滑面平均倾角。它们之间的关系为

$$\tan\alpha_x = \tan\alpha\cos\omega_x \tag{6.2}$$

$$\tan\alpha_y = \tan\alpha\cos\omega_y \tag{6.3}$$

均布荷载 q_u 为双层滑体剩余下滑力作用于叠合梁上的均布荷载,q_u 作用方向平行于滑面上双层滑坡的主滑方向,与叠合梁斜交。q_u 平行于滑面方向延伸,设 q_u 与 x、y、z 的夹角分别为 i_0、j_0、k_0,根据余弦定理和空间向量余弦的定义,有

$$\begin{cases} \cos i_0 = \cos\beta\cos\alpha_x\sin\theta - \sin\beta\sin\alpha_x \\ \cos j_0 = \cos\beta\cos\alpha_y\cos\theta + \sin\beta\sin\alpha_y \\ \cos k_0 = \sqrt{1-(\cos^2 i_0 + \cos^2 j_0)} \end{cases} \tag{6.4}$$

因此,q_u 沿 x、y、z 方向的分量 q_{u_x}、q_{u_y}、q_{u_z} 分别为

$$q_{u_x} = q_u\cos i_0, \quad q_{u_y} = q_u\cos j_0, \quad q_{u_z} = q_u\cos k_0 \tag{6.5}$$

叠合梁岩体的自重体积力 G_i 沿 x、y、z 方向的分力 X_i、Y_i、Z_i 为

$$X_i = -G_i\sin\alpha_x, \quad Y_i = -G_i\sin\alpha_y, \quad Z_i = G_i\sqrt{1-(\sin^2\alpha_x + \sin^2\alpha_y)} \tag{6.6}$$

参照图 6.1 中的力学模型,根据式(6.1),对 A 点取矩可得

$$M_T - M_R = \int_0^{l_i}(\sigma_i - \sigma_i')x\mathrm{d}x + G_i\frac{l_i}{2}\sin\beta - \frac{h}{2n}\int_0^{l_i}(\tau_i + \tau_i')\mathrm{d}x \tag{6.7}$$

式中，l_i 为梁长；$\dfrac{h}{n}$ 为梁板厚度；$\beta(0<\beta<90°)$ 为滑裂面倾角；σ_i、σ_i' 为叠合梁上、下部梁板对本梁接触面的正应力；τ_i、τ_i' 为叠合梁上、下梁板对本梁叠合面的剪切应力。根据假定(4)及图 6.1 可知

$$\begin{cases} \sigma_i = q_{uz} + \dfrac{1}{l_i}\sum_{m=1}^{i-1}Z_m = q_u\sqrt{1-(\cos^2 i_0+\cos^2 j_0)} \\ \qquad + \dfrac{1}{l_i}\sum_{m=1}^{i-1}\gamma\dfrac{h}{n}l_m\sqrt{1-(\sin^2\alpha_x+\sin^2\alpha_y)} \\ \sigma_i' = q_{uz} + \dfrac{1}{l_i}\sum_{m=1}^{i}Z_m = q_u\sqrt{1-(\cos^2 i_0+\cos^2 j_0)} \\ \qquad + \dfrac{1}{l_i}\sum_{m=1}^{i}\gamma\dfrac{h}{n}l_m\sqrt{1-(\sin^2\alpha_x+\sin^2\alpha_y)} \end{cases} \quad (6.8)$$

$$\sigma_t = \dfrac{M_T - M_R}{W} \quad (6.9)$$

式中，W 为梁板横截面惯性积，有 $W=\dfrac{h^2}{6n^2}$。

将式(6.7)代入式(6.9)，有

$$\sigma_{ti} = \dfrac{\int_0^{l_i}(\sigma_i-\sigma_i')x\mathrm{d}x + G_i\dfrac{l_i}{2}\sin\beta - \dfrac{h}{2n}\int_0^{l_i}(\tau_i+\tau_i')\mathrm{d}x}{W} \quad (6.10)$$

引入基本假定(2)，当滑坡前缘层状变粒岩层的结构面处于极限平衡状态时，即各梁板接触面间将出现相对滑移时，有

$$\begin{aligned} \tau_i &= \sigma_i\tan\varphi + C \\ \tau_i' &= \sigma_i'\tan\varphi + C \end{aligned} \quad (6.11)$$

将式(6.11)代入式(6.10)，得

$$\sigma_{ti} = \dfrac{\int_0^{l_i}(\sigma_i-\sigma_i')x\mathrm{d}x + G_i\dfrac{l_i}{2}\sin\beta - \dfrac{h}{2n}\int_0^{l_i}[(\sigma_i+\sigma_i')\tan\varphi + 2C]\mathrm{d}x}{W} \quad (6.12)$$

再引入基本假定(1)、(3)，由 $G_i = \gamma\dfrac{h}{n}l_i$ 代入式(6.12)并积分得

$$\sigma_{ti} = (\sigma_i-\sigma_i')\dfrac{3l_i^2n^2}{h^2} + \dfrac{3\gamma l_i^2 n\sin\beta}{h} - \dfrac{3nl_i}{h}(\sigma_i'+\sigma_i)\tan\varphi - \dfrac{6nCl_i}{h} \quad (6.13)$$

从第 i 层岩梁的拉应力 σ_{ti} 可以看出，变粒岩层岩梁的拉应力从双层滑体与变粒岩层的分界面处向坡脚逐渐增大。变粒岩层在双层滑体剩余下滑推力及上覆岩层自重体积力的作用下不断产生反翘弯曲变形，当第 $i(i\geqslant 1)$ 层岩梁的拉应力 σ_{ti} 达到岩层的抗拉强度 $[\sigma_t]$ 时，该层岩梁发生拉裂折断破坏；随后，作用于第 i 层岩梁的剩余下滑推力及上覆岩层作用力传递到第 $i+1$ 层岩梁，第 $i+1$ 层岩梁在

上述力的综合作用下不断产生反翘弯曲累积变形。由于受降雨入渗等外部因素的影响,发育于滑坡中上部变质辉绿岩地层中的双层滑体重度增大,下滑力增大,双层滑体产生蠕动变形,滑动面的抗剪强度降低,剩余下滑推力增大,从而使第 $i+1$ 层岩梁的拉应力 $\sigma_{t(i+1)}$ 不断增大,反翘弯曲变形加剧,当达到岩层的抗拉强度 $[\sigma_t]$ 时,第 $i+1$ 层岩梁发生拉裂折断破坏;这种"双层蠕滑—反翘变形—弯曲折断—坡体滑移"的渐进性破坏过程是不断累积并由双层滑体和变粒岩层分界面向坡脚韩家沟底渐进发展的,滑动面也逐渐由双层滑体和变粒岩层的分界面向坡脚渐进扩展,直至滑动面完全贯通。

滑动面贯通后并不一定立即发生整体的滑坡破坏,滑坡的整体起动破坏与降雨入渗、施工开挖扰动、滑动面抗剪强度参数的降低等因素有关。根据滑坡体内孔隙水压力的监测结果,雨季时滑体中孔隙水压力明显升高,旱季时明显减低;孔隙水压力与滑坡体位移具有显著的相关性,孔隙水压力较高的时期,滑坡体的剩余下滑推力较大,反之较小。可见滑坡体中地下水是影响滑坡稳定性的重要因素,而该处降雨入渗是滑坡体地下水补给的唯一来源,因而该滑坡剩余下滑推力随着季节的不同而呈现周期性的变化特征。这种随季节周期性变化的剩余下滑推力导致了滑坡前缘变粒岩层反翘弯曲变形的不断累积及拉裂折断破坏的渐进性发展,并最终决定了滑动面贯通后滑坡体的整体稳定性。滑动面贯通以后,在旱季时,如果剩余下滑推力小于 0,滑坡处于暂时稳定状态;如果在雨季时遭遇强降雨、施工开挖或者地震等不利因素,滑动面抗剪强度降低,可能出现剩余下滑推力大于 0 的情况,此时滑坡发生整体的滑动失稳破坏。

1. σ_{ti} 与变粒岩层层面的 c、φ 之间的关系

由图 6.2 和式(6.13)可知,σ_{ti} 与 c 呈线性关系,与 φ 呈正切函数关系,当前缘变粒岩层层面 c、φ 任意一个值或同时增大时,σ_{ti} 均减小;这说明如果采用地表注浆等措施增大滑体前缘顺层状变粒岩层间的内聚力和内摩擦角时,陡倾顺层结构变粒岩层梁板在滑坡推力作用下受到的弯拉应力将会减小,从而提高了边坡的稳定性。

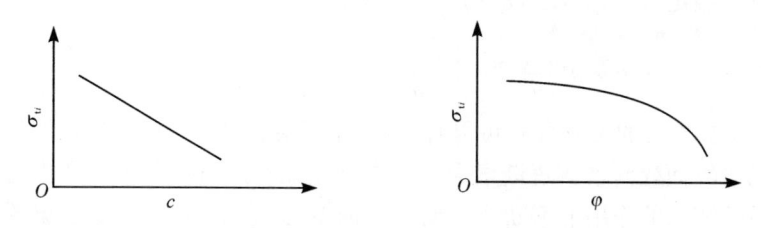

图 6.2 σ_{ti} 与 c、φ 之间的关系曲线

2. σ_{ti} 与变粒岩层层厚 h/n 的关系

整理式(6.13)可得

$$\sigma_{ti} = \frac{3l_i^2(\sigma_i - \sigma_i') - l_i \dfrac{h}{n}[(3\sigma_i' + 3\sigma_i)\tan\varphi + 6C] + 3\gamma l_i \sin\beta}{h^2/n^2} \quad (6.14)$$

由式(6.14)绘制 σ_{ti} 与变粒岩层层厚 h/n 的关系曲线,如图 6.3 所示。

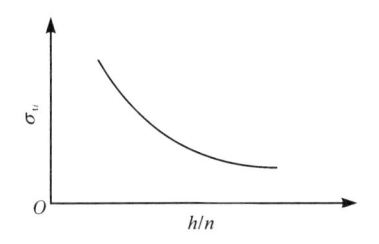

图 6.3 σ_{ti} 与岩层层厚 h/n 的关系曲线

从图 6.3 中 σ_{ti} 与岩层层厚 h/n 的关系曲线可以看出,σ_{ti} 随变粒岩层层厚 h/n 的增大而减小。这说明,如果采用锚固等措施使滑坡前缘陡倾顺层变粒岩层的厚度增大,则层状变粒岩层梁板的抗弯刚度增大,岩层内弯拉应力降低,从而使边坡稳定性提高。

6.2.3 岩层反翘弯曲变形最大弯折深度的确定

当 $\sigma_{ti} = [\sigma_t]$ 时,反翘变粒岩层内弯拉应力达到材料抗拉强度岩层发生弯曲折断。

由式(6.14)整理得

$$[\sigma_t] = (\sigma_i - \sigma_i')\frac{3l_i^2 n^2}{h^2} + \frac{3\gamma l_i^2 n \sin\beta}{h} - \frac{nl_i}{h}(3\sigma_i' + 3\sigma_i)\tan\varphi - \frac{6nCl_i}{h} \quad (6.15)$$

由于坡脚韩家沟流水的冲刷掏蚀,下部岩层产生足够大的变形使得本层岩体有足够的弯曲变形空间,从而达到岩层的材料抗拉强度,此时对应的岩层折断深度为受拉岩层反翘弯曲折断的最大深度,本层岩体与其下部岩体的 σ_n'、τ_n' 值均较小,可以忽略不计,故假定 $\sigma_i' = 0$,$\tau_i' = 0$。

将以上假定代入式(6.15)整理得

$$\left(\frac{3\sigma_i n^2}{h^2} + \frac{3\gamma n \sin\beta}{h}\right)l_i - \left(\frac{3\sigma_i n \tan\varphi}{h} + \frac{6nc}{h}\right)l_i - [\sigma_t] = 0 \quad (6.16)$$

令 $\dfrac{3\sigma_i n^2}{h^2} + \dfrac{3\gamma n \sin\beta}{h} = a$,$\dfrac{3\sigma_i n \tan\varphi}{h} + \dfrac{6nc}{h} = b$,则有

$$al_i - bl_i - [\sigma_t] = 0 \quad (6.17)$$

$$l_{\max} = \frac{b + \sqrt{b^2 + 4a[\sigma_t]}}{2a} \tag{6.18}$$

对于某一具体的边坡而言,反翘弯曲变形岩层的 γ、c、φ、h、$[\sigma_t]$ 均为已知,根据式(6.8)岩层接触面间的应力 σ_i 的分布情况,即可由式(6.18)求得岩层最大反翘弯曲折断的深度,从而可对层状边坡滑动面埋置深度作出初步判断。

6.2.4 岩层反翘弯曲最大变形的确定

岩层反翘弯曲变形主要由上覆岩层自重体积力 Z 及滑坡剩余下滑推力 q_{iz} 产生的变形 ω_1、岩层接触面间的剪切应力产生的变形 ω_2 和重力产生的变形 ω_3 三部分作用产生的变形 $\sum \omega_i$ 叠加而成。

岩层反翘弯曲变形为

$$\omega = \omega_1 + \omega_2 + \omega_3 \tag{6.19}$$

根据图6.4的力学模型,由上覆岩层自重体积力 Z 及滑坡推力 q_{iz} 产生的变形为

$$EI\omega_1 = \iiiint (\sigma_i - \sigma_i')\mathrm{d}x^4 + \frac{C_1}{6}x^3 + \frac{C_2}{2}x^2 + C_3 x + C_4 \tag{6.20}$$

岩层梁板根部 $x=0$ 处,$\theta_0=0$,$\omega_0=0$ 知

$$C_3 = C_4 = 0 \tag{6.21}$$

$$C_1 = Q_0 = \int (\sigma_i - \sigma_i')\mathrm{d}x = (\sigma_i - \sigma_i')x \tag{6.22}$$

$$C_2 = M_0 = \iint (\sigma_i - \sigma_i')\mathrm{d}x^2 = \frac{1}{2}(\sigma_i - \sigma_i')x^2 \tag{6.23}$$

把式(6.21)~式(6.23)代入式(6.20)并整理得

$$EI\omega_1 = \frac{1}{24}(\sigma_i - \sigma_i')x^4 \tag{6.24}$$

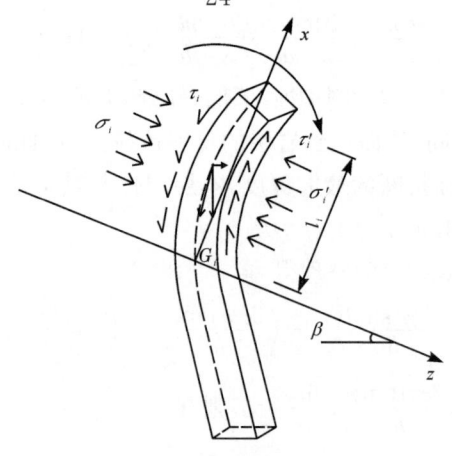

图6.4 变粒岩层反翘弯曲形计算模型

根据图 6.4 的力学模型知,由岩层接触面间的剪切应力产生的反力偶矩为

$$M_R(x) = \frac{h}{2n}\int_0^{l_i}(\tau_i + \tau_i')\mathrm{d}x \qquad (6.25)$$

由剪切应力产生的变形为

$$EI\omega_2'' = M_R(x) = \frac{h}{2n}\int_0^{l_i}(\tau_i + \tau_i')\mathrm{d}x \qquad (6.26)$$

积分得

$$EI\omega_2 = \frac{h}{4n}(\tau_i + \tau_i')x^2 \qquad (6.27)$$

由岩层的重力产生的变形为

$$EI\omega_3'' = \frac{1}{2}G_i l_i \sin\beta \qquad (6.28)$$

由 $G_i = \gamma\dfrac{h}{n}l_i$,对式(6.28)积分得

$$EI\omega_3 = \frac{1}{4}G_i l_i x^2 \sin\beta \qquad (6.29)$$

由 $\omega = \omega_1 + \omega_2 + \omega_3$,将式(6.24)、式(6.27)、式(6.29)代入,整理得

$$\omega = \frac{1}{EI}\left[\frac{11}{24}(\sigma_i - \sigma_i')x^4 + \frac{hl_i x^2}{4n}(\sigma_i + \sigma_i')\tan\varphi + \frac{hl_i C x^2}{2n} + \frac{\gamma h l_i^2 x^2}{4n}\sin\beta\right] \qquad (6.30)$$

将式(6.18)中的 $l_{\max} = \dfrac{b + \sqrt{b^2 + 4a[\sigma_\mathrm{t}]}}{2a}$ 代入式(6.30)整理可求出当岩层发生拉裂折断时岩层反翘弯曲的最大变形 $\omega_{\max}$,结合边坡的现场位移监测资料,可初步判断边坡的稳定状况。

6.2.5　力学模型的试验验证

为验证对该滑坡的力学机理分析及所建立模型的正确性,以下结合工程原型的大比例尺地质力学模型试验成果进行对比分析。

在自然状态下滑体前缘变粒岩层中作一垂向的Ⅳ—Ⅳ′剖面,如图 6.5 所示,绘制出该剖面测点位移随深度变化曲线(图 6.6)。从图 6.5、图 6.6 中可见,滑体前缘变粒岩层由地表往下,位移逐渐减小,至 138 点(埋深 134.16mm)以下基本没有位移,这从定量角度证明了变粒岩层向沟底方向的弯曲变形,滑动面位置则在埋深 104.35mm(137 点)至 134.16mm(138 点)之间。

根据 6.2.3 节中推导得到的变粒岩层反翘弯曲变形弯折深度的计算公式(6.16),计算出相应于Ⅳ—Ⅳ′剖面位置处变粒岩层的弯曲折断深度,亦即该剖面处的滑动面埋置深度,从而与上述地质力学模型试验的成果进行对比验证。

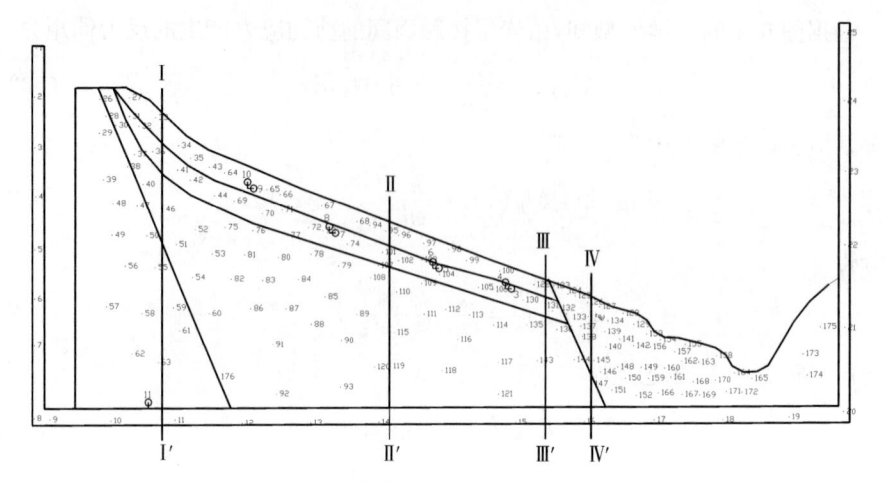

图 6.5 工况 1 百分表及近景射影测量测点布置示意图

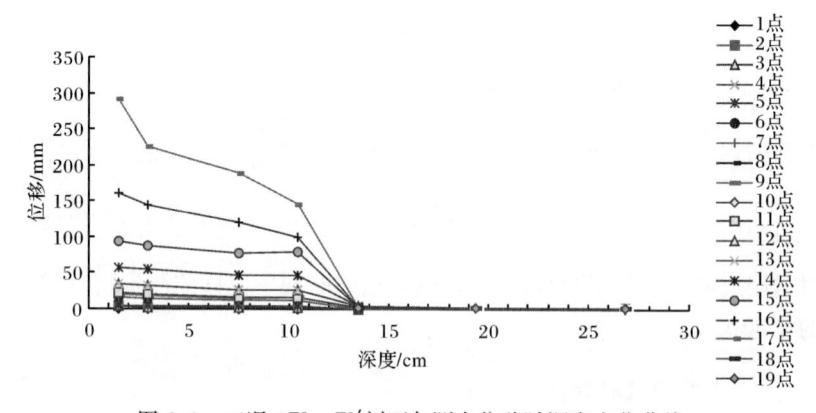

图 6.6 工况 1 Ⅳ—Ⅳ′剖面各测点位移随深度变化曲线

根据

$$\left(\frac{3\sigma_i n^2}{h^2}+\frac{3\gamma n\sin\beta}{h}\right)l_i^2-\left(\frac{3\sigma_i n\tan\varphi}{h}+\frac{6nc}{h}\right)l_i-[\sigma_t]=0$$

令

$$\frac{3\sigma_i n^2}{h^2}+\frac{3\gamma n\sin\beta}{h}=a, \quad \frac{3\sigma_i n\tan\varphi}{h}+\frac{6nc}{h}=b$$

则有

$$al_i^2-bl_i-[\sigma_t]=0, \quad l_{max}=\frac{b+\sqrt{b^2+4a[\sigma_t]}}{2a}$$

根据试验资料,式中相应参数 $\beta=25°,\varphi=19.82°,c=2.102\text{kPa},\sigma_i=3.25\text{kPa},h/n=5\text{cm},\gamma=21.8\text{kN/m}^3,[\sigma_t]=32\text{kPa}$。代入弯折深度的计算公式可得 $l_{max}=$

128.6mm,即相应Ⅳ—Ⅳ′剖面处滑动面埋置深度为128.6mm;由第4章地质力学模型试验Ⅳ—Ⅳ′剖面各测点位移随深度变化曲线得出的滑动面位置在埋深104.35mm(137点)至134.16mm(138点)之间。可见,根据推导的式(6.16)~式(6.18),其计算结果与模型试验得出的结果较为符合;如果根据138点(埋深134.16mm)以下基本没有位移确定滑动面埋置深度为134.16mm,则二者相差4.1%,基本满足工程许可范围要求。

6.3 多层薄板渐进破坏力学模型

6.3.1 滑坡变形破坏的多层薄板概化模型

根据滑体孔隙水压力监测结果及位移监测结果可知,孔隙水压力与滑体位移具有显著的相关性。双层反翘滑坡的剩余下滑力在旱季时小,甚至为0,前缘变粒岩层反翘弯曲变形也不明显;在雨季时剩余下滑力明显增大,前缘变粒岩层反翘变形也加剧,滑坡的下滑推动作用有明显的阶段性和周期性。由于该滑坡东边界为韩家院深冲沟,西边界为万家深冲沟,滑体前缘为韩家沟,坡体东西两翼及滑体前缘呈侧向临空状态,坡体前缘为切向层状岩体结构。坡体变形首先出现在追踪黏土质软弱夹层发育的以重力作为最大外力分量的双层滑动面方向上和变形允许(前缘反翘弯曲临空面)的方向上。

受降水等因素影响双层滑动面的抗剪强度减弱,双层滑体产生蠕动变形,对前缘顺向陡倾变粒岩夹片岩岩层形成直接的下滑推力作用,其结果导致变粒岩层的不断弯曲前倾,产状倒转,变形自上而下减小,呈弧形弯曲状态。靠近滑坡推力一侧的岩层内弯拉应力首先达到岩层板的抗拉强度而弯曲折断,后一岩层板相继发生类似的弯曲折断破坏。这种"双层蠕滑—反翘变形—弯曲折断—坡体滑移"的渐进性破坏过程是不断累积并由双层滑体和顺层陡倾变粒岩层分界面向滑体前缘韩家沟底渐进发展的,前缘变粒岩层滑动面主要是沿由片理、节理等软弱结构面发育形成的折线形渐进破坏滑动面。

前缘变粒岩层在空间上呈反翘弯曲多层板状延伸,它的滑床部位受到锁固,而坡面部位和两个侧翼呈自由临空状态。按照弹性力学关于多层板的受力分析[147],锁固段岩层的自重体积力、双层坡体的剩余下滑力及层间剪切力,总可以分解为沿岩层延伸方向的纵向荷载和垂直层面的横向荷载。因此滑体前缘陡倾顺层结构的变粒岩层可视为滑床部位固定而其余边界自由的多层矩形板薄板结构,滑坡的反翘弯曲破坏问题可视为在纵、横向荷载作用下,多层矩形薄板的屈曲—弯曲变形以及变形到一定程度时岩层板的断裂破坏问题。本节采用薄板稳定的能量法对弹性条件下滑坡前缘陡倾顺层结构变粒岩层的反翘弯曲—失稳破坏机制进行分析。

6.3.2 多层板荷载的分解

图 6.7 为滑坡前缘锁固段多层板的力学模型。选定如图所示的坐标系，Oxy 面平行于反翘弯曲的岩层层面板并位于多层板中面上，z 轴垂直于岩层板向下倾斜。

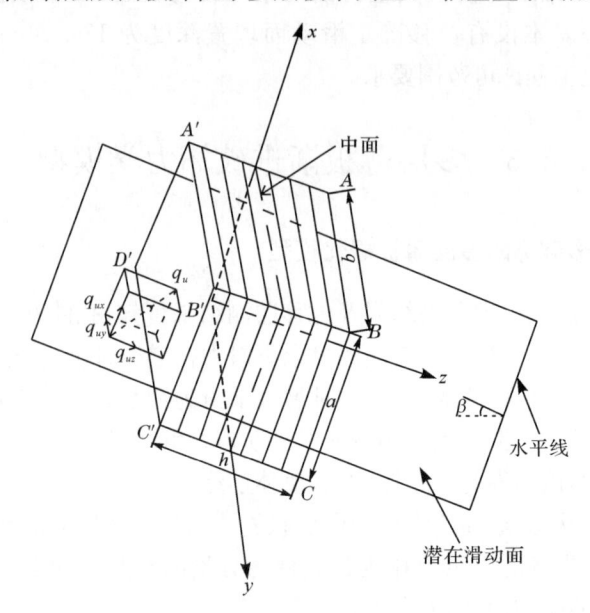

(a) 作用在多层板的均布荷载 q_u 的分布及多层板的几何关系

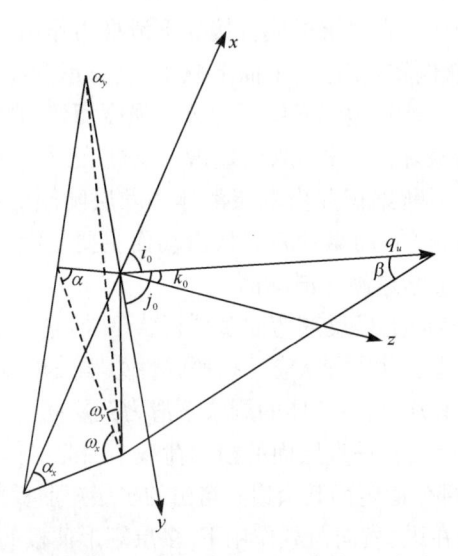

(b) 岩层倾角 α、滑动面倾角 β 与坐标轴的几何关系

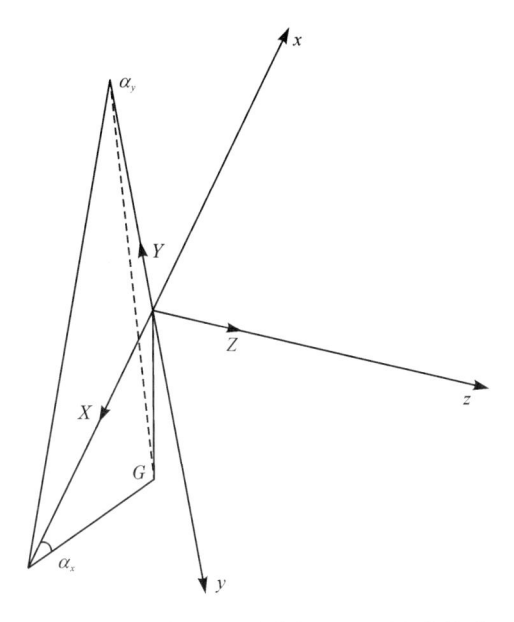

(c) 多层板自重体积力及其分力 X、Y、Z 之间的关系

图 6.7 多层板上的荷载及其分解关系示意图

设滑坡前缘多层薄板的厚度为 h,沿 x、y 方向的宽度分别为 a、b,α 为岩层真倾角;α_x、α_y 分别为岩层在 x、y 方向的视倾角;ω_x、ω_y 分别为岩层真倾向与视倾向之间的夹角,且有 $\omega_x+\omega_y=90°$;β 为滑面平均倾角。它们之间的关系为

$$\begin{cases} \tan\alpha_x = \tan\alpha\cos\omega_x \\ \tan\alpha_y = \tan\alpha\cos\omega_y \end{cases} \tag{6.31}$$

q_u 为双层滑体剩余下滑力作用于多层板上的均布荷载,q_u 作用方向平行于滑面上双层滑坡的主滑方向,与多层板斜交。q_u 沿平行于滑面方向延伸,设 q_u 与 x、y、z 的夹角分别为 i_0、j_0、k_0,根据余弦定理和空间向量余弦的定义,有

$$\begin{cases} \cos i_0 = \cos\beta\cos\alpha_x\sin\theta - \sin\beta\sin\alpha_x \\ \cos j_0 = \cos\beta\cos\alpha_y\cos\theta + \sin\beta\sin\alpha_y \\ \cos k_0 = \sqrt{1-(\cos^2 i_0 + \cos^2 j_0)} \end{cases} \tag{6.32}$$

因此,q_u 沿 x、y、z 方向的分量 q_{ux}、q_{uy}、q_{uz} 分别为

$$q_{ux} = q_u\cos i_0, \quad q_{uy} = q_u\cos j_0, \quad q_{uz} = q_u\cos k_0 \tag{6.33}$$

多层板岩体的自重体积力 G 沿 x、y、z 方向的分力 X、Y、Z 为

$$X = -\gamma\sin\alpha_x, \quad Y = -\gamma\sin\alpha_y, \quad Z = \gamma\sqrt{1-(\sin^2\alpha_x + \sin^2\alpha_y)} \tag{6.34}$$

6.3.3 多层板边界条件分析

若 q_i 代表多层板中第 i 层板单位面积内的横向荷载,包括横向面力及横向体力,则

$$q_i = q_{uz} + \sum_{m=1}^{i-1} \frac{h}{n} Z_m = q_u \cos k_0 + (i-1)\gamma \frac{h}{n}\sqrt{1-(\sin^2\alpha_x + \sin^2\alpha_y)} \quad (6.35)$$

由于滑坡前缘变粒岩层层面是一种软弱结构面,力学强度低,在双层滑体的剩余下滑推力作用下会产生剪切滑动或层面脱开,因此,在分析多层板岩体的反翘弯曲变形时,还须考虑岩体在荷载作用下层间滑动的条件[125,148,149]。

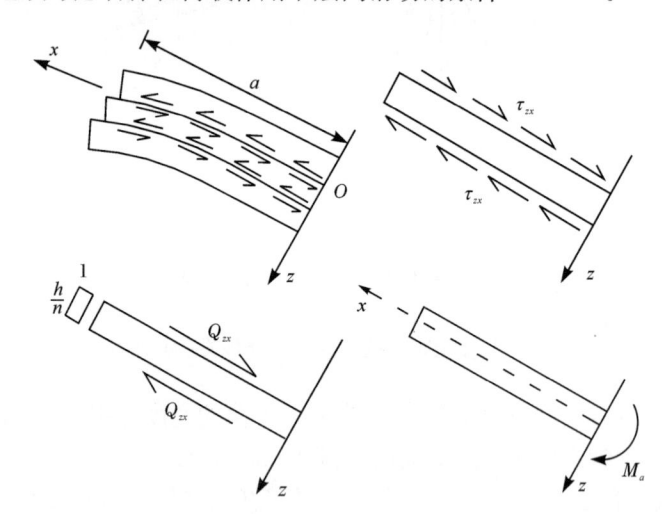

图 6.8 多层板上、下表面剪切力简化图

当多层板层间滑动时,每一层板的变形,既有各自的独立性,又受到相邻板的制约。如图 6.8 所示,单层板上下表面作用的剪切力 τ_{zx} 是板在反翘弯曲变形过程中被动产生的,它们起着阻碍板间的相对滑动作用。可将 τ_{zx} 折算成抗剪阻力 Q_{zx},再将 Q_{zx} 折算成"反力偶"弯矩 M_{ai},即

$$M_{ai} = \frac{h}{n}Q_{zx} = \frac{ah}{n}\tau_{zx} = \frac{ah}{n}(\sigma_{zi}\tan\varphi_b + c_b) \quad (6.36)$$

式中,c_b、φ_b 分别为层面有效内聚力和有效内摩擦角;σ_{zi} 为垂直于岩层层面的正应力,与多层板的上覆应力 q_{uz} 及单层板的位置所决定的体力 Z 有关。对于多层板的第 i 层板,近似有

$$\sigma_{zi} = q_i = q_u \cos k_0 + (i-1)\gamma \frac{h}{n}\sqrt{1-(\sin^2\alpha_x + \sin^2\alpha_y)} \quad (6.37)$$

当多层板发生滑动时,作用在多层板上的双层滑体剩余下滑力 q_u 沿着板平面的剪切力 q_{ux}、q_{uy} 仅对最上一层岩板的变形发生作用,对多层板的其他 $n-1$ 层岩

板变形基本无影响。综合以上分析,可将多层板结构的中间薄板的变形边界条件(图6.9)概括为

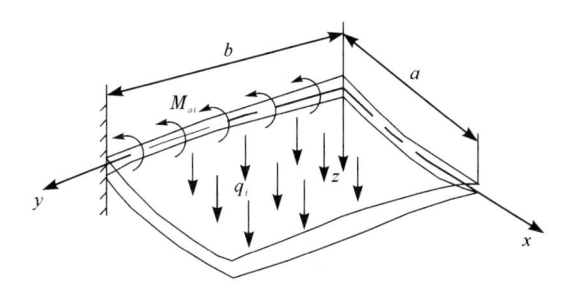

图 6.9　第 i 层薄板上的荷载及边界条件示意图

$$\begin{cases} (\omega)_{x=0} = 0, \quad \left(\dfrac{\partial \omega}{\partial x}\right)_{x=0} = 0 \\ (M_x)_{x=a} = -D\left(\dfrac{\partial^2 \omega}{\partial x^2} + \mu \dfrac{\partial^2 \omega}{\partial y^2}\right)_{x=a} = 0 \\ (V_x)_{x=a} = -D\left[\dfrac{\partial^3 \omega}{\partial x^3} + (2-\mu)\dfrac{\partial^3 \omega}{\partial x \partial y^2}\right]_{x=a} = 0 \\ (M_y)_{y=0} = -D\left(\dfrac{\partial^2 \omega}{\partial y^2} + \mu \dfrac{\partial^2 \omega}{\partial x^2}\right)_{y=0} = 0 \\ (M_y)_{y=b} = -D\left(\dfrac{\partial^2 \omega}{\partial y^2} + \mu \dfrac{\partial^2 \omega}{\partial x^2}\right)_{y=b} = 0 \\ (V_y)_{y=0} = -D\left[\dfrac{\partial^3 \omega}{\partial y^3} + (2-\mu)\dfrac{\partial^3 \omega}{\partial x \partial y^2}\right]_{y=0} = 0 \\ (V_y)_{y=b} = -D\left[\dfrac{\partial^3 \omega}{\partial y^3} + (2-\mu)\dfrac{\partial^3 \omega}{\partial x \partial y^2}\right]_{y=b} = 0 \\ R = -2D(1-\mu)\left(\dfrac{\partial^2 \omega}{\partial x \partial y}\right)_{x=a, y=0} = 0 \\ R = -2D(1-\mu)\left(\dfrac{\partial^2 \omega}{\partial x \partial y}\right)_{x=a, y=b} = 0 \end{cases} \quad (6.38)$$

且有横向荷载 q_i 作用。

式(6.38)中,$\omega = \omega(x,y)$ 为薄板沿 z 轴方向的挠度;μ 为泊松比;V_x、V_y 分别为板边界上的横向荷载,R 为自由角点 $(a,0)$、(a,b) 上的集中力;D 为薄板的弯曲刚度,对于多层板变形时,层间发生剪切错动且厚度为 h/n 的单层板而言,弯曲刚度为

$$D = \dfrac{Eh^3}{12(1-\mu^2)n^2} \quad (6.39)$$

6.3.4　多层板荷载-挠度方程

如图 6.9 所示,矩形薄板沿 $x=0$ 边固定,受到横向均布荷载 q_i、固定边弯矩 M_{ai} 作用,设挠曲函数为分离变量的形式,即令

$$\omega(x,y) = X(x)Y(y) \tag{6.40}$$

一般来讲,选取函数 $X(x)$ 的形式为梁函数或者类梁函数,这里选取挠曲函数为余弦函数形式[150],即

$$X(x) = 1 - \cos\frac{\pi x}{2a} \tag{6.41}$$

$$\begin{cases} X(x) = \dfrac{\mathrm{d}X(x)}{\mathrm{d}x} = 0, & x = 0 \\ \dfrac{\mathrm{d}^2 X(x)}{\mathrm{d}x^2} = 0, & x = a \end{cases} \tag{6.42}$$

选取函数 $Y(y)$ 的形式时,注意到受横向均布荷载及固端弯矩作用的悬臂板的自由端,其挠度对纵向坐标的二阶导数为 0,对于图 6.9 中的板的自由边 $y=0$,$y=b$,也和悬臂梁的自由端相类似,有 $\dfrac{\mathrm{d}^2 Y}{\mathrm{d}y^2}=0$;因而,选取函数 $Y(y)$ 为多项式函数[151]

$$Y(y) = C_1 + C_2\left(\frac{y}{b} - \frac{2y^3}{b^3} + \frac{y^4}{b^4}\right) \tag{6.43}$$

式中,C_1、C_2 为待定系数。

于是,对于图 6.9 所示的薄板的受力问题,选取挠度函数为

$$\omega(x,y) = X(x)Y(y) = \left[C_1 + C_2\left(\frac{y}{b} - \frac{2y^3}{b^3} + \frac{y^4}{b^4}\right)\right]\left(1 - \cos\frac{\pi x}{2a}\right) \tag{6.44}$$

式(6.44)中的待定系数 C_1 及 C_2 可用 Rayleigh-Ritz 能量变分法确定。可见,式(6.44)所示的板的挠度函数满足板的固定边转角与挠度等于 0 的位移边界条件,满足自由边弯矩等于 0 和分布剪力等于 0 的内力边界条件,完全符合 Rayleigh-Ritz 法的基本条件[147]。

当图 6.9 所示的弹性系统处于稳定平衡状态时,其总势能可以表示为

$$\Pi = U + V_1 + V_2 \tag{6.45}$$

式中,U 为薄板的弯曲形变势能,当薄板小挠度弯曲时,有

$$U = \frac{1}{2}\iint D\left\{(\nabla^2\omega)^2 - 2(1-\mu)\left[\frac{\partial^2\omega}{\partial x^2}\frac{\partial^2\omega}{\partial y^2} - \left(\frac{\partial^2\omega}{\partial x\partial y}\right)^2\right]\right\}\mathrm{d}x\mathrm{d}y \tag{6.46}$$

将式(6.46)变换为

$$U = \frac{D}{2}\int_0^a\int_0^b\left[\frac{\partial^2\omega}{\partial x^2} + \frac{\partial^2\omega}{\partial y^2} + 2\mu\frac{\partial^2\omega}{\partial x^2}\frac{\partial^2\omega}{\partial y^2} + 2(1-\mu)\left(\frac{\partial^2\omega}{\partial x\partial y}\right)^2\right]\mathrm{d}x\mathrm{d}y \tag{6.47}$$

V_1、V_2 分别为板的横向荷载 q_i、板固定边弯矩 M_{ai} 等外荷载的势能,有

第6章 双(多)层反翘型滑坡力学机理与稳定性判据分析

$$V_1 = -\int_0^a \int_0^b q_i \omega(x,y) \mathrm{d}x \mathrm{d}y \qquad (6.48)$$

$$V_2 = -\int_0^b M_{ai} \left(\frac{\partial \omega}{\partial x}\right)_{x=0} \mathrm{d}y \qquad (6.49)$$

对挠度函数 $\omega(x,y)$ 求导,并代入式(6.47)进行积分,为便于表达,将系统弯曲形变势能式(6.47)分为四项。

第一项为

$$\int_0^a \int_0^b \frac{\partial^2 \omega}{\partial x^2} \mathrm{d}x \mathrm{d}y = \int_0^a \int_0^b C_2^2 \left(-\frac{12y}{b^3} + \frac{12y^2}{b^4}\right)^2 \left(1 - \cos\frac{\pi x}{2a}\right)^2 \mathrm{d}x \mathrm{d}y$$

$$= C_2^2 \int_0^b \left(\frac{144y^2}{b^6} - \frac{288y^3}{b^7} + \frac{144y^4}{b^8}\right) \mathrm{d}y \int_0^a \left(1 - \cos\frac{\pi x}{2a} + \cos^2\frac{\pi x}{2a}\right) \mathrm{d}x$$

$$= 1.08845 C_2^2 \frac{a}{b^3} \qquad (6.50)$$

第二项为

$$\int_0^a \int_0^b \frac{\partial^2 \omega}{\partial y^2} \mathrm{d}x \mathrm{d}y = \int_0^a \int_0^b \left[C_1 + C_2\left(\frac{y}{b} - \frac{2y^3}{b^3} + \frac{y^4}{b^4}\right)\right]^2 \left(\frac{\pi^2}{4a^2}\cos\frac{\pi x}{2a}\right)^2 \mathrm{d}x \mathrm{d}y$$

$$= 3.04403 \frac{b}{a^3}(C_1^2 + 0.4C_1C_2 + 0.04921 C_2^2) \qquad (6.51)$$

第三项为

$$\int_0^a \int_0^b 2\mu \left(\frac{\partial^2 \omega}{\partial x^2} \frac{\partial^2 \omega}{\partial y^2}\right) \mathrm{d}x \mathrm{d}y$$

$$= 2\mu \int_0^a \int_0^b \left[C_2\left(-\frac{12y}{b^3} + \frac{12y^2}{b^4}\right)\left(1 - \cos\frac{\pi x}{2a}\right)\right]$$

$$\cdot \left[C_1 + C_2\left(\frac{y}{b} - \frac{2y^3}{b^3} + \frac{y^4}{b^4}\right)\left(\frac{\pi^2}{4a^2}\cos\frac{\pi x}{2a}\right)\right] \mathrm{d}x \mathrm{d}y$$

$$= \frac{\mu}{ab}(-1.34839 C_1 C_2 - 0.32747 C_2^2) \qquad (6.52)$$

第四项为

$$\int_0^a \int_0^b 2(1-\mu)\left(\frac{\partial^2 \omega}{\partial x \partial y}\right)^2 \mathrm{d}x \mathrm{d}y$$

$$= \int_0^a \int_0^b 2(1-\mu)\left[\frac{\pi}{2a} C_2 \left(\frac{1}{b} - \frac{6y^2}{b^3} + \frac{4y^3}{b^4}\right)\sin\frac{\pi x}{2a}\right]^2 \mathrm{d}x \mathrm{d}y$$

$$= 1.19845(1-\mu)\frac{1}{ab}C_2^2 \qquad (6.53)$$

故薄板的弯曲形变势能为

$$U = \frac{D}{2}\Big[1.08845 C_2^2 \frac{a}{b^3} + 3.04403 \frac{b}{a^3}(C_1^2 + 0.4C_1C_2 + 0.04921 C_2^2)$$

$$- \frac{\mu}{ab}(1.34839 C_1 C_2 + 0.32747 C_2^2) + 1.19845(1-\mu)\frac{1}{ab}C_2^2\Big] \qquad (6.54)$$

再将式(6.44)代入式(6.48)、式(6.49)得到外荷载的势能为

$$V_1 = -\int_0^a \int_0^b q_i \omega(x,y) \mathrm{d}x\mathrm{d}y$$

$$= -q_i \int_0^a \int_0^b \left[C_1 + C_2 \left(\frac{y}{b} - \frac{2y^3}{b^3} + \frac{y^4}{b^4} \right) \right] \left(1 - \cos \frac{\pi x}{2a} \right) \mathrm{d}x\mathrm{d}y$$

$$= -abq_i(0.36338C_1 + 0.07268C_2) \tag{6.55}$$

$$V_2 = -\int_0^b M_{ai} \left(\frac{\partial \omega}{\partial x} \right)_{x=0} \mathrm{d}y = 0 \tag{6.56}$$

最后,将式(6.54)~式(6.56)代入式(6.45),得到系统的总势能 Π。

$$\Pi = U + V_1 + V_2$$

$$= \frac{D}{2} \left[1.08845 C_2^2 \frac{a}{b^3} + 3.04403 \frac{b}{a^3} (C_1^2 + 0.4 C_1 C_2 + 0.04921 C_2^2) \right.$$

$$\left. + 1.19845(1-\mu) \frac{1}{ab} C_2^2 - \frac{\mu}{ab} (1.34839 C_1 C_2 + 0.32747 C_2^2) \right]$$

$$- abq_i(0.36338 C_1 + 0.07268 C_2) \tag{6.57}$$

根据 Rayleigh-Ritz 能量变分原理

$$\frac{\partial \Pi}{\partial C_1} = 0, \quad \frac{\partial \Pi}{\partial C_2} = 0 \tag{6.58}$$

得到挠曲函数 $\omega(x,y)$ 中的待定系数:

$$C_1 = \left(-0.2 + 0.22148 \mu \frac{a^2}{b} \right) C_2 + 0.11938 \frac{a^4 q_i}{D} \tag{6.59}$$

$$C_2 = \frac{0.16093 \frac{a^3}{b} \frac{\mu}{D} q_i}{2.1769 \frac{a}{b^3} + 0.05607 \frac{b}{a^3} - 0.1156 \frac{\mu}{ab} - 0.29865 \frac{a}{b^3} \mu^2 + 0.5993(1-\mu) \frac{1}{ab}} \tag{6.60}$$

于是,式(6.44)、式(6.59)、式(6.60)便构成了悬臂矩形薄板受横向均布荷载及固端弯矩作用时的挠曲变形函数,板的挠度函数式(6.44)可写为

$$\omega(x,y)$$

$$= 0.11938 \frac{a^4 q_i}{D} \left(1 - \cos \frac{\pi x}{2a} \right)$$

$$+ \frac{0.16093 \frac{a^3}{b} \frac{\mu}{D} q_i \left(1 - \cos \frac{\pi x}{2a} \right) \left(-0.2 + 0.22148 \mu \frac{a^2}{b} + \frac{y}{b} - \frac{2y^3}{b^3} + \frac{y^4}{b^4} \right)}{2.1769 \frac{a}{b^3} + 0.05607 \frac{b}{a^3} - 0.1156 \frac{\mu}{ab} - 0.29865 \frac{a}{b^3} \mu^2 + 0.5993(1-\mu) \frac{1}{ab}}$$

$$\tag{6.61}$$

式(6.61)即为图6.9所示的薄板的挠度函数,亦即滑坡前缘陡倾顺层变粒岩层的反翘弯曲位移方程。

考虑其特例为正方形薄板的情况 $a=b$，取泊松比 $\mu=0.3$，则待定系数分别为

$$C_1 = 0.11713\frac{a^4 q_i}{D}, \quad C_2 = 0.01863\frac{a^4 q_i}{D} \tag{6.62}$$

$$\omega(x,y) = \left[0.11713\frac{a^4 q_i}{D} + 0.01863\frac{a^4 q_i}{D}\left(\frac{y}{b} - \frac{2y^3}{b^3} + \frac{y^4}{b^4}\right)\right]\left(1 - \cos\frac{\pi x}{2a}\right) \tag{6.63}$$

由式(6.63)计算 $\omega(\frac{a}{2},a)$ 及 $\omega(0,a)$ 的挠度，并与有关文献计算结果对比见表6.1。

表6.1 均布荷载及固端弯矩作用下 $x=a$ 自由边的挠度

$\omega(x,y)$	$\omega\left(\frac{a}{2},a\right)$	$\omega(0,a)$
式(6.44)的解	$0.123\frac{a^4 q_i}{D}$	$0.1171\frac{a^4 q_i}{D}$
准确解(张福范)[152]	$0.131\frac{a^4 q_i}{D}$	$0.1293\frac{a^4 q_i}{D}$
文献[153]	$0.1191\frac{a^4 q_i}{D}$	$0.1197\frac{a^4 q_i}{D}$

通过表6.1可以看出，本书选取多项式及三角函数作为板的挠曲函数，在 x 方向采用一次谐波展开，对于在横向均布荷载及固定端弯矩作用下的悬臂板的受力及挠曲变形情况，基本能够满足工程上的要求。图6.10为由式(6.61)求出的薄板自由边 $y=b$ 的挠度曲线。可见薄板自由边 $y=b$ 的挠度变化与滑坡前缘陡倾顺层结构变粒岩层从坡外向坡里的变形趋势相一致。同理，薄板自由边 $y=0$ 的挠度变化也与坡体前缘层状结构变粒岩层的变形趋势相吻合，说明用上述多层板的力学模型概化滑坡前缘陡倾顺层结构变粒岩层的挠曲变形是可行的。

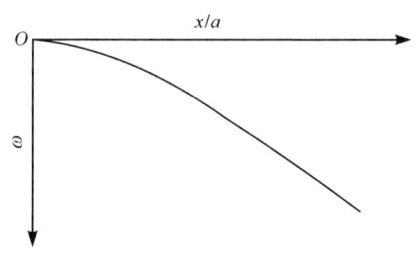

图6.10 自由边 $y=b$ 的挠度变化曲线

6.3.5 多层板的屈服与临界荷载

对于概化的滑坡前缘陡倾顺层结构变粒岩层的多层矩形板，板的屈服是指板的破坏，板的临界荷载是指多层板临近破坏时的极限承载能力。求解临界荷载主要有结构的塑性极限分析法和能量法。当主要承受横向荷载的板临近破坏时，在

最大正弯矩和最大负弯矩处将会产生屈服线。由于沿着屈服线的横向挠度最大，板块将像刚体一样发生转动，其情况和塑性铰之间的梁体一样，当确定了板的破坏形状，其临界荷载可通过板结构的塑性极限分析求得[129,154,155]。应用弹性薄板理论的能量法求解板结构的临界荷载，可以通过这样的条件求得：薄板从平面状态进入临近的弯曲状态时，纵向荷载在薄板的弯曲过程中所做的功 W 等于弯曲形变势能 U 的增加，即 $U=W$ [147]。

下面通过弹性薄板结构的塑性极限分析方法求解多层板结构的临界荷载。

假设板的屈服线已经形成，但只是临近于完全破坏的状态。因此，外力和内部的极限弯矩仍然是处于平衡状态。给予这一平衡状态以无限小的扰动，基于虚功方程，外力所做的功 W_e 等于内力所做的功 W_i，即

$$W_e = W_i \tag{6.64}$$

亦即

$$\sum_{i=1}^{n} \iint_{A_n} p_{cri}\omega(x,y)\mathrm{d}A_n = \sum_{j=1}^{n} \overline{\theta}_j \overline{M}_{uj} l_j \tag{6.65}$$

式中，n 表示屈服线图形所分成的板块数目；A_n 为板块的面积；p_{cri} 为待求的临界荷载；$\omega(x,y)$ 为虚位移；$\overline{\theta}_j$ 为板块 j 的法向转角；而 $\overline{M}_{uj}$ 代表极限弯矩（单位长度）在每个刚体部分的旋转轴上投影的分量；l_j 为总的投影长度。

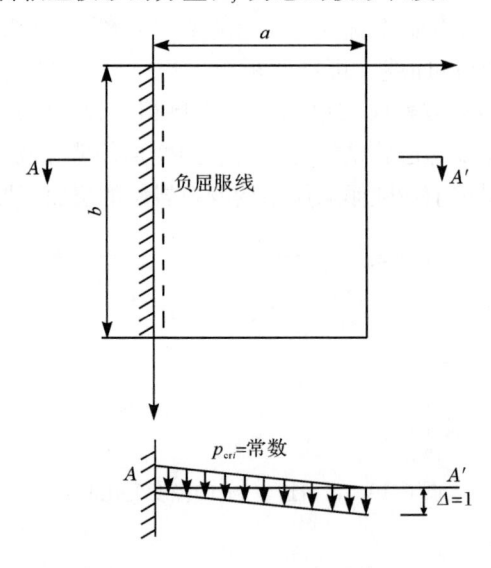

图 6.11 矩形薄板的破坏机构

对于图 6.11 所示的破坏机构，假定最大的虚位移为 $\Delta(\Delta=1)$，外力所做的功为

$$W_e = p_{cri} \sum_{i=1}^{n} V_{in} = p_{cri} ab \frac{\Delta}{2} \tag{6.66}$$

式中,V_{in}代表由各个板块的虚位移所产生的楔块和棱锥体的体积。

板块的法向转角为

$$\overline{\theta_j} = \frac{\Delta}{a} \tag{6.67}$$

因此,内力所做的功W_i为

$$W_i = (M_u + M_a) \frac{\Delta}{a} b \tag{6.68}$$

式中,M_u为板块单位长度的塑性极限弯矩;$M_u + M_a$为固定边$x=0$上单位长度的塑性极限弯矩。这里增加的板在反翘弯曲变形过程中被动产生的由剪切力τ_{zx}折算成抗剪阻力Q_{zx}后形成的"反力偶"弯矩M_{ai}项,是因为"反力偶"弯矩M_{ai}在板反翘弯曲破坏过程中,有阻止板块发生转动的作用,相当于增加了内力所做的功。

将式(6.67)和式(6.68)代入式(6.66)可得

$$p_{cri} ab \frac{\Delta}{2} = (M_u + M_{ai}) \frac{\Delta}{a} b \tag{6.69}$$

从而求得临界荷载p_{cri}为

$$p_{cri} = \frac{2(M_u + M_{ai})}{a^2} \tag{6.70}$$

对于厚度为h/n的弹性薄板,单位长度的塑性极限弯矩为

$$M_u = \frac{h^2}{4n^2} \sigma_y \tag{6.71}$$

式中,σ_y为材料的屈服强度。在岩层板反翘弯曲破坏时,岩石材料的抗压弹性模量和抗拉弹性模量之间,有明显的差异性。考虑到岩石材料的低抗拉特性,将陡倾顺层结构变粒岩层薄板的塑性极限弯矩表示为

$$M_u = \frac{h^2}{2n^2} \frac{\sigma_c \sigma_t}{\sigma_c + \sigma_t} \tag{6.72}$$

式中,σ_c、σ_t分别为组成薄板岩石的抗压强度和抗拉强度,亦即滑坡前缘陡倾顺层结构变粒岩层的抗压强度和抗拉强度。

因此,结合式(6.32)~式(6.34)、式(6.37)、式(6.38)和式(6.72),临界荷载p_{cri}表达式可表示为

$$p_{cri} = \frac{1}{a^2} \left\{ \frac{h^2}{n^2} \frac{\sigma_c \sigma_t}{\sigma_c + \sigma_t} + \frac{2ah}{n} \left\{ \left[q_u \sqrt{1-(\cos^2 i_0 + \cos^2 j_0)} \right. \right. \right.$$
$$\left. \left. \left. + (i-1) \frac{h}{n} \gamma \sqrt{1-(\sin^2 \alpha_x + \sin^2 \alpha_y)} \right] \tan\varphi_b + c_b \right\} \right\} \tag{6.73}$$

从第i层岩层板的临界荷载p_{cri}的表达式可以看出,滑坡前缘陡倾顺层结构变粒岩层的临界破坏荷载从双层滑体与变粒岩层的分界面向坡脚逐渐增大。

第 1 层岩层板的临界荷载 p_{cr1} 最小,即在双层滑体剩余下滑推力及上覆岩土体自重体积力的作用下首先产生反翘弯曲变形,当其荷载达到岩层的临界荷载时,岩层板发生弯曲折断破坏;随后,作用于第 1 层岩层板的剩余下滑推力、第 1 层岩层板及其上覆岩土体的自重体积力沿滑动方向的分力传递到第 2 层岩层板,由于受降雨入渗等外部因素的影响,发育于滑坡中上部变质辉绿岩地层中的双层滑体重度增大,下滑力增大,双层滑体产生蠕动变形,滑动面的抗剪强度降低,剩余下滑推力增大,从而使第 2 层岩层板在上述荷载作用下逐渐产生更大的反翘弯曲变形,当荷载达到其临界荷载 p_{cr2} 时,第 2 层岩层板发生弯曲折断破坏;随着这种岩层板的反翘弯曲变形破坏过程的不断重复,第 i 层岩层板发生类似的反翘弯曲累积变形,直至其荷载达到临界荷载 p_{cri},第 i 层岩层板产生弯曲折断破坏;上述岩层板的反翘弯曲变形破坏过程是不断累积并从分界面处向坡脚渐进发展的,滑动面也逐渐由双层滑体的分界面向坡脚渐进扩展,直至滑动面完全贯通。

滑动面贯通后并不一定立即发生整体的滑坡破坏,滑坡的整体启动破坏与降雨入渗、施工开挖扰动、滑动面抗剪强度参数的降低等因素有关。根据滑坡体内孔隙水压力的监测结果,雨季时滑体中孔隙水压力明显升高,旱季时明显减低;孔隙水压力与滑坡体位移具有显著的相关性,孔隙水压力较高的时期,滑坡体的剩余下滑推力较大,双层滑体位移及前缘反翘变形也较大,反之较小。可见滑坡体中地下水是影响滑坡稳定性的重要因素,而该处降雨入渗是滑坡体地下水补给的唯一来源,因而该滑坡剩余下滑推力随着季节的不同而呈现周期性的变化特征。这种随季节周期性变化的剩余下滑推力导致了滑坡前缘变粒岩层反翘弯曲变形的不断累积及拉裂折断破坏的渐进性发展,并最终决定了滑动面贯通后滑坡体的整体稳定性。滑动面贯通以后,在旱季时,如果剩余下滑推力小于 0,滑坡处于暂时稳定状态;如果在雨季时遭遇强降水、施工开挖或者遇到地震等不利因素,使得滑动面抗剪强度降低,可能出现剩余下滑推力大于 0 的情况,此时滑坡发生整体的滑动失稳破坏。

6.3.6 滑坡启动、停止滑动面抗剪强度阈值的确定

根据对"双层蠕滑—反翘变形—弯曲折断—坡体滑移"的渐进变形破坏机理和过程的分析可知,滑坡前缘陡倾顺层结构变粒岩层中滑动面贯通后并不一定立即发生整体的滑坡启动破坏,滑坡的整体启动破坏与降雨入渗、施工开挖扰动、地震等因素引起的滑动面抗剪强度参数的降低和滑动面的渐进扩展情况有关。本节讨论在滑坡前缘变粒岩层中滑动面贯通的情况下,根据求出的双层滑体的临界剩余下滑推力,参照"折线推力传递系数法"[8]反求滑坡整体启动、发生滑动破坏时双层滑体滑动面的抗剪强度阈值 c_{cr}、φ_{cr},从而对双层反翘型滑坡的稳定性进行

评价、预测。图 6.12 为"折线推力传递系数法"滑坡力系示意图。

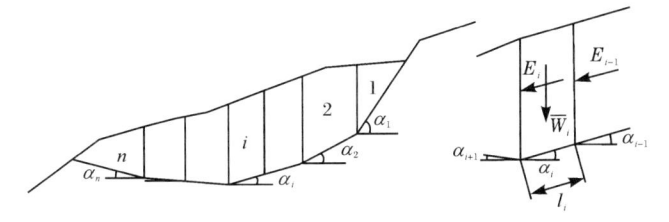

图 6.12 "折线推力传递系数法"滑坡力系示意图

第 1 块对第 2 块的推力 E_1 为
$$E_1 = K\overline{W}_1\sin\alpha_1 - \overline{W}_1\cos\alpha_1\tan\varphi_1 - c_1l_1 \tag{6.74}$$

第 2 块对第 3 块的推力 E_2 为
$$\begin{aligned}E_2 = &E_1[\cos(\alpha_1-\alpha_2) - \sin(\alpha_1-\alpha_2)\tan\varphi_2] \\ &+ [K\overline{W}_2\sin\alpha_2 - \overline{W}_2\cos\alpha_2\tan\varphi_2 - c_2l_2]\end{aligned} \tag{6.75}$$

第 n 块对第 $n+1$ 块的推力 E_n 为
$$\begin{aligned}E_n = &E_{n-1}[\cos(\alpha_{n-1}-\alpha_n) - \sin(\alpha_{n-1}-\alpha_n)\tan\varphi_n] \\ &+ [K\overline{W}_n\sin\alpha_n - \overline{W}_n\cos\alpha_n\tan\varphi_n - c_nl_n]\end{aligned} \tag{6.76}$$

式中，α_i 为 E_i 方向的倾角；K 为该滑坡各滑块设计安全系数；假定滑坡中上部双层滑体滑动面抗剪强度参数 c_i、φ_i 为均一值 c、φ，从而有

$$\varphi = \arctan\left[\frac{E_n - K\overline{W}_n\sin\alpha_n + cl_n}{E_{n-1}\cos(\alpha_{n-1}-\alpha_n) - \sin(\alpha_{n-1}-\alpha_n) - \overline{W}_n\cos\alpha_n}\right] \tag{6.77}$$

$q_u = \dfrac{E_n}{l_1}$，l_1 为双层滑体与变粒岩层分界面处岩层梁板的悬臂长度

根据式(6.73)可知，第 n 层板的临界荷载 p_{crn} 表达式为

$$\begin{aligned}p_{crn} = \frac{1}{a^2}\bigg\{&\frac{h^2}{n^2}\frac{\sigma_c\sigma_t}{\sigma_c+\sigma_t} + \frac{2ah}{n}\bigg\{\bigg[q_u\sqrt{1-(\cos^2 i_0 + \cos^2 j_0)} \\ &+ (n-1)\frac{h}{n}\gamma\sqrt{1-(\sin^2\alpha_x + \sin^2\alpha_y)}\bigg]\tan\varphi_b + c_b\bigg\}\bigg\}\end{aligned} \tag{6.78}$$

当作用在第 n 层板的荷载达到其临界荷载 p_{crn} 时，第 n 层板发生屈服破坏，此时变粒岩层中的滑动面贯通，根据第 n 层板的临界荷载 p_{crn} 变换得双层滑体的临界剩余下滑推力 q_u 为

$$q_u = \frac{p_{crn}a^2 - \dfrac{h^2}{n^2}\dfrac{\sigma_c\sigma_t}{\sigma_c+\sigma_t} - \dfrac{2a(n-1)h^2}{n^2}\gamma\sqrt{1-(\sin^2\alpha_x+\sin^2\alpha_y)} - c_b\dfrac{2ah}{n}}{\dfrac{2ah}{n}\tan\varphi_b\sqrt{1-(\cos^2 i_0 + \cos^2 j_0)}}$$

$$\tag{6.79}$$

由经验可大概确定滑动面抗剪强度参数 c_{cr} 的取值范围，然后根据滑坡所处的

稳定状态采用不同的设计安全系数 K，从而得出 φ_{cr} 的表达式

$$\varphi_{cr} = \arctan\left[\frac{q_u l_1 - K\overline{W}_n \sin\alpha_n + c l_n}{E_{n-1}\cos(\alpha_{n-1} - \alpha_n) - \sin(\alpha_{n-1} - \alpha_n) - \overline{W}_n \cos\alpha_n}\right] \quad (6.80)$$

这样便得出一系列相对应的参数（c_{cri}、φ_{cri}、K_i），根据参数敏感性分析及稳定性计算工况和滑坡稳定性发展的阶段综合选取滑动面的抗剪强度参数 c_{cr}、φ_{cr}。

当 $\varphi > \varphi_{cr}$ 时，滑坡处于稳定状态；

当 $\varphi < \varphi_{cr}$ 时，滑坡将发生启程滑动。

6.3.7 滑坡稳定性判据

当滑坡前缘变粒岩层第 i 层板单位面积内的横向荷载 q_i 达到该板的临界荷载 p_{cri} 时，该变粒岩层板将成为塑性结构，导致滑坡前缘陡倾顺层结构的变粒岩层板锁固段的拉裂破坏，即有稳定性准则

$$q_i = p_{cri} \quad (6.81)$$

取滑坡稳定性系数表达式为

$$S_i = \frac{q_i}{p_{cri}} \quad (6.82)$$

则当 $S_i < 1$，亦即 $q_i < p_{cri}$ 时，第 i 层板处于稳定状态；当 $S_i \geqslant 1$，即 $q_i \geqslant p_{cri}$ 时，第 i 层板处于临界失稳或失稳状态。

在滑动面贯通的情况下，当滑坡前缘变粒岩层第 n 层板单位面积内的横向荷载 q_n 达到该板的临界荷载 p_{crn} 时，该变粒岩层板处于临界失稳状态，当 $S_n \geqslant 1$，即 $q_n \geqslant p_{crn}$ 时，滑坡产生滑动失稳。

由式（6.35）、式（6.36）、式（6.70）、式（6.72）和式（6.82）可见，当滑坡体几何参数 α、β、h、n 及岩体力学参数 γ 等保持不变时，滑坡稳定系数 S 与双层滑体滑动面的内聚力 c、内摩擦角 φ、滑坡前缘陡倾顺层结构变粒岩层面的有效内聚力 c_b、有效内摩擦角 φ_b、滑坡前缘变粒岩层抗压强度 σ_c 和抗拉强度 σ_t 等值有关。即双层滑体滑动面的内聚力 c、内摩擦角 φ 值越大，作用于滑坡前缘变粒岩层的剩余下滑力 q_u 越小，亦即作用于变粒岩层板单位面积内的横向荷载 q_i 越小，滑坡稳定系数 S 也越小，滑坡越稳定。变粒岩层面的有效内聚力 c_b、有效内摩擦角 φ_b 越大，临界荷载 p_{cri} 值越大；σ_c/σ_t 值越小，变粒岩层的塑性极限弯矩 M_u 值越大，则临界荷载 p_{cri} 值越大，则滑坡稳定系数 S 越小，滑坡越稳定。

在滑坡稳定性判据中，对于概化的多层矩形板薄板结构的中间薄板更为关注的是它变形到一定阶段时直接破坏的极限荷载。因此，其判据分析是通过寻求结构丧失承载能力的极限状态，采用刚性理想塑性模型确定极限荷载，以强度为着眼点，提供了滑坡的稳定性准则。在滑坡的稳定性判据分析中，考虑了层状变粒岩层在荷载作用下产生层间滑动或层面脱开的条件及岩层破坏时岩石抗压、抗拉强度的差异特

性,给出了薄板塑性极限弯矩的表达式,其结果更符合岩层的实际情况。

根据对叠合梁、多层薄板渐进破坏力学模型的分析,可以看出,采用叠合梁渐进破坏力学模型进行边坡滑动面埋置深度的判定是比较合理的。当层状岩层沿边坡走向延伸长度不大即截面相对较小,反翘程度较严重或者类似于反倾层状边坡,采用叠合梁的渐进破坏力学模型是比较合适的;当层状岩层沿边坡走向延伸较长即截面相对较大,应用多层薄板的渐进破坏力学模型是比较合理的,由于多层薄板的失稳判据是以强度为着眼点,考虑了层状变粒岩层在荷载作用下产生层间滑动或层面脱开的条件及岩层破坏时岩石抗压、抗拉强度的差异特性,因而采用多层薄板渐进破坏力学模型的失稳判据判断前缘反翘岩层的破坏更为合理。

6.4 滑坡流变力学模型

大量的滑坡实例表明,滑坡从孕育、发展到发生破坏一般要经历一段较长的演化过程,表现出明显的蠕变性质[156~159]。滑坡一般经历蠕动变形、滑动破坏和渐趋稳定三个阶段。滑坡的蠕动变形,表现在潜在主动滑段蠕动、被动滑段滑体受到挤压;滑坡坡面裂隙发育,但滑坡周界模糊不清,滑坡要素尚不完全。滑坡的蠕动变形可以形成复杂的构造,包括褶皱、断层、大量的裂隙,近地表可以出现松散的碎块石土层。在蠕滑的过程中没有突发性的滑动,没有经历远距离的运移,变形与未变形的斜坡之间是逐渐过渡的。岩体蠕变的结果是逐渐降低岩体的连续性及岩体的强度,在一定的条件下即发展为滑坡。

6.4.1 边坡演变为滑坡的特点

由于坡体地质结构、应力状态及环境条件的差异,滑坡在发生发展的过程中常表现出不同的发展速度和演化方式,因而实际的滑坡位移历时曲线与岩石材料的理想蠕变曲线总存在差异。滑坡作为岩土体的变形破坏有如下特点:

(1) 不同的坡体结构(如完整结构、层状结构、块体结构等)常具有不同的变形破坏机理,变形性能也有较大差别。一些松散堆积层滑坡在产生剧滑之前可以达到相当大的位移,其蠕变期一般较长。但基岩滑坡的容许位移量一般较小,蠕变期也较短。因此,很难用一种统一的蠕变模式描述不同坡体结构的滑坡演化规律,宜针对具体滑坡的形成机理进行研究。

(2) 应力场的不确定性对蠕变速率和蠕变进程有较大影响。边坡体的应力状态具有时空变异性。在滑坡演化过程中常伴随加载和卸荷作用,如岸坡体由于河流的侵蚀作用可引起前缘卸荷;人工开挖也可引起卸载;而地下水渗流引起的动水压力、爆破产生的振动力等则属于加载情况。如果卸载作用使得坡体的整体应力水平低于蠕变的应力下限,则蠕变不再发展;反之,若加载作用使得坡体的应力水平提高很大时,三个蠕变阶段将反映不明显,变形将近似直线状急剧发展,直至迅速破坏。总之,滑坡的蠕变曲线由于应力场的变化,不像理想蠕变曲线那样光滑规则。

(3)滑坡的边界条件(如滑坡周界和滑面的位置)是比较复杂的。多数滑坡的滑面是在蠕变过程中渐进性贯通形成的。一些大型滑坡可能存在一个主滑面和多个次滑面的情况。因此,即使是同一个滑坡不同部位的蠕变也有可能是不协调的。

总的来说,尽管滑坡的演化各具特色,但在宏观上是普遍遵循基本蠕变规律的。

6.4.2 滑坡蠕变模型的建立

由前述对韩家垭滑坡运动机理的分析可知,随着后缘拉裂缝的形成,地下水的入渗,滑坡开始其缓慢的、渐进性的变形,此过程表现出了明显的蠕滑特征。当然在其蠕变过程的不同阶段具有不同的规律,下面将针对不同阶段的蠕滑规律建立相应的能反映这一规律的流变模型,并使最终的复合流变模型能反映滑坡体在整个变形破坏过程中的蠕滑规律。

滑坡在其蠕滑的初始阶段属于衰减蠕变,这一阶段显著的变形规律为应变逐渐增大,但其应变率却逐渐减小,在较低的应力条件下,变形会趋于一定值,其后蠕变不再发展。在较高的应力条件下,经过初始的衰减蠕变后,进入应变率为常数的稳定蠕变。

考虑到这一特征,可选用 Kelvin 模型描述滑坡运动的趋势。Kelvin 模型是由弹簧(E)和黏性元件(η)并联而成的(图 6.13)。

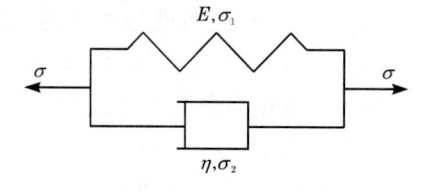

图 6.13 Kelvin 模型

其本构方程为

$$\sigma = E\varepsilon + \eta\dot{\varepsilon} \tag{6.83}$$

式中,E 为弹簧的弹性系数;η 为黏性元件的黏滞系数。

当作用初始应力 $\sigma=\sigma_0$ 时

$$\varepsilon = \frac{\sigma_0}{E}\left(1 - e^{-\frac{E}{\eta}t}\right) \tag{6.84}$$

由此可知,当 $t=0$ 时,$\varepsilon=\varepsilon_0=0$,无瞬时应变;其应变率是逐渐减小的,当 $t\to$

∞时，$\varepsilon \to \dfrac{\sigma_0}{E}$。其蠕变曲线如图 6.14 所示，可见其应变逐渐增加，应变率逐渐减小，应变最终趋于一稳定值，模型的蠕变规律与已分析的滑坡的蠕变规律是一致的，较好地反映了滑坡蠕滑的初始阶段的蠕滑规律。

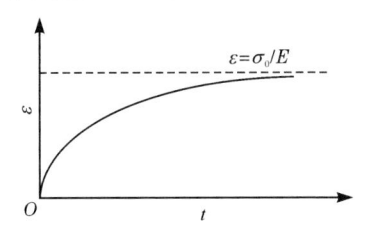

图 6.14　Kelvin 模型蠕变曲线

在较高的应力条件下，在经过初期的衰减蠕变后，岩土体进入应变速率呈定值的等速蠕变，等速蠕变阶段可用 Bingham 模型描述滑坡运动的趋势。Bingham 模型（B 体）是由一个黏性元件（η）和一付摩擦片（S）并联而成的（图 6.15）。

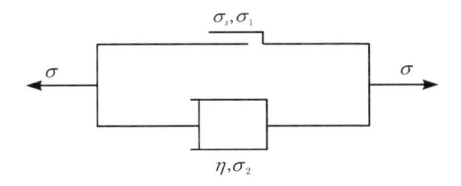

图 6.15　Bingham 模型

其本构方程为

$$\dot{\varepsilon} = \dfrac{\sigma - \sigma_s}{\eta}, \quad \sigma \geqslant \sigma_s \tag{6.85}$$

式中，σ_s 为摩擦片的屈服强度；η 为黏性元件的黏滞系数。

当作用应力 $\sigma = \sigma_0 \geqslant \sigma_s$ 时

$$\varepsilon = \dfrac{\sigma_0 - \sigma_s}{\eta} t \tag{6.86}$$

由此可知，当应力一定时，其应变和时间是线性相关的，其应变率保持不变，为常数 $\dfrac{\sigma_0 - \sigma_s}{\eta}$。其应力-应变速率关系曲线如图 6.16 所示。

在进入加速蠕变阶段后，一个显著的特征就是在这个阶段，其应变速率会逐渐增大，由稳定蠕变进入不稳定蠕变阶段。关于加速蠕变目前尚无成熟的模型，目前应用较多的西原体模型虽然能反映不稳定蠕变过程，但它描述的加速蠕变过程中应变速率是恒定的，这与真实的加速蠕变阶段的应变速率逐渐增大的规律是不相符合的。因此，为了较好地描述加速蠕变阶段的运动规律，必须对现有模型

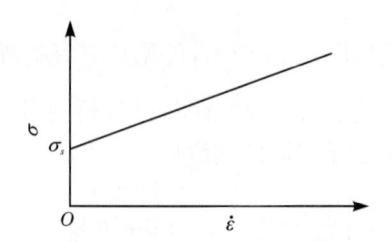

图 6.16 Bingham 模型应力-应变速率关系曲线

进行一些改进[160~163]。

根据岩石的蠕变特性,当岩石进入加速蠕变阶段时,蠕变速率随应力和时间的增加是逐渐变大的。而由理想牛顿流体的本构方程 $\sigma=\eta\dot{\varepsilon}$,当应力恒定时,其应变速率也为一定值,这显然是与真实规律不相符合的,因此理想牛顿流体不能反映岩石的流变特性。为了正确地反映应变速率和应力及时间的关系,可引入一种非线性黏滞体模型来描述这一规律。其本构方程为

$$\sigma = \frac{\eta_0}{at^2+bt+1}\dot{\varepsilon} \tag{6.87}$$

式中,η_0 为 $t=0$ 时的黏性元件的初始黏滞系数;a、b 为常数,由岩石的特性决定。将该模型和一付摩擦片(S)并联组成的组合模型来描述加速蠕变阶段的蠕变性质(图 6.17)。

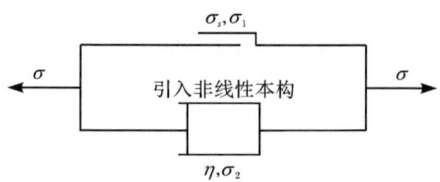

图 6.17 加速蠕变模型

由式(6.77)可得其本构方程为

$$\sigma - \sigma_s = \frac{\eta_0}{at^2+bt+1}\dot{\varepsilon} \tag{6.88}$$

式中,σ_s 为摩擦片的屈服强度;η_0 为黏性元件的初始黏滞系数。

当作用应力 $\sigma=\sigma_0 \geqslant \sigma_s$ 时,其应力-应变关系为

$$\varepsilon = \frac{\sigma_0 - \sigma_s}{\eta}\left(\frac{1}{3}at^3 + \frac{1}{2}bt^2 + ct\right), \quad \sigma \geqslant \sigma_s \tag{6.89}$$

由此可知,当应力一定时,其应变和应变率均是随时间而增加的,其蠕变曲线如图 6.18 所示。

综合上述分析,最终选定的描述滑坡体蠕变规律的复合流变模型由一个 Kelvin 体、一个 Bingham 体和一个改进后的 Bingham 体串联而成,其中 Kelvin 体模

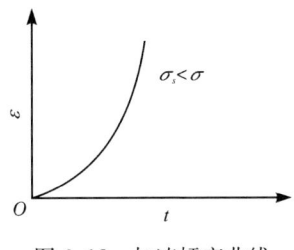

图 6.18 加速蠕变曲线

拟滑坡初始的衰减蠕变，Bingham 体模拟滑坡的等速蠕变，改进后的 Bingham 体模拟滑坡的加速蠕变。模型如图 6.19 所示。

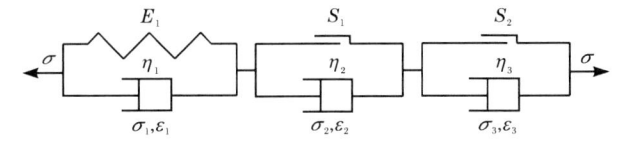

图 6.19 复合流变模型

6.4.3 复合模型的应力-应变关系

由复合模型的组合特征，其应力-应变关系为

$$\sigma = \sigma_1 = \sigma_2 = \sigma_3 \tag{6.90}$$

$$\varepsilon = \varepsilon_1 + \varepsilon_2 + \varepsilon_3 \tag{6.91}$$

式中

$$\varepsilon_1 = \frac{\sigma_1}{E}\left(1 - e^{-\frac{E}{\eta_1}t}\right) \tag{6.92}$$

$$\varepsilon_2 = \frac{\sigma_2 - \sigma_{s1}}{\eta_2}t \tag{6.93}$$

$$\varepsilon_3 = \frac{\sigma_3 - \sigma_{s2}}{\eta_3}\left(\frac{1}{3}at^3 + \frac{1}{2}bt^2 + ct\right) \tag{6.94}$$

式中，E 为弹簧 E_1 的弹性系数；η_1 为黏性元件 η_1 的黏滞系数；η_2 为黏性元件 η_2 的黏滞系数；η_3 为黏性元件 η_3 的初始黏滞系数；σ_{s1} 为塑性元件 S_1 的屈服极限；σ_{s2} 为塑性元件 S_2 的屈服极限。

由式(6.90)～式(6.94)联立可得复合模型的应力-应变关系为

$$\varepsilon = \frac{\sigma}{E}\left(1 - e^{-\frac{E}{\eta_1}t}\right) + \frac{\sigma - \sigma_{s1}}{\eta_2}t + \frac{\sigma - \sigma_{s2}}{\eta_3}\left(\frac{1}{3}at^3 + \frac{1}{2}bt^2 + ct\right) \tag{6.95}$$

当应力 σ 在不同的取值范围时，复合流变模型具有不同的本构方程和蠕变规律。

(1) $\sigma_{s2} < \sigma$ 时，模型经历衰减蠕变、等速蠕变和加速蠕变三个蠕变阶段，但三个

蠕变阶段的反映不明显。其本构方程式为式(6.95)。

(2) $\sigma_{s1} < \sigma < \sigma_{s2}$ 时，模型经历初始的衰减蠕变后即进入等速蠕变。其本构关系式变为

$$\varepsilon = \frac{\sigma}{E}\left(1 - e^{-\frac{E}{\eta_1}t}\right) + \frac{\sigma - \sigma_{s1}}{\eta_2}t \qquad (6.96)$$

(3) $\sigma \leqslant \sigma_{s1}$ 时，该模型仅有初始蠕变过程，而不再发展，其本构关系式变为

$$\varepsilon = \frac{\sigma}{E}(1 - e^{-\frac{E}{\eta_1}t}) \qquad (6.97)$$

综上分析可作出复合模型在不同应力条件下的蠕变曲线如图 6.20 所示。

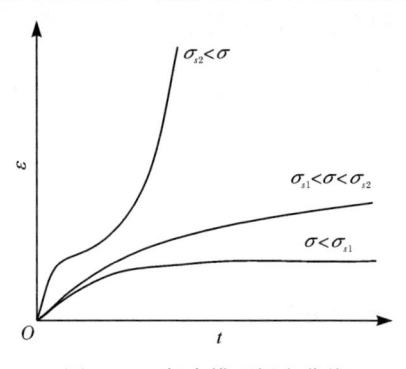

图 6.20　复合模型蠕变曲线

6.4.4　流变力学模型的试验验证

为了验证滑坡的机理分析及所建立模型的正确性，将室内地质力学模型试验结果与所建立的复合流变模型进行对比分析研究。

1. 衰减变形过程验证

验证所建立模型的正确性即验证不同状况下的模型试验在整个试验过程中所反映的位移变化规律和相应应力状态下的流变模型所描述的蠕变规律是否一致，也就是说在不同的试验状况下、试验的不同阶段所反映的位移变化规律是否符合流变模型在不同应力状态下的蠕变规律。

首先对力学模型所描述的 $\sigma \leqslant \sigma_{s1}$ 的应力状态下发生的蠕变过程进行验证，此蠕变过程反映的是较低应力状态下的衰减变形规律，即在应变增加的同时，应变率逐渐减小，最终应变率趋近于 0，变形不再发展。可见此变形过程对应于自然状态下模型试验的初始变形阶段和加固状态下模型试验的全过程。故根据这两种状况下的试验数据对力学模型进行验证。根据上述模型的蠕变方程，可将其变形方程简化为 $y(t) = a(1 - e^{-bt})$ 以确定其参数。

2. 自然状态下变形验证

根据自然状态下模型试验中所观察到的现象及初步的位移变化信息，选取试验步骤的第8～11步所记录的位移变化信息对力学模型进行验证。此阶段滑体后缘在试验的前一阶段的基础上抬高28.8mm，每一步骤之间间隔为5min。首先选取滑坡体某一部位的一个测点，对其位移数据采用最小二乘法进行拟合得出其力学模型参数，可得模拟滑坡体不同部位位移变化的模型的方程，以上下滑体前缘测点为例。

上部滑体前缘测点

$$y(t) = 6.499(1 - e^{-1.105t}) \tag{6.98}$$

下部滑体前缘测点

$$y(t) = 5.412(1 - e^{-1.167t}) \tag{6.99}$$

选取同一部位的另一测点，作出模型和两个测点位移变化的对比曲线（图6.21、图6.22）。

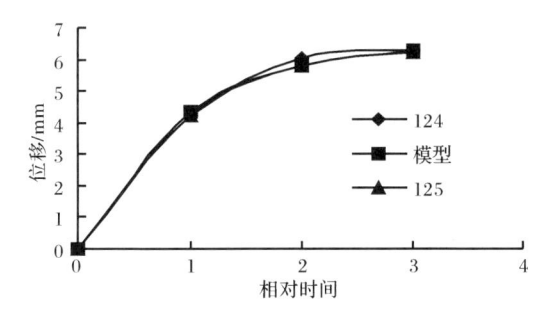

图 6.21 滑体前缘上部测点和模型位移历时曲线

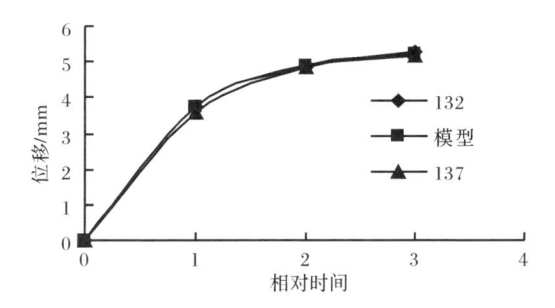

图 6.22 滑体前缘下部测点和模型位移历时曲线

测点和模型的位移数据对比见表6.2。

表 6.2　滑体前缘各部位测点和对应模型位移数据对比

相对时间	上部 测点124 位移/mm	上部 测点125 位移/mm	上部 计算值 /mm	下部 测点132 位移/mm	下部 测点137 位移/mm	下部 计算值 /mm
1	4.19	4.24	4.35	3.73	3.57	3.73
2	6.02	5.77	5.79	4.85	4.85	4.88
3	6.30	6.23	6.26	5.31	5.18	5.25

3. 加固状态下变形验证

加固后的滑坡在滑坡变形达到一定程度之后抗滑支挡物就会发生作用，阻碍了滑坡变形，导致滑坡的变形减缓直至最终停止变形。故此种状态可看作坡体的整体应力水平低于蠕变的应力下限，仅经历开始的衰减蠕变后就不再发展了，整个变形过程对应于力学模型所描述的 σ 小于等于 σ_{s1} 应力状态下发生的蠕变过程，可利用加固状态下模型试验所得的滑坡体位移变化数据来跟力学模型在 σ 小于等于 σ_{s1} 的应力状态下发生的蠕变过程进行比较验证。

首先选取滑坡体某一部位的一个测点，对其位移数据采用最小二乘法进行拟合得出其力学模型参数，可得模拟滑坡体前部位移变化的模型的方程如下：

上层滑体前部

$$y(t) = 3.53(1 - e^{-0.75t}) \tag{6.100}$$

下层滑体前部

$$y(t) = 3.051(1 - e^{-1.099t}) \tag{6.101}$$

选取同一部位的另一测点，作出模型和两个测点位移变化的对比曲线，如图 6.23 和图 6.24。

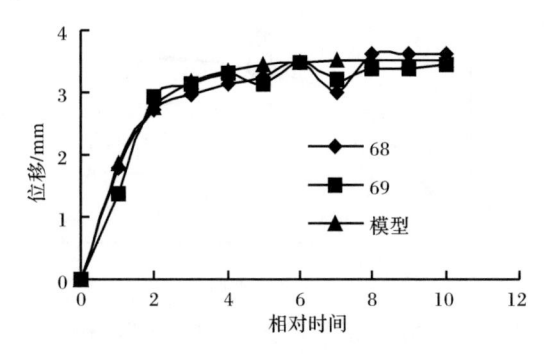

图 6.23　上层滑体前部测点和模型位移历时曲线

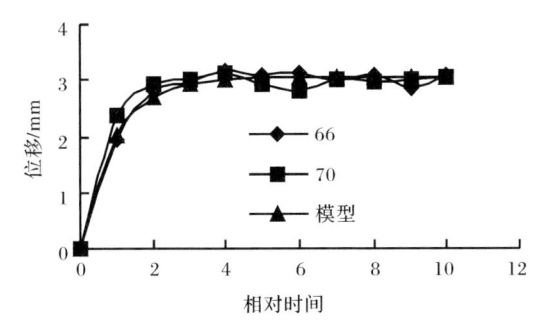

图 6.24 下层滑体前部测点和模型位移历时曲线

并给出测点和模型的位移数据对比,见表 6.3。

表 6.3 滑体前部位测点和对应模型位移数据对比

相对时间	上层滑体前部			下层滑体前部		
	测点 68 位移/mm	测点 69 位移/mm	计算值 /mm	测点 66 位移/mm	测点 70 位移/mm	计算值 /mm
1	1.80	1.37	1.86	1.95	2.37	2.03
2	2.74	2.92	2.74	2.81	2.92	2.71
3	2.95	3.15	3.16	2.98	3.00	2.94
4	3.15	3.33	3.35	3.16	3.13	3.01
5	3.24	3.13	3.45	3.11	2.94	3.04
10	3.62	3.45	3.53	3.09	3.04	3.05

6.4.5 加速变形过程验证

根据模型试验中观察到的现象及初步的位移变化信息,选取试验步骤的第 13~18 步所记录的位移变化信息对力学模型进行验证,此阶段为加速变形阶段。根据已述模型的蠕变方程,可将其变形方程简化为 $y(t)=at^3+bt^2+ct$ 以确定其参数,选取滑坡体某一部位的一个测点,对其位移数据采用最小二乘法进行拟合得出其力学模型参数,可得模拟滑坡体不同部位位移变化的模型的方程如下:

滑体前缘上部
$$y(t) = 0.657t^3 + 7.63t^2 + 12.934t \tag{6.102}$$

滑体前缘下部
$$y(t) = 0.923t^3 - 2.426t^2 + 24.578t \tag{6.103}$$

选取同一部位的另一测点,作出模型和两个测点位移变化的对比曲线,如图 6.25 和图 6.26 所示。

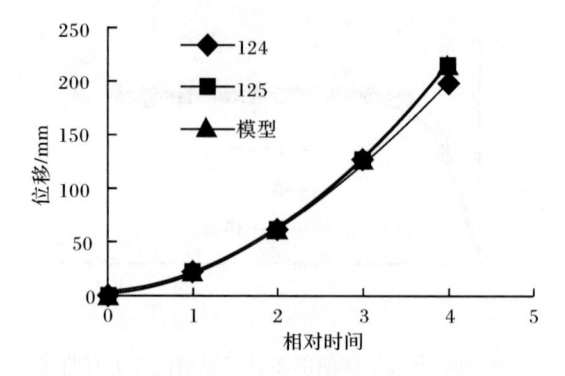

图 6.25　滑体前缘上部测点和模型位移历时曲线

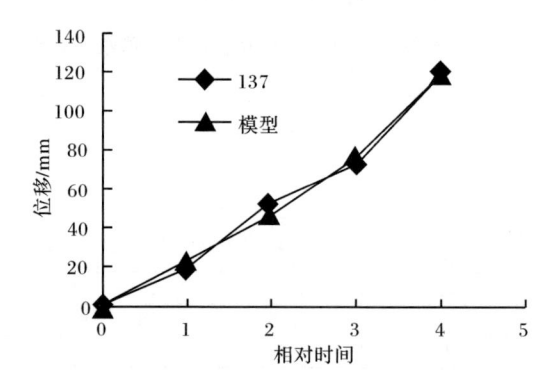

图 6.26　滑体前缘下部测点和模型位移历时曲线

并给出测点和模型的位移数据对比,见表 6.4。

表 6.4　滑体前缘各部位测点和对应模型位移数据对比

相对时间	上部 测点 124 位移/mm	上部 上部测点 125 位移/mm	上部 计算值 /mm	下部 测点 137 位移/mm	下部 计算值 /mm
1	23.37	22.96	21.22	19.48	23.08
2	62.33	59.03	61.64	52.23	46.84
3	122.49	126.95	125.21	73.23	76.82
4	198.72	215.42	215.86	119.48	118.57

6.4.6　流变力学模型的现场监测验证

双层反翘型滑坡工程是一个复杂的开放系统,其所处的工程地质和水文地质条件十分复杂、多变,再加上人类工程活动的改造,对于其力学机理的分析,现有知识远不足以给出完备的解答,而且也很难找到一种精确的算法进行求解,因此借助对滑坡进行现场监测来验证以上结论,就成了正确分析和研究该类型滑坡的重要手段之一。下面将利用对韩家垭滑坡现场位移监测数据得到的位移变化规律对模型进行验证。

1. 韩家垭滑坡现场监测

韩家垭滑坡开展了多手段的现场综合监测,在此仅用测斜仪所监测到的滑坡体位移变化的信息来分析滑坡体位移变化的规律,以对所建立的滑坡变形破坏的模型进行验证。

根据各孔的合成累积位移可得出孔口即地表的合成累积位移随时间的变化数据。由四个测斜孔的地表合成累积位移随时间变化信息可以看出,虽然加固后的滑坡仍有变形,但其变形呈趋于稳定的趋势。滑坡的变形过程具有明显的蠕滑特点,变形过程大致可划分为三个阶段,各个阶段有不同的变形特点。即滑坡在变形初期,以缓慢的蠕滑和应变能的逐渐积累为特点;中期在降水等突发因素的作用下,地下水渗流引起的动水压力造成坡体内应力发生变化,其应力水平的提高导致蠕动变形开始增大,其变形速率也比前一阶段要大,应变能得以释放,在降水量最大时其变形最大;随着降水量的减小和抗滑支挡物的作用,滑坡的变形开始减小,有趋于稳定的趋势。可见降水是诱发滑坡发生蠕滑的主要因素,对其雨季期间(2002年6月25日~9月16日)变形量和变形速率进行计算,结果见表6.5、表6.6。

表6.5 测斜孔DM5变形量和变形速率

日期	变形量/mm	变形速率/(mm/d)
2002-06-25~2002-07-10	1.03	0.064
2002-07-10~2002-07-25	0.67	0.045
2002-07-25~2002-08-14	0.71	0.037
2002-08-14~2002-08-30	0.56	0.035
2002-08-30~2002-09-16	0.22	0.013

表6.6 测斜孔DM7变形量和变形速率

日期	变形量/mm	变形速率/(mm/d)
2002-06-25~2002-07-10	0.92	0.0575
2002-07-10~2002-07-25	0.72	0.0480
2002-07-25~2002-08-14	0.75	0.0395
2002-08-14~2002-08-30	0.85	0.0531
2002-08-30~2002-09-16	0.02	0.0012

由以上分析可知,降水量是诱发滑坡体蠕滑变形的主要因素,在此期间,变形逐渐增加,变形速率却逐渐减小,DM5 由初始的 0.064mm/d 降至最后的 0.013mm/d,DM7 由初始的 0.0575mm/d 降至最后的 0.0012mm/d,可见此阶段在变形逐渐增加的同时变形速率却是逐渐减小的,具有典型的衰减蠕变特征。在雨季结束之后,由于抗滑支挡物的作用,滑坡的变形开始减小逐渐趋于稳定。这和 6.4.4 节中关于加固状态下模型试验的变形过程是一致的,和复合流变模型在 $\sigma \leqslant \sigma_{s1}$ 的应力状态下的蠕变过程相比,变形规律是一致的,初始阶段呈衰减蠕变特征(变形逐渐增加而变形速率逐渐减小),之后变形趋于稳定,蠕变不再发展。因此可用衰减蠕变模型来模拟滑坡的变形过程,其蠕变方程为 $\varepsilon = \dfrac{\sigma_0}{E}(1-\mathrm{e}^{-\frac{E}{\eta}t})$,令 $\dfrac{\sigma_0}{E}=a, \dfrac{E}{\eta}=b$,采用最小二乘法对位移数据进行拟合得出其力学模型参数,可得测斜管 DM5 和 DM7 的位移随时间变化预测方程为

DM5
$$y(t) = 3.511(1-\mathrm{e}^{-0.112t}) \tag{6.104}$$

DM7
$$y(t) = 3.711(1-\mathrm{e}^{-0.112t}) \tag{6.105}$$

并作出模型和监测数据位移变化的对比曲线,如图 6.27 和图 6.28 所示。

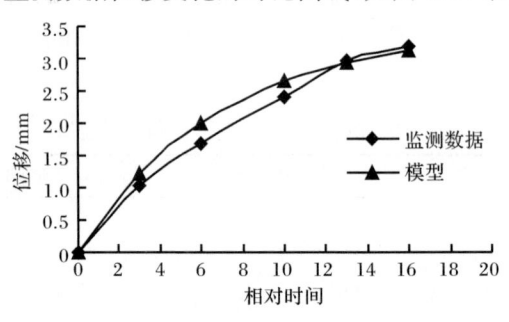

图 6.27 DW5 检测数据和模型位移历时曲线

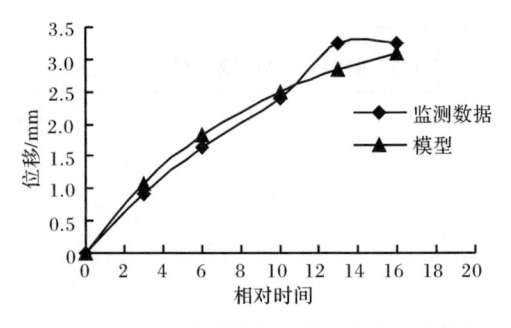

图 6.28 DW7 检测数据和模型位移历时曲线

同时给出监测数据和模型的位移数据对比,见表6.7。

表6.7 各测斜孔监测数据和模型位移对比

相对时间	DM5监测位移/mm	计算值/mm	DM6监测位移/mm	计算值/mm	DM7监测位移/mm	计算值/mm	DM8监测位移/mm	计算值/mm
3	1.03	1.20	0.88	0.95	0.92	1.06	0.93	0.97
6	1.7	2.00	1.53	1.64	1.64	1.82	1.64	1.71
10	2.41	2.65	2.16	2.28	2.39	2.50	2.3	2.44
13	2.97	2.94	2.87	2.61	3.24	2.85	2.82	2.83
16	3.19	3.14	3.01	2.86	3.26	3.09	3.27	3.14

为了进一步对滑坡体的变形规律进行分析,选取测斜孔DM5,对其从地面开始,按深度每隔5m取一个点,对其位移变化规律进行分析,对其不同深度的点作位移历时曲线,如图6.29和图6.30所示。

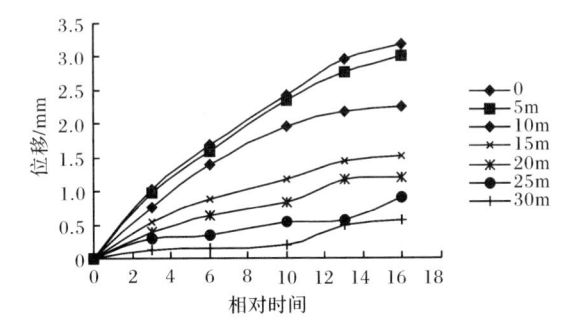

图6.29 测斜孔DM5不同深度点监测位移历时曲线

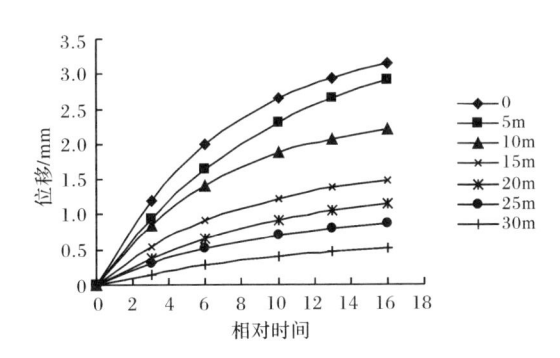

图6.30 测斜孔DM5不同深度点模型位移历时曲线

采用最小二乘法对位移数据进行拟合得出其力学模型参数,可得模拟测斜孔DM5不同深度测点的位移变化的模型方程如下:

0

$$y(t) = 3.511(1 - e^{-0.112t}) \tag{6.106}$$

5m

$$y(t) = 3.44(1 - e^{-0.1t}) \tag{6.107}$$

10m

$$y(t) = 2.48(1 - e^{-0.14t}) \tag{6.108}$$

15m

$$y(t) = 1.703(1 - e^{-0.127t}) \tag{6.109}$$

20m

$$y(t) = 1.438(1 - e^{-0.101t}) \tag{6.110}$$

25m

$$y(t) = 1.005(1 - e^{-0.123t}) \tag{6.111}$$

30m

$$y(t) = 0.744(1 - e^{-0.076t}) \tag{6.112}$$

拟合后的模型位移历时曲线如图 6.31 所示。

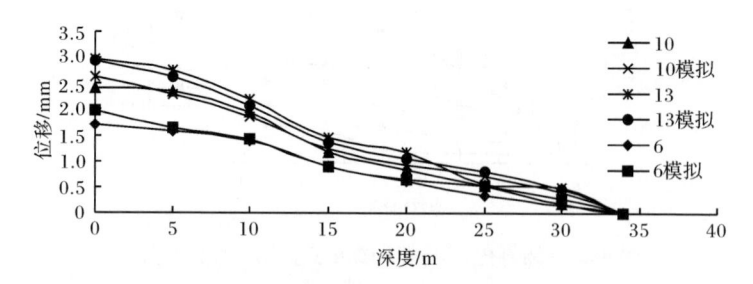

图 6.31 监测数据和模型位移随深度变化

并给出不同深度监测数据和模型的位移数据对比,见表 6.8。

图 6.31 为相对时间为 6、10、13 时的监测位移和模型随深度的变化图。

表 6.8 不同深度监测数据和模型位移对比

相对时间	5m 点监测位移/mm	计算值/mm	10m 点监测位移/mm	计算值/mm	15m 点监测位移/mm	计算值/mm
3	0.98	0.94	0.75	0.85	0.53	0.54
6	1.59	1.64	1.39	1.41	0.89	0.91
10	2.35	2.30	1.95	1.87	1.19	1.22
13	2.77	2.65	2.19	2.08	1.45	1.38
16	3.01	2.91	2.26	2.22	1.52	1.48

续表

相对时间	20m点监测位移/mm	计算值/mm	25m点监测位移/mm	计算值/mm	30m点监测位移/mm	计算值/mm
3	0.40	0.38	0.30	0.31	0.13	0.15
6	0.63	0.65	0.33	0.52	0.15	0.27
10	0.83	0.91	0.54	0.71	0.20	0.40
13	1.16	1.05	0.56	0.80	0.50	0.47
16	1.20	1.15	0.89	0.86	0.55	0.52

2. 监测数据和模型比较分析

由图6.27、图6.28和表6.7可知，各监测孔监测数据和模型的位移历时曲线吻合较好，在位移大小上是比较接近的。相差最大的为测斜孔DM7在相对时间为13时监测数据与模型的差为0.39mm，占变形量的13.68%，其余测斜孔在各时间均比较接近，到最后时计算值和监测值的误差分别为0.05mm、0.15mm、0.17mm、0.13mm，占总变形量的比值分别为1.57%、4.98%、5.21%、3.98%。在变化趋势上也具有相同的规律性，变形量是逐渐增加的，但变形速率却是逐渐减小的，这一点可由相同时间间隔的位移增量对比看出。可见此变形过程具有典型的衰减蠕变特征，在变形逐渐增大的同时，变形率是逐渐减小的，最终变形率趋近于0，变形趋近于一定值。

由图6.29～图6.31和表6.8可知，测斜孔DM5不同深度的监测数据和模型的位移历时曲线吻合较好，在位移大小上比较接近，相差最大的仅为0.12mm。不同深度点和模型的位移变化规律也是一致的，在变形量逐渐增加的同时变形率是逐渐减小的，以深度为10m处监测数据和模型为例，在相同的时间间隔内，监测数据位移增量依次为0.75mm、0.64mm、0.56mm、0.24mm、0.07mm，模型位移增量依次为0.85mm、0.56mm、0.46mm、0.21mm、0.14mm。可见不同深度的变形过程都反映了典型的衰减蠕变特征，在变形逐渐增大的同时，变形率是逐渐减小的，最终变形率趋近于0，变形趋近于一定值。

由表6.8和图6.29、图6.30可知，10～20m范围内的模拟值和监测值最接近，模拟的效果最好，而20m以下误差较大，模拟效果最差。究其原因，20m以下可能已处于滑面以下滑床之中，不再具有严格的蠕滑规律性，故用此蠕变模型进行模拟的效果较差。而0～10m范围内一来由于测量的误差，二来由于外界因素的干扰也会产生变形，其变形量不仅仅是蠕滑产生的变形，故其模拟效果也不如10～20m范围内的模拟效果。

综上所述，由各个测斜孔和测斜孔DM5不同深度处的监测数据和模型的对比可知,两者的位移历时曲线吻合较好,在位移大小上比较接近,反映的变形规律也是一致的,均为衰减蠕变。可见模型较好地模拟了滑坡体的变形过程,衰减模型适用于加固状态下的滑坡体变形过程。

6.5 反翘变粒岩岩层流变力学模型

6.5.1 反翘变粒岩岩层弯曲蠕变机理分析

1. 变粒岩岩层产生弯曲蠕变的条件及薄层化的影响

对于层状岩质边坡来讲,发生弯曲蠕变现象需要两个基本条件:一个是相对荷载条件,这是必要条件;另一个是弯曲变形空间条件,这是充分条件。岩层的相对荷载条件指的是其所受到的弯矩与其本身的抗弯刚度的相对大小,如果岩层受到的弯矩较大而其本身的抗弯刚度较小,岩层就容易产生蠕变弯曲。足够的变形空间是岩体产生蠕变弯曲的充分条件。如果不存在足够的弯曲变形空间,即使岩层的相对荷载较大,由于边界条件的限制,也很难产生弯曲蠕变。足够的弯曲变形空间并不一定只是指边坡坡脚处有较大的临空面,岩层之间足够大的空隙或者存在较厚的软弱夹层,在岩层受压时仍能提供较大的变形空间,也可以为岩层提供足够的弯曲蠕变空间。

岩层薄层化对于岩层的弯曲蠕变程度有重要影响。薄层化以后岩层的弯曲曲率增大,岩层受到的相对荷载增大,而且薄层化越严重,岩层的抗弯刚度降低得越厉害,岩层越容易弯曲,岩层产生弯曲变形以后,由于蠕变效应,变形会渐进发展。在岩层弯曲时会产生层间错动,这是层状结构岩体产生弯曲蠕变的一个重要特点。

根据韩家垭滑坡的地质勘察资料可知,滑坡中上部变质辉绿岩层中发育的双层滑体的剩余推力直接作用于前缘陡倾顺层结构的变粒岩层上,降水及地表水等沿着后缘裂缝入渗使双层滑动面的抗剪切强度减弱,双层滑体产生蠕动变形,对前缘陡倾顺层结构的变粒岩层形成更大的下滑推力作用。滑坡前缘的韩家沟常年流水,对滑体前缘坡脚进行冲刷掏蚀,使滑坡前缘地表坡度越来越陡,这给前缘岩层的反翘弯曲提供了有利的变形空间。滑坡前缘基岩裸露,节理、裂隙发育,地表风化溶蚀严重,大气降水及坡面地表水极易沿着节理、裂隙及地表沟槽等下渗后,再沿着岩土界面或岩层层面汇积于低处集中排泄,把岩层间的充填物质带走,使层间内聚力降低,裂隙加大并向坡体深部扩展。同时,滑坡前缘变粒岩层中层理面发育,单层厚度一般小于20cm,可视为薄层状岩层板,其抗弯刚度降低,更容易在滑坡剩余推力的作用下产生弯曲变形。于是,变粒岩层在以上诸因素的联合所用下逐渐产生反翘弯曲变形。

2. 变粒岩岩层弯曲蠕变机理

对于韩家垭滑坡而言,滑坡前缘陡倾顺层结构变粒岩层中出现的岩体弯曲蠕变现象并不是一朝一夕所发生的,它经历了漫长的地质历史时期。目前所见到的岩层反翘弯曲现象是和变粒岩层的弯曲蠕变效应联系在一起的。

在反翘变粒岩层的弯曲蠕变过程中,蠕变的含义应当包括两个方面:一是岩石力学属性上的蠕变,即变粒岩层本身的蠕变效应;二是边坡整体结构演化蠕变,这是一种广义上的"蠕变",指的是反翘弯曲变形区域随着时间在纵深上的扩展而造成的弯曲变形。例如,岩层层面或其他各种软弱结构面受到来自地表风化和水的不断作用,会从边坡表部往里逐渐降低层间内聚力,从而使边坡岩层随着时间推移逐渐由表往里剥离成薄层即薄层化。薄层化以后的岩层形如已概化的多层薄板,这种多层薄板的锁固端是逐渐往坡体深部蠕动的。由于这种边坡整体结构演化蠕变而发生的弯曲变形往往比岩层力学属性上的蠕变引起的变形大,因而这样一种蠕变在层状边坡岩体弯曲蠕变过程中所起的作用较之岩石力学属性上的蠕变所起的作用大。

如图 6.32 所示,由于后一种蠕变,岩层 1 从 b 点再进一步往里剥离裂开至 d 点,此时岩层 1 的根部也由 b 点移至 d 点,岩层 1 的悬臂长度则由 l_1 变为 l_2。由于岩层悬臂长度的变化,作为近似估算,岩层 1 中 A 点的挠度也由原来的

$$S_b^A = \frac{q l_1^4}{8EI}$$

变为

$$S_d^A = \frac{q l_2^4}{8EI}$$

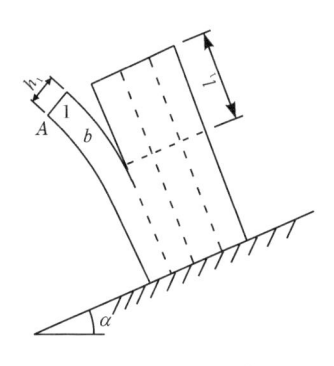

(a) 根部位置变化前　　　　　　　　(b) 根部位置变化后

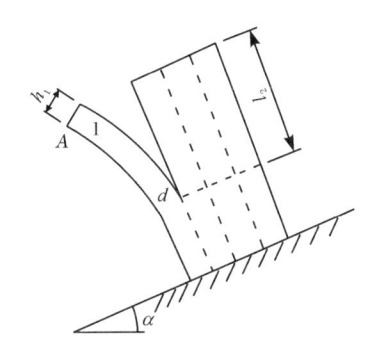

图 6.32　岩层锁固端根部位置变化引起的挠度变化

由于后一种蠕变在 A 点增加的挠度为

$$S_d^A - S_b^A = \frac{q}{8EI}(l_2^2 + l_1^2)(l_2^2 - l_1^2) \tag{6.113}$$

从式(6.113)可以看出,后一种蠕变越严重,所增加的弯曲挠度将越大。另一方面,在岩层锁固端的根部逐渐往坡体内部发展的过程中,岩层本身还要发生力学属性上的蠕变。岩层本身在滑坡剩余推力作用下产生的弹性变形与两种蠕变的叠加,构成了反翘弯曲变粒岩层的弯曲蠕变变形。实际上,在变粒岩层的反翘弯曲过程中很难将蠕变作用分离出来的,这是因为变粒岩层在反翘弯曲变形的整个过程中,蠕变作用始终贯穿其中。

6.5.2 反翘变粒岩层弯曲蠕变时效变形分析

1. 流变力学的一般解法

线性弹性模型的本构关系均是含有 σ 和 ε 的线性微分方程,其本构关系的一般表示形式为

$$P(D)\sigma = Q(D)\varepsilon \tag{6.114}$$

式中,$P(D)$ 和 $Q(D)$ 为 D 的 n 阶多项式;D 为对时间 t 的微分算子,有 $D^n = \frac{\partial^n}{\partial t^n}$。

例如,对于西原模型 $\sigma < \sigma_f$,流变模型实际上是由 Kelvin 模型加上一个弹簧构成。

$$\begin{cases} P(D) = \dfrac{E_1 + E_2}{E_1 E_2} + \dfrac{\eta_1}{E_1 E_2} D \\ Q(D) = 1 + \dfrac{\eta_1}{E_2} D \end{cases} \tag{6.115}$$

在线弹性理论中,复杂应力状态下的应力-应变关系可以由简单的胡克定律推广而得

$$\begin{cases} S_{rs} = 2G e_{rs} \\ \sigma = 3K e \end{cases} \tag{6.116}$$

与此相仿,线性流变体复杂应力状态下的本构关系也可由简单的应力状态推广而得

$$\begin{cases} P(D) S_{rs} = 2Q(D) e_{rs} \\ P_1(D) \sigma = 3Q(D) e \end{cases} \tag{6.117}$$

式中,S_{rs} 为应力偏量,r、s 为 x、y、z 之间置换;e_{rs} 为应变偏量,r、s 为 x、y、z 之间置换;σ 为平均应力,$\sigma = (\sigma_x + \sigma_y + \sigma_z)/3$;$e$ 为平均应变,$e = (e_x + e_y + e_z)/3$。

线性流变模型的本构方程与平衡方程、几何方程及相应的边界条件、初始条件构成微分方程组,可联合求解。大多数模型是微分型本构关系,可归结为一个常微分方程的边值问题。为了在数学上得到这类问题的解,Lee 提出了 Laplace

积分变换方法。利用 Laplace 积分变换,把微分方程变换为代数方程。将拟静态问题,场变量 $\varepsilon_{ij}(x,t)$、$\sigma_{ij}(x,t)$、$u_i(x,t)$ 等与时间 t 有关的基本方程(在平衡方程中忽略加速度项不计)使用 Laplace 变换,将时空中的所有黏弹性力学变量变换到象空间。

Laplace 变换后的黏弹性方程与弹性静力学方程形式上完全相同。若已知一初始应变和初始应力为 0 的平面或空间问题的弹性解,那么只需在弹性解中以

$$\bar{G}(s) = \frac{Q(s)}{P(s)} \tag{6.118}$$

代替弹性方程中的弹性系数,即得该问题的黏弹性解的 Laplace 变换,将所得结果逆变换,即得初始条件为 0 时该边界条件下同一问题的黏弹性解,此即为对应性原理。这里对应是指荷载、边界条件、几何形状都相同,只是材料性质不同。

2. 非线性蠕变模型的改进及弯曲蠕变时效变形

根据岩石应力-应变曲线可知,在最初发生变形时,裂隙闭合;随着应力的增加,新的裂隙产生,并且裂隙越来越多,不断扩展,最终岩石发生破坏,岩石的破坏是由裂纹的产生和扩展引起的。因此,可以认为在开始时岩石的黏滞系数随裂隙的闭合逐渐增大,很快达到最大值;然后随裂隙的扩展其黏滞系数逐渐变小,当岩石因裂隙扩展发生破坏时,其黏滞系数达到最小值。所以岩石的黏滞系数可以认为是先增大后减小。由于岩石的弹性变形和裂隙闭合过程很短,其黏滞系数的变化过程也很短。岩石的蠕变特性与非牛顿流体中的触变体相似,即材料内的应力在同一变形速率时随时间的增加而减小。

根据曹树刚等[163]对西原模型黏滞系数的改进,得到新的非线性蠕变模型(图 6.33),该模型可以描述衰减蠕变、稳定蠕变和具有非线性特点的加速蠕变。因此,假定变粒岩层的弯曲蠕变特性符合改进的西原模型的蠕变规律,并以该模型来对变粒岩层的弯曲蠕变时效变形进行分析。

(a) 改进的西原模型   (b) 蠕变曲线($\sigma_0 < \sigma_f$)   (c) 蠕变曲线($\sigma_0 \geq \sigma_f$)

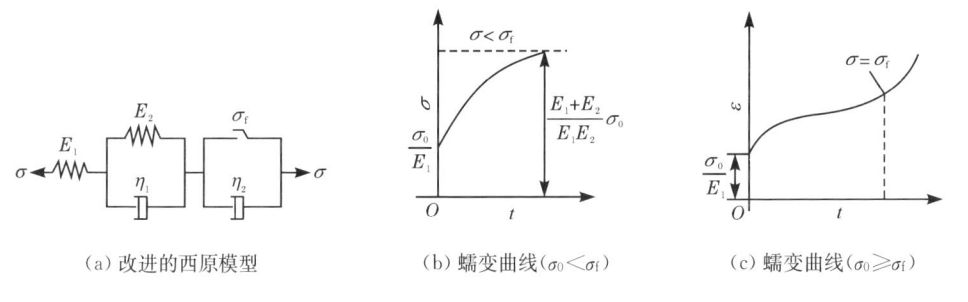

图 6.33 改进的西原模型及其蠕变曲线

本构方程为

$$\sigma = \frac{A\eta_0}{At^2+Bt+C}\dot{\varepsilon}, \quad \tau = \frac{A\eta_0}{At^2+Bt+C}\dot{\gamma} \qquad (6.119)$$

式中，A、B、C 为常数，由岩石的变形特性决定，且 $B^2-4AC<0$；η_0 为应力作用之前的黏滞系数，可用平均黏滞系数代替。

一维应力状态下，改进西原模型的流变本构方程为

$$\begin{cases} \dfrac{\eta_1}{E_2}\dot{\varepsilon}+\varepsilon = \dfrac{\eta_1}{E_1 E_2}\dot{\sigma}+\dfrac{E_1+E_2}{E_1 E_2}\sigma, & \sigma_0 < \sigma_f \\[2mm] \dfrac{\eta_1}{E_2}\ddot{\varepsilon}+\dot{\varepsilon} = \dfrac{\eta_1}{E_1 E_2}\ddot{\sigma}+\dfrac{1}{E_2}\left(1+\dfrac{E_2}{E_1}+\dfrac{\eta_1}{\eta_2(t)}\right)\dot{\sigma}+\dfrac{\sigma-\sigma_f}{\eta_2(t)}, & \sigma_0 \geqslant \sigma_f \end{cases} \qquad (6.120)$$

式中，E_1 和 E_2 分别为模型的弹性模量和黏弹性模量；η_1 为模型的黏滞系数，$\eta_2(t)$ 是随着时间而变化的变量，$\eta_2(t)=\dfrac{A\eta_2}{At^2-Bt+C}$；假设 σ_f 为岩石的长期强度，通过试验可以确定其数值。

考虑在常应力 $\sigma=\sigma_0=\text{const}$ 作用时的情况，改进西原模型的蠕变方程为

$$\begin{cases} \varepsilon(t) = \dfrac{\sigma_0}{E_1}+\dfrac{\sigma_0}{E_2}\left[1-\exp\left(-\dfrac{E_2}{\eta_1}\right)t\right], & \sigma_0 < \sigma_f \\[2mm] \varepsilon(t) = \dfrac{\sigma_0}{E_1}+\dfrac{\sigma_0}{E_2}\left[1-\exp\left(-\dfrac{E_2}{\eta_1}\right)t\right]+\dfrac{\sigma_0-\sigma_f}{\eta_2}\left(\dfrac{1}{3}t^3-\dfrac{1}{2}\dfrac{B}{A}t^2+\dfrac{C}{A}t\right), & \sigma_0 \geqslant \sigma_f \end{cases}$$

$$(6.121)$$

考虑在常应变 $\varepsilon=\varepsilon_0=\text{const}$ 作用时的情况，改进的西原模型松弛模量的 Laplace 变换为 $\bar{Y}(s)=\dfrac{Q(s)}{sP(s)}$，结合式（6.120）中的流变本构方程，有

$$\begin{cases} \bar{Y}(s) = \dfrac{\dfrac{\eta_1}{E_2}s+1}{s\left(\dfrac{\eta_1}{E_1 E_2}s+\dfrac{E_1+E_2}{E_1 E_2}\right)}, & \sigma_0 < \sigma_f \\[4mm] \bar{Y}(s) = \dfrac{1+\dfrac{\eta_1}{E_2}s}{\dfrac{1-k}{\eta_2}+\dfrac{1}{E_2}\left(1+\dfrac{E_2}{E_1}+\dfrac{\eta_1}{\eta_2(t)}\right)s+\dfrac{\eta_1 s^2}{E_1 E_2}}, & \sigma_0 \geqslant \sigma_f \end{cases} \qquad (6.122)$$

将式（6.122）应用 Laplace 逆变换，可以得出改进的西原模型的松弛模量 $Y(t)$ 为

$$\begin{cases} Y(t) = E_1\exp\left(-\dfrac{E_1+E_2}{\eta_1}t\right)+\dfrac{E_1 E_2}{E_1+E_2}\left[1-\exp\left(-\dfrac{E_1+E_2}{\eta_1}t\right)\right], & \sigma_0 < \sigma_f \\[2mm] Y(t) = \dfrac{1}{c(\alpha-\beta)}(\mathrm{e}^{-\alpha t}-\mathrm{e}^{-\beta t})+\dfrac{d}{c(\alpha-\beta)}(\alpha\mathrm{e}^{-\alpha t}-\beta\mathrm{e}^{-\beta t}), & \sigma_0 \geqslant \sigma_f \end{cases}$$

$$(6.123)$$

式中，$a=\dfrac{1-k}{\eta_2}$，$b=\dfrac{1}{E_2}\left(1+\dfrac{E_2}{E_1}+\dfrac{\eta_1}{\eta_2(t)}\right)$，$c=\dfrac{\eta_1}{E_1E_2}$，$d=\dfrac{\eta_1}{E_2}$，$k=\dfrac{\sigma_f}{\sigma}$；

$$\alpha=-\dfrac{1}{2c}(b+\sqrt{b^2-4ac}),\quad \beta=-\dfrac{1}{2c}(b-\sqrt{b^2-4ac})$$

同样，根据对应性原理，由弹性模量的 Laplace 变换式 $\overline{E}(s)=Q(s)/P(s)$，进行 Laplace 逆变换，可以求得：

当 $\sigma_0<\sigma_f$ 时，

$$E(t)=E_1-\dfrac{E_1^2}{\eta_1}\exp\left(-\dfrac{E_1+E_2}{\eta_1}\right)t \tag{6.124}$$

当 $\sigma_0\geqslant\sigma_f$ 时，

$$E(t)=\dfrac{E_1E_2}{\eta_1}\left[\dfrac{\eta_1}{E_2}+\dfrac{(1-bd/c)}{\alpha-\beta}(\alpha e^{-\alpha t}-\beta e^{-\beta t})-\dfrac{ad/c}{\alpha-\beta}(e^{-\alpha t}-e^{-\beta t})\right] \tag{6.125}$$

式中各项参数同式(6.123)。

根据 6.2.4 节及 6.3.4 节中求出的多层薄板的挠度函数 ω，应用流变力学的解法，将挠度函数式(6.28)中岩梁的弹性模量 E 及式(6.55)中薄板抗弯刚度 $D=\dfrac{Eh^3}{12(1-\mu^2)n^2}$ 中的 E 代换为式(6.124)和式(6.125)中的 $E(t)$，可以得出考虑变粒岩层弯曲蠕变效应的时效变形方程为

$$\omega_i(x,t)=\dfrac{1}{E(t)I}\left[\dfrac{11}{24}(\sigma_i-\sigma_i')x^4+\dfrac{hl_ix^2}{4n}(\sigma_i+\sigma_i')\tan\varphi+\dfrac{hl_icx^2}{2n}+\dfrac{\gamma hl_i^2x^2}{4n}\sin\beta\right] \tag{6.126}$$

$$\omega_i(x,y,t)=\dfrac{1.43256\dfrac{a^4q_in^2(1-\mu^2)}{E(t)h^3}\left(1-\cos\dfrac{\pi x}{2a}\right)+1.93116\dfrac{a^3}{b}\dfrac{\mu n^2(1-\mu^2)}{E(t)h^3}q_i\left(1-\cos\dfrac{\pi x}{2a}\right)\left(-0.2+0.22148\mu\dfrac{a^2}{b}+\dfrac{y}{b}-\dfrac{2y^3}{b^3}+\dfrac{y^4}{b^4}\right)}{2.1769\dfrac{a}{b^3}+0.05607\dfrac{b}{a^3}-0.1156\dfrac{\mu}{ab}-0.29865\dfrac{a}{b^3}\mu^2+0.5993(1-\mu)\dfrac{1}{ab}} \tag{6.127}$$

根据上述时效变形方程(6.126)、方程(6.127)，可以推断已明显变形的反翘弯曲蠕变岩层所经历的时间；将时效变形方程对时间求导，可以得出反翘岩层弯曲蠕变的变形速率 v，从而对滑(边)坡的演化过程作出判断，进行滑坡的预测、预报。如实际测得岩层的反翘弯曲蠕变的变形速率已远远超过容许变形速率 $[v]$，则可据此判断反翘弯曲变形的岩层已进入累进性破坏阶段。因而，可以根据变形监测的数据判断滑(边)坡所处的蠕变变形阶段，进行滑坡的预测预报，从而及时采取相应的工程防治措施，避免灾害性滑坡的产生。

6.5.3 弯曲蠕变模型

考虑到变粒岩层的弯曲蠕变特性及变粒岩层的变形与相邻层的作用均与时间有关的情况,设相邻岩层梁板的作用为黏弹塑性支撑,变粒岩层的弯曲蠕变特性符合改进的西原模型的蠕变规律。这样,中间某一岩层梁板的受力情况可以简化为如图 6.34 所示的弯曲蠕变力学模型。

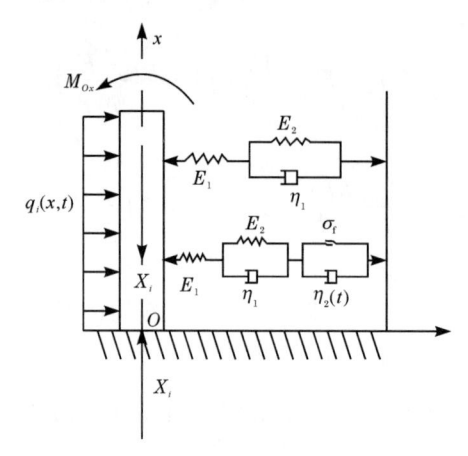

图 6.34 变粒岩层梁板的弯曲蠕变力学模型

基于平面假设,梁板 $O-x$ 段的平衡方程为

$$M''_{Ox}(x,t) - X_i\omega''_i(x,t) - p_i(x,t) = -q_i(x,t) \quad (6.128)$$

式中,$M_{Ox}(x,t)$ 为在 t 时刻第 i 层梁板 x 处横截面上的弯矩;X_i 为第 i 层梁板及上覆岩层的自重体积力沿 x 方向的分力;$\omega_i(x,t)$ 为在 t 时刻第 i 层梁板 x 处的挠度;$p_i(x,t)$ 为相邻岩层对第 i 层梁板的黏弹塑性支撑作用力,可记为 $p_i(x,t) = Y(t) * d\omega$,其中 $Y(t)$ 为式(6.123)所述相邻岩层梁板的黏弹塑性支撑的松弛模量,"$*$"为 Stieltjes 卷积符号;$q_i(x,t)$ 为 t 时刻作用在第 i 层梁板单位面积内的横向荷载,包括横向面力及横向体力。

梁板横截面上任一点的应变为

$$\varepsilon = \frac{\omega}{\rho} \quad (6.129)$$

式中,ρ 为岩梁的曲率半径,注意到 $(\omega')^2 \ll 1$,则在 t 时刻有

$$\dot{\varepsilon}(t) = \frac{d\varepsilon}{dt} = -\omega \frac{d^2}{dx^2}\left(\frac{d\omega}{dt}\right) \quad (6.130)$$

若板梁材料的本构方程表示为 $\sigma(t) = Y_1(t) * d\varepsilon$;$Y_1(t)$ 为平面应变条件下材料的松弛模量,"$*$"为 Stieltjes 卷积符号,弯矩可表达为

$$M_{Ox}(x,t) = -\int_A \sigma \mathrm{d}A \cdot \omega = -\frac{\mathrm{d}^2}{\mathrm{d}x^2}\int_A \omega^2 \mathrm{d}A \cdot Y_1(t) * \mathrm{d}\omega = -I\frac{\mathrm{d}^2}{\mathrm{d}x^2}Y_1(t) * \mathrm{d}\omega$$

(6.131)

将 $p_i(x,t)$ 和式(6.131)代入式(6.128)并整理得

$$I\frac{\mathrm{d}^2}{\mathrm{d}x^2}Y_1(t) * \mathrm{d}\omega + X_i\frac{\mathrm{d}^2\omega}{\mathrm{d}x^2} + Y(t) * \mathrm{d}\omega = q_i(x,t) \quad (6.132)$$

式(6.132)即为平面应变条件下反翘弯曲变粒岩层的蠕变压屈方程。

如果考虑变粒岩层的下部开挖及雨季滑坡的剩余下滑推力增大等因素引起的弯曲蠕变变形过大导致层间脱离的情况,这时相邻岩层的黏弹塑性支撑力 $p_i(x,t)=0$,方程(6.132)可以简化为

$$I\frac{\mathrm{d}^2}{\mathrm{d}x^2}Y_1(t) * \mathrm{d}\omega + X_i\frac{\mathrm{d}^2\omega}{\mathrm{d}x^2} = q_i(x,t) \quad (6.133)$$

式(6.133)为第 i 层岩石梁板的蠕变压屈荷载。对于弹性压屈荷载为一具体荷载值,与时间没有关系;而考虑岩层黏弹塑性弯曲的蠕变特性时,在一定荷载水平的作用下,经历一段时间后岩层梁板可出现延迟性的失稳破坏,具体可以分为以下三种情况:

(1) 在相当长的时间内不发生压屈失稳,仅出现弯曲蠕变现象,其荷载可记为 $q_i(+\infty)$,即长期稳定荷载。

(2) 在很短的时间内便发生失稳,即传递到第 i 层梁板的横向荷载达到蠕变压屈荷载时发生瞬时失稳破坏,其瞬时弹性临界荷载可记为 $q_i(0)$。

(3) 当荷载水平在 $q_i(+\infty) < q_i(t) < q_i(0)$ 范围内时,岩层梁板在有限时间内发生延迟失稳破坏,这是考虑岩层蠕变特性情况下特有的现象。

第7章 双(多)层反翘型滑坡力学参数选取及其稳定性分析

滑坡稳定性分析评价不仅取决于计算方法本身，更主要的取决于计算参数的选取是否合理，故如何合理地选取滑坡力学参数以便符合滑坡实际，成为研究滑坡的关键问题之一，力学参数的选取是否合理将直接关系到所建立的滑坡稳定性评估体系的成败。滑坡岩土体力学参数的确定是进行滑坡稳定性评价的前提条件，又是滑坡稳定性分析和整治设计结果可靠与否的关键因素，力学参数选取的是否合理将直接关系到对滑坡稳定性现状的真实判断及整治设计工程是否经济安全可靠。力学参数取不准，计算方法再好也得不出符合实际的结果。滑坡系统是一个高度复杂的不确定性系统，人们很难准确地勘察出滑坡所处的地质条件和环境对其的作用，对其认识存在一定的模糊性和局限性。

滑坡力学参数主要是其滑动面的抗剪强度参数。目前，滑坡力学参数的确定方法主要有试验方法、经验分析法、数值分析法、地球物理方法、综合方法五种。试验方法主要有室内试验、现场原位试验、模型试验、模拟试验等，由于滑坡系统具有显著的空间变异性、随时间变化性和突出的尺寸效应，很难取得有代表性的材料单元、试验点位、足够大的试样尺寸和足够的试验数量，而且，试样制备、原始状态、加载条件和排水条件等方面也不可能完全符合实际情况，所以通过试验取得可靠的滑坡力学参数几乎是不可能的[68]；经验分析法主要有工程地质类比法、RMR法、系数折减法等；数值分析法主要有连续介质正反分析法、裂隙模拟法、块体分析法等，力学参数的反分析法目前正日益受到重视；地球物理方法主要有声发射、声波、地震、电法、磁法等，这是一种比较粗略和辅助的方法；综合方法主要是在对前几种方法所得结果比较分析基础上的综合选取。根据近几年对大量实际工程分析研究基础上，逐渐摸索出一整套行之有效、比较符合实际情况的滑坡力学参数选取方法和稳定性计算方法。

7.1 力学参数取值区间的确定

根据滑坡变形破坏机理、类型和所处的阶段，来确定与选择不同的试验条件和试验方法。岩体力学试验成果是否可靠关键在于试验条件是否与实际相符，试验条件包括试样的代表性和加载条件,加载条件包括加载方式、加载方向、加载过程、加载速度及荷载大小等。任何室内和现场岩体力学试验都不能做到和工程所特有的规模、加载特征、边界条件、环境条件完全一致,但为了得到比较符合实际的结果,必须要求尽可能地做到试验条件与工程条件的相似。在有条件的情况下可进行滑动带的现场原位大剪试验,在室内可进行直剪、反复摩擦剪、三轴 UU 剪、中型直剪等试验,如果现场或室内条件有一定欠缺时可以考虑选做相关试验。然后根据试验结果和工程地质比拟法参考类似地质条件的滑坡稳定性研究项目中所选取的力学参数,来综合确定滑动面的内聚力、内摩擦角的取值区间。

7.2 滑坡稳定系数现状值的确定

对于双层反翘型滑坡来说,反算滑动面的抗剪强度指标是行之有效的。但用反算法求滑动面的 c、φ 值,一般需恢复开始滑动时的原地面线,但由于种种原因滑坡原地面线的恢复有时很困难;而用滑坡现状地面线反算时,就需要知道滑坡的稳定系数现状。因此,确定滑坡的稳定系数现状值是反算法的关键[164~167]。

7.2.1 滑坡发育阶段的稳定系数

滑坡的稳定系数现状值与滑坡所处发育阶段有关,不同的发育阶段稳定系数的取值不尽相同。早在 20 世纪 80 年代,我国滑坡界的专家和各个科研单位就对该问题进行了深入的研究,并给出了相应的稳定系数取值(表 7.1)。

表 7.1 发育阶段及其稳定系数对照[119]

作者	发育阶段及其稳定系数					
徐邦栋	发育阶段	蠕动	挤压	微动	滑动	大滑动	固结
	K_0	1.20~1.15	1.15~1.10	1.05~1.00	1.00~0.90	<0.90	>1.00~1.20
付传元 刘光代	发育阶段	蠕动	微动		滑动	剧动	稳定固结
	K_0	1.20~1.05	1.05~1.00		1.00~0.95	<0.90	>1.00~1.20
西北所	发育阶段	蠕动	挤压		滑动	剧滑	固结
	K_0	1.10~1.00			1.00~0.95		>1.00

在滑坡计算中,将大滑动(剧滑)阶段的稳定系数定为小于 0.90 是比较合理的,杨宗玠[164]提出了滑坡不同发育阶段及其稳定系数值,见表 7.2。

表 7.2 滑坡发育阶段稳定系数

发育条件	局部变形阶段		整体滑移阶段		稳定固结阶段
	蠕动	微动	微滑	剧滑	固结
稳定系数 K_0	1.10~1.05	1.05~1.00	1.00~0.90	<0.90	>(1.00~1.10)

7.2.2 反算时的滑坡稳定系数

反算滑动面 c、φ 值时的稳定系数,除根据滑坡所处不同发育阶段外,尚需区别初始地面线与现状地面线的不同情况来确定。在综合前人研究成果的基础上,我们提出了下列反算滑坡稳定系数取值,见表 7.3。

表 7.3 反算时滑坡稳定系数

滑坡发育阶段 K_0 地面线	局部变形阶段	微滑阶段	稳定固结阶段		稳定的古老滑坡
			微滑阶段较长	微滑阶段很短	
初始地面线	1.00	1.00	1.00	<(0.95~0.90)	1.00
现状地面线	1.00	0.99~0.90	1.00~1.10	1.05~1.20	≥1.10

7.3 计算剖面的选取

根据野外实测和勘察成果,绘制出滑坡主滑断面的工程地质剖面图。计算剖面要以主滑方向的剖面为主,辅以副剖面,采用双剖面进行联合计算则效果会更好;在有条件的情况下还可以进行滑坡的三维力学参数反演,以便获得更精确的滑面抗剪强度参数。

7.4 稳定性计算方法的选择

滑坡稳定性的计算方法有很多种,主要有极限平衡法、数值计算法、人工智能法等。随着计算机应用技术的迅猛发展,滑坡稳定性计算方法已得到长足的进步和改善,新的计算方法层出不穷,但现在使用最多的依旧是基于岩土体极限平衡理论的计算方法,其结果的可靠性已在有限元法的应用中得到了佐证[76]。

总结极限平衡法,主要有楔形体法、瑞典法、Bishop 法(简化 Bishop 法)、Spencer 法、Janbu 法(简化 Janbu 法)、美国陆军工程师团法、陈祖煜简化法、Morgenstern-Price 法、GLE 法、Sarma 法、传递系数法等。这些方法的区别在于各条块之间受力的方向及作用位置的假定不同,因而在求取稳定系数的过程中,采用的静力平衡方程式不同[2,76,91,110,112,116,117]（表 7.4）。

表 7.4 极限平衡法的方程数与未知量数（设分条数为 n）

方程数	说明
n	力矩平衡方程
n	竖向力平衡方程
n	水平力平衡方程
n	Mohr-Coulomb 准则
$4n$	方程总数

未知量数	说明
n	作用于每分条底面的法向力
n	作用于每分条底面的剪力
$n-1$	条间法向力
$n-1$	条间剪力
$n-1$	条间法向力的作用点
n	基底法向力的作用点
1	稳定系数
$6n-2$	未知量总和

从表 7.4 不难看出，解题的未知量数大于需要的方程数目，必须进行某些合理的假定才能使问题有解。其实，方法的差异正在于假定的差别，作者综合前人研究成果，将各种方法所采用的假定和简化条件总结于表 7.5 中。

表 7.5 稳定性计算的各种简化方法

方法	对平衡条件的简化 力矩平衡 满足	对平衡条件的简化 力矩平衡 不满足	对平衡条件的简化 力平衡 全部满足	对平衡条件的简化 力平衡 部分满足	对滑裂面形状的假定 圆弧	对滑裂面形状的假定 折线	对滑裂面形状的假定 任意形状滑裂面	对土条侧向作用力的假定
楔形体法	—	√	√	—	—	√	—	$\beta=\dfrac{\alpha+\gamma}{2}$
瑞典法	√	—	—	—	√	—	—	忽略侧向力
Bishop 法	√	—	√	—	√	—	—	$\beta=0$
简化 Bishop 法	√	—	—	√	√	—	—	$\beta=0$
Spencer 法	√	—	√	—	—	—	√	$\beta=$ 常数
Janbu 法	√	—	√	—	—	—	√	$\beta=0$
简化 Janbu 法	—	√	√	—	—	—	√	$\beta=0$

续表

方法	对平衡条件的简化				对滑裂面形状的假定			对土条侧向作用力的假定
	力矩平衡		力平衡		圆弧	折线	任意形状滑裂面	
	满足	不满足	全部满足	部分满足				
美国陆军工程师团法	—	√	√	—	—	—	√	β=平均坝坡
陈祖煜简化法	√	—	√	—	—	—	√	$\beta=\alpha$
Morgenstern-Price 法	√	—	√	—	—	—	√	$\tan a=\lambda f(x)$
GLE 法	√	—	√	—	—	—	√	$\beta=0$
Sarma 法	√	—	√	—	—	—	√	$\Delta X=\lambda Q(x)$
传递系数法	—	√	√	—	—	—	√	$\beta=\alpha$

注：β 为条块侧向力的倾角，α 为条块地面倾角，γ 为条块顶面倾角。

  方法虽多，但使用条件和内容各不相同。常规方法（包括楔形体法、瑞典法等）作了过于简单的假定。忽略所有条间力的直接结果是使计算得到的条分底部的法向力偏小，因而导致了偏于保守的稳定系数。在坡度比较平缓，孔隙水压力比较高的情况下，与严格解相比，误差可以达到 50%；当没有孔压作用时，误差则可以在 10% 以下。由于其简单，我国有关规范几乎都推荐这类方法，在研究地下水影响时，或在解决有孔隙水压力影响的工程问题时显然有欠妥当的地方。同时由于各类"严格解"要求满足所有的平衡条间力，得到的解基本上是一致的，只要条间力函数假定基本合理，各类解的偏差不会大于±5%[2,116]。仅仅满足力的平衡时，稳定系数的误差可达 15%，当假定条间力的作用方向与地面平行时，误差可能更大一些。

  由于双层反翘型滑坡的特点，上滑体滑动对下滑体的影响可以表示为一组作用力，但这组力的大小却与上滑体的滑动特征和滑动形式密不可分[92,93]。上滑体滑动特征和滑动形式既与其本身特征有关，也与其对环境的反应有关。外界环境综合作用既可能使上滑体产生剧动式启程，也可产生缓动式启程，两种启程的效应是不同的。坡面平直光滑与否也直接影响到上滑体作用在下滑体上力的形式和大小。所以根据这一特征，在正确确定上滑体滑动时所作用在下滑体上的力之后，适合用 Morgenstern-Price 公式进行计算。还有一点需要指出的是，虽然简化的 Bishop 法实际上并不满足水平力的平衡条件，但它的稳定系数与严格解并无明显差别。因其简单，在计算机广泛使用的今天，在规范和工程解析中用它和 Morgenstern-Price 法就显得比较合理。

因此,基于上述分析,对于双层反翘型滑坡稳定性的计算主要选择两种方法:简化 Bishop 法(圆弧滑动面)和 Morgenstern-Price 法(任意滑动面)。

7.5 滑坡力学参数的敏感性分析

为确定力学参数对滑坡稳定系数的影响变化程度,在反算时往往需要对 c、φ 进行敏感性分析,以此作为滑坡稳定性计算和力学参数选择的一个重要依据。对双层反翘型滑坡,根据实际工程经验总结出 c、φ 可在最可能的取值区间内进行敏感性分析,同时得出取滑坡相应发育阶段反算稳定系数时的 c-φ 曲线。

7.6 力学参数的综合选取

结合室内外试验结果、力学指标反分析结果和参考类似地质条件的滑坡稳定性研究项目中所选取的力学参数,通过经验调查,综合选取双层反翘型滑坡稳定性分析及加固设计所用的岩土主要力学指标。

通过系统的研究,可总结出如下滑边坡稳定性评估体系框图(图 7.1)。

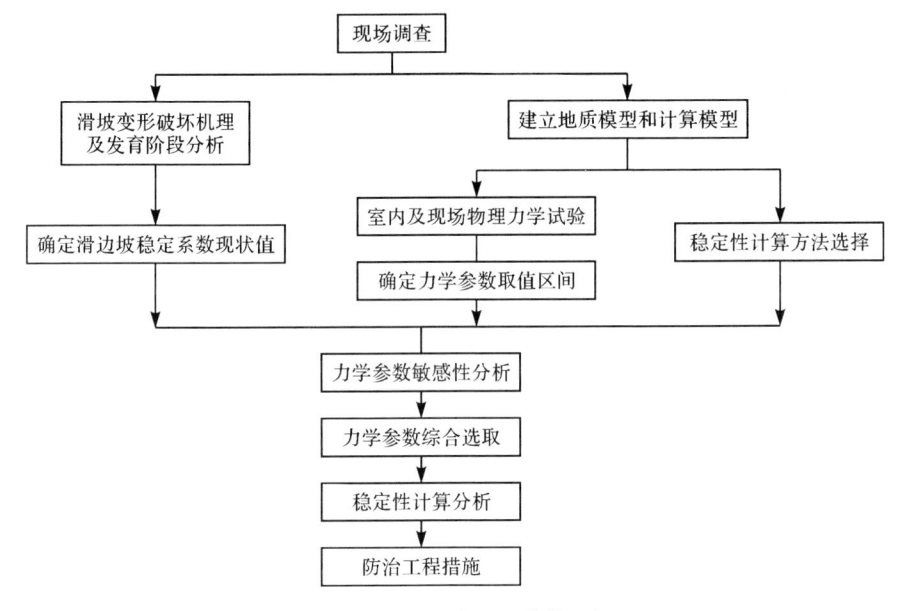

图 7.1 滑边坡稳定性评估体系框图

7.7 工程应用(力学参数综合选取实例)

7.7.1 力学参数的选取

本节以韩家垭滑坡为例,详细地说明滑坡力学参数的综合选取全过程。对于滑床形态比较清楚、滑动前坡面的情况亦能确定的正在滑动或暂时稳定的滑坡,根据极限平衡条件(即稳定系数已知)来反算滑动面的抗剪强度指标是行之有效的。反算时,根据试验或经验调查所得的 c、φ 值,先给定某一比较稳定的数值,反求另一值。一般做法是先假定 φ 值,反算 c 值。

工作区内主滑体两滑动面位置清楚,上层滑动面主要发育在辉绿岩中,地层单一,岩性均匀,采用反算法求取变质辉绿岩中滑动带抗剪强度力学指标效果较好。确定出辉绿岩中滑动带的抗剪强度参数后,再对下层滑动面进行反算,以求得变粒岩中滑动面的抗剪强度参数。

反算法确定抗剪强度参数的具体过程如下:

(1) 根据野外实测和勘察成果,绘制出滑坡主滑断面的工程地质剖面图。

(2) 由直剪、反复摩擦剪、三轴 UU 剪、中型直剪等试验结果,以及参考类似地质条件的边坡稳定性研究等有关研究项目中所得到的试验结果,大致确定滑动面及各有关地层的重度、内聚力、内摩擦角的取值范围。

(3) 依据《岩土工程勘察规范》(GB 50021—2001)第 4.2.4 条,在采用反分析方法检验滑动面抗剪强度指标时,对正在滑动的滑坡,其稳定系数可取 0.95~1.00;对处于暂时稳定的滑坡,其稳定系数可取 1.00~1.05。同时,根据前述研究,认为韩家垭滑坡是目前相对稳定的老滑坡,因此反算时稳定系数取 1.05。

(4) 对 c、φ 在最可能的取值区间内进行敏感性分析,同时得出当稳定系数为 1.05 时的 c-φ 曲线。

(5) 根据试验结果和经验调查综合选取滑动面的 c、φ 值。

按照上述过程,我们对主滑体内两层滑动面进行了滑面力学指标的反算。

主滑体的上层滑动面基本发育在辉绿岩中,为沿变质辉绿岩中破劈理的顺层滑动,因此采用具任意形状滑裂面的边坡稳定分析程序(Morgenstern-Price)来进行反算,反算剖面采用主滑体的Ⅰ、Ⅱ剖面。经过大量计算,得出变质辉绿岩中滑动带的抗剪强度参数为当 $\varphi=13°\sim18°$ 时,c 取 0~24.5kPa(图 7.2、图 7.3)。同时综合考虑试验结果和经验调查,最后确定出变质辉绿岩中滑动带的抗剪强度参数为:内聚力 $c=17.2$kPa,内摩擦角 $\varphi=17°$。

由于变质辉绿岩中上、下层滑动带的成因相似、力学性质相近,故认为上、下层滑动带的抗剪强度参数相同。接着采用同样的方法对下层滑动面进行反算,经

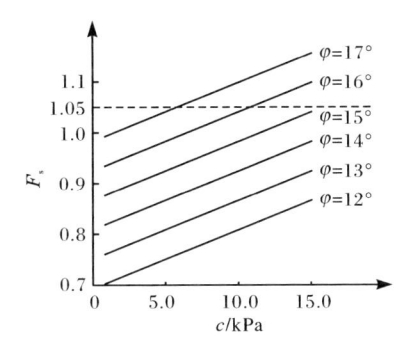

图 7.2 辉绿岩中滑面稳定系数 F_s-c 曲线(反算)

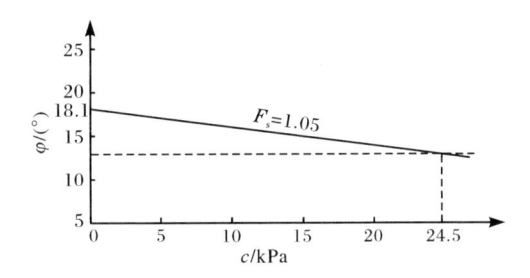

图 7.3 辉绿岩中滑面 c-φ 曲线(反算)

过大量计算,得出变粒岩中滑动面的抗剪强度参数为当 $\varphi=18.5°\sim 21°$ 时,c 取 $42\sim 60.5$kPa(图 7.4、图 7.5)。同时综合考虑试验结果和经验调查,最后确定出变粒岩中片理、节理等所构成的渐进破坏滑动面的抗剪强度参数为:内聚力 $c=50$kPa,内摩擦角 $\varphi=20°$。

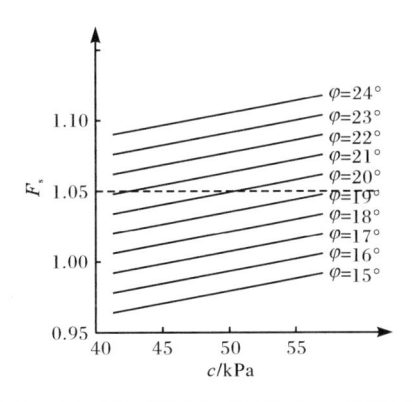

图 7.4 变粒岩中滑面稳定系数 F_s-c 曲线(反算)

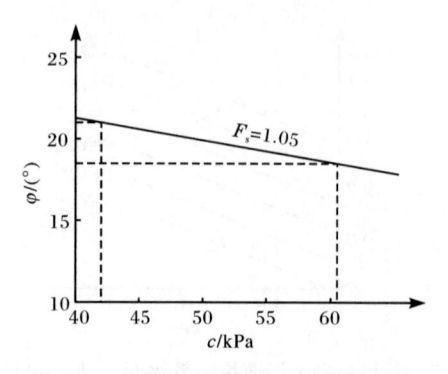

图 7.5 变粒岩中滑面 $c\text{-}\varphi$ 曲线(反算)

通过对室内外试验结果、力学指标反分析结果和参考有关研究项目中的试验结果综合分析，结合经验调查，提出下列滑坡稳定性分析及加固设计用岩土主要物理力学指标(表 7.6)。

表 7.6　韩家垭滑坡岩土主要物理力学指标建议值

地层	重度 /(kN/m³)	饱水重度 /(kN/m³)	内聚力 c/kPa	内摩擦角 φ/(°)
残坡积土层	21.0	21.2	18	9
强风化变质辉绿岩	23.0	23.2	70	20
弱风化变质辉绿岩	29.1	29.3	100	22
微风化变质辉绿岩	29.5	29.7	150	25
强风化变粒岩夹片岩	21.8	22.0	50	20
弱风化变粒岩夹片岩	24.8	25.0	70	21
微风化变粒岩夹片岩	27.0	27.3	100	22
辉绿岩中滑动带	23.0	23.2	17.2	17
变粒岩中滑面	21.8	22.0	50	20

7.7.2　稳定性计算方法

根据本章前面部分的分析，对双层反翘滑坡的典型工程地质剖面进行基于刚体极限平衡方法的多方案的稳定性计算分析。所采用的稳定性计算方法有下列两种。

(1) 对假定的圆弧滑裂面使用简化 Bishop 法，稳定系数由式(7.1)计算。

$$F_s = \frac{\sum_{i=1}^{N}\{[W_i(1-\gamma_u)\tan\varphi_i + c_i\Delta x_i]/\cos a_i(1+\tan a_i\tan\varphi_i/F_s)\}}{\sum_{i=1}^{N}(W_i\sin a_i + kW_i\cos a_i)} \quad (7.1)$$

式中,F_s 为滑坡的稳定系数;W_i 为第 i 条块的重量,kN;N 为土条总数;φ_i 为滑坡物质的内摩擦角,(°);c_i 为滑坡物质的内聚力,kPa;k 为水平地震力系数;γ_u 为孔隙压力比;Δx_i 为第 i 条块滑面的宽度,m。

(2) 对假定的任意形状滑裂面使用 Morgenstern-Price 法,计算公式如下:

$$E_n(F_s, \lambda) = 0 \quad (7.2)$$

$$M_n(F_s, \lambda) = \int_a^b \left(X - E\frac{dy}{dx}\right)dx - \int_a^b \frac{dQ}{dx}h_e dx = 0 \quad (7.3)$$

式中,F_s 为滑坡的稳定系数;E_n 为最后一条块法向条间力;x 为土条切向力;Q 为地震力;h_e 为地震力作用点与土条底距离;a,b 分别为滑体左、右端点的 x 坐标。

7.7.3 稳定性计算结果分析

韩家垭滑坡的稳定性分析结果见表 7.7。

表 7.7 韩家垭滑坡各计算剖面开挖后稳定性计算结果

Ⅰ－Ⅰ′剖面	加固前稳定系数	Ⅱ－Ⅱ′剖面	加固前稳定系数
任意滑裂面 2	1.045	任意滑裂面 2	0.931
坡脚圆弧滑裂面	0.862	坡脚圆弧滑裂面	0.923

该稳定性计算结果与后来的物理模拟试验结果比较接近,同时与数值模拟计算结果也比较接近,因此可以认为对滑坡稳定性的评价是较准确的。

通过后来对施工期地质资料的分析以及施工前、施工过程中和施工完后对滑坡的现场监测资料来看,上述滑坡力学参数的选取和稳定性分析结果还是比较符合实际情况的。根据近几年来对多个滑坡工程的实践表明,前述一整套滑坡力学参数的选取方法行之有效、符合工程实际。

第 8 章　双(多)层反翘型滑坡控制对策研究

滑坡稳定性的有效与合理控制是滑坡工程研究的最终目标,如何在满足工程安全性的前提下,使滑坡稳定性控制工程的造价最低、对周围环境的破坏最小,这是本书研究的出发点和归宿点。滑坡稳定性控制对策是由滑坡的基本特征、变形破坏机理、滑坡类型、规模大小、滑体厚度及对工程的危害程度等决定的。不同类型和力学机理的滑坡就需采取不同的控制对策,对滑坡研究得越深入清楚,所提出的控制措施就越切合实际。同时,在研究滑坡稳定性控制对策时,还应对各种控制技术和方法的加固机理、加固效果、优缺点、适用范围等研究清楚,方能有的放矢、高效地控制滑坡稳定。

对双层反翘型滑坡而言,滑体中上部是滑坡的主体,滑坡的剩余下滑力主要来自于滑体中上部的上、下二层滑体,且滑体厚度较大。滑坡前缘的反翘部分是整个滑坡的阻滑段,在滑坡控制时,必须充分考虑到这些特点,方能既经济又安全地控制该类滑坡。

8.1　灾害控制方案选择

8.1.1　控制原则

结合双层反翘型滑坡的地质特征,确定其控制原则如下:

(1) 在综合评价工程地质条件和工程状态的前提下,以滑坡稳定性为基础,突出对重点地段和部位的整治。由于双层反翘型滑坡是一种推动式滑坡,发育于滑坡中后部的上、下二层滑体是整个滑坡的主体,这是该类滑坡的控制重点。

(2) 采取综合整治措施,尽量采用减滑工程,充分发挥滑坡岩土自身强度,尽量减少抗滑支挡工程。由于双层反翘型滑坡的前缘反翘岩层是整个滑坡的阻滑段,在整个滑坡的演化过程中始终起着阻滑作用。因此,在选择控制方案时,必须充分利用和发挥前缘反翘岩层的阻滑作用,最大限度地减少对前缘反翘岩层的破坏作用。

(3) 要一次根治,不留后患。整治工程的各项工程措施,应高效快速、因地制宜、就地取材。设计、施工力求科学化、信息化,应采取技术可行、经济实用、施工简便、可操作性强、尽可能在短时间内发挥抗滑作用的工程结构。

(4) 滑坡(含反翘岩体)整治要与其变形监测特别是深层变形监测结合起来。

(5) 滑坡的整治工程应与"绿色设计"相结合,即整治工程应与环境绿化和美化相结合。

8.1.2 控制措施类别

滑坡灾害控制的本质就在于如何减小滑坡的下滑力和增加滑坡的抗滑力,由于减小下滑力和加大抗滑力的各种技术和方法的机理不同,从而产生了众多的滑坡稳定性控制措施[110~120]。目前,就滑(边)坡的控制措施而言,可分为减滑工程、抗滑工程和现场监控工程,本书对目前滑(边)坡灾害防治中常用的控制措施进行了归纳总结。

1. 监控工程措施

目前,监控措施在滑坡工程中得到了大量的应用,通过监控,可尽早地发现潜在的滑坡,根据滑坡的发育阶段,制定相应的防灾对策,有效的监控,可极大地减少滑坡灾害带来的经济损失及后续的治理费用,在滑坡灾害的控制中起到了重要的作用,因此本书将其归纳为一种滑坡灾害控制方案。

根据监测的阶段不同,可分为滑坡发育阶段监控、治理工程施工期间监控、滑坡治理工程结束后的监控。滑坡发育阶段监控可判断滑坡发育的阶段和预测未来的发展趋势,对滑坡灾害进行预警及提出相应的防灾减灾及治理对策;滑坡治理施工期监控是为了保证施工的安全及根据滑坡发展提出变更方案修改设计等;滑坡治理工程结束后的监控是为了确保滑坡长期的稳定,如仍然有滑动迹象,及时增加治理措施。

目前,常用的监控措施可分为坡体变形监测、影响因素监测及防治工程结构物监测。

(1) 坡体变形监测又分为地表观测和深部变形观测。目前应用的坡体表面变形监测措施有 GPS、全站仪、CDD、裂缝计、光纤传感、引张线仪等;深部变形监控措施有钻孔测斜仪深部位移观测、滑动测微计观测、多点位移计观测、TDR 观测、光纤观测等。对于破坏前有很大变形的边坡,可选择坡体变形作为监控措施,如土质边坡。

(2) 影响因素观测。对于受外界环境影响较大的边坡,需要对其影响因素进行观测,通过影响因素的发展变化判断坡体的稳定状态发展,以便及时做出防灾应急对策。目前,有降水量观测、坡体水位观测、地震观测等。

(3) 防治工程结构物监测。对于采取了治理措施的滑坡,工程结构物的变形反映了坡体稳定状态,通过结构物的变形程度可评价坡体的稳定状态,目前很多大型的滑坡在治理工程完成后,对防治措施的变形特征进行了后续的观测,常用的监测手段有钢筋计、地表排水、地下排水效果等。

现场监控工程的目的在于随时监测滑坡的位移、受力、地下水及其环境因素等的变化，根据监测数据对边坡未来的发展进行预测。对于处于暂时稳定状态的边坡，可仅采用现场稳定性监控措施，防患于未然，将滑坡灾害带来的损失降到最小。对于治理工程施工期的滑坡，通过监测反馈，可及时调整、优化治理方案，保证治理工程顺利、有效地完成。

2. 减滑工程措施

减滑工程的目的在于改善滑坡的地形、土质、地下水等的状态，即改变其自然条件而使滑坡运动得以停止和减缓。主要有削减推动滑坡产生区的物质、增加阻止滑坡产生区的物质、减缓滑(边)坡的总坡度、排水、滑带土改良法等。

滑带土改良法可以提高滑带土的抗剪强度，增加滑坡自身的抗滑力。滑坡的发生主要是因为滑动带岩土在水和各种应力作用下力学性质急剧降低的结果，因此增强滑动带岩土的力学性质应是稳定滑坡的最有效措施。土质改良法试图通过改善滑带的性质使之抗剪强度增加以达到稳定滑体的目的，这种方法至今进展缓慢，国内用得很少，主要是治理效果难以检验，一般作为辅助方法。

削坡减载和前缘堆载反压是目前经济、有效、简便的控制措施，特别对厚度大、主滑段和牵引段滑面较陡滑坡的稳定性控制效果尤为明显。

排水分为地下集排水和地表截排水。因为水是形成滑坡的重要作用因素，特别是作用于滑动面(带)的水将增大滑带土的孔隙水压力，减小阻滑力，所以修建排水工程是整治滑坡中应首先考虑的措施。治坡先治水，几乎所有的滑坡整治都不同程度地采用了这种措施，排水经常与其他措施联合应用。地下水丰富时应采用地下排水系统。

3. 抗滑工程措施

抗滑工程则在于利用抗滑构筑物来支挡滑坡运动的部分或全部，使其附近及该地区内的设施及建筑物等免受其害。具体措施主要有：抗滑挡墙、抗滑桩、砂浆锚杆、预应力锚杆(锚索)、锚索桩、小截面群桩、锚喷支护、刚架桩、排架桩、树根桩、土锚钉、加筋土、格构锚固、抗滑明洞、抗滑键、钢轨桩、钢管桩、石灰桩、碎石桩、框格防护、抹面、水泥混凝土预制块护坡、防冲刷挡土墙等。

抗滑挡墙是目前治理小型滑坡，特别是浅表层滑坡的常用方法，但其对深层的岩体并无控制作用。

锚索桩是联合应用悬臂桩和锚索的方法[168,169]。该方法大大降低桩体的受力弯矩，达到降低工程量的目的，但工程造价较高，同时锚索的有效控制范围也难以在施工中得到完全实施和实现，从而在一定程度上影响整治工程的效果。

小截面群桩即钻孔灌注桩，是利用了其空间结构整体刚度大，抵抗滑坡推力能力强,而工程量小的特点。尽管整治效果较好,但施工难度和技术要求较高。

抗滑桩用于处理滑坡或防止边坡失稳下滑,特别是适用于大型中、深层滑坡的加固,是一种较理想的抗滑设施,它具有桩孔较大、抗力大、护壁容易且工程量小,施工机械简单,施工场地要求低等优点。但投资较大,施工较困难,工期较长。

目前普遍采用的普通砂浆锚杆具有成本低廉、施工简便等优点,但因一般采用先灌浆后插杆的工艺,人为因素对灌浆饱满度影响较大,特别是当施工向上倾斜且使用长度大于3.0m的锚杆时,灌浆饱满度更难于控制,导致有效锚固长度往往与设计要求相差甚远,当前又缺乏检验砂浆饱满度的有效方法,普通砂浆锚杆的工程质量存在严重隐患。与普通砂浆锚杆相比,近年来迅速发展的中空注浆锚杆则具有明显的优势。普遍中空注浆锚杆由表面带有标准联结螺纹的中空杆体、止浆塞、垫板和螺母组成。施工时采用先扦杆后注浆工艺,浆液从中空杆体的孔腔中由内向外流动,当浆液由锚杆底端流向孔口时,止浆塞与托板能有效阻止其外溢,保证杆体与孔壁间的灌浆饱满,使锚杆伸入范围内的岩体都得到有效加固。通过连接套或对中环,可使杆体在孔内居中,杆体被均匀的砂浆保护层包裹,显著提高了锚杆的耐久性。在软弱破碎、成孔困难的地层中,则可将中空杆体作为钻杆,形成自进式中空锚杆。对大跨度洞室的顶部支护常需采用长8~10m的系统锚杆,这时可采用杆体底端带涨壳或楔块等机械锚固件的中空注浆锚杆。这类锚杆不仅可保持普通中空注浆锚杆的优点,又可在安设后使托板和锚固件处产生压力球,在张拉后立即提供60~150kN的初始预应力,使被锚固岩体形成压应力拱,进一步提高了围岩的稳定性。

预应力锚杆锚索采用主动加固的思路,通过张拉预应力锚杆(索),来形成一定范围的压力带,以此调整边坡整体的应力状态,提高边坡的稳定系数,其对处理单斜岩层边坡的稳定有较好的效果,是目前主要的边坡加固手段,但难以准确计算被锚固体的下滑力和张拉控制应力,且施工工期长,造价也较高。

预应力锚索加地表固定构件(地梁、框架、桩板墙等),是将边坡的表面支挡与岩土体内部的加固结合起来,使锚索的受力较为均衡,充分发挥此类支护手段的整体与空间的加固效应,适用于较大规模的滑坡治理,也是目前常用的边坡加固方式,但也存在施工工期长、造价较高的问题。

压浆锚注(固结)是往地层注入水泥浆(掺一定的外加剂),以改变岩土体的物理力学性质,必要时也可加一钢筋笼或钢筋束(即锚柱),以此来稳定边坡。其施工设备简单、占地面积小、工期短、见效快、加固地层的厚度可深可浅,但难以检测注入范围和判断固结状态。

土钉墙是一种半重力式结构,它通过大密度的注浆锚杆(土钉)及坡面喷射混凝土，提高一定范围内土体的整体性和抗拉强度，使之成为"似挡墙"来支撑其后的坡体，其施工速度快，可采用逆作法施工。但由于采用低压注浆，对土体本身的改良作用不明显，而且锚杆为非预应力，变形较大，因此目前基本限于在稳定坡面或一些简单坡面上采用。

高压劈裂注浆通过强力混合，改良坡体岩土体，可较大幅度提高边坡岩土体的抗剪强度，并使被加固边坡变成一个复合体而能充分发挥其自身承载潜能。

而三维网植草、加筋挡墙、柔性防护网等新型防治技术一般是作为上述加固措施的辅助手段，或在特殊条件下单独使用，如保护边坡表面免遭雨水冲涮和美化景观等。

8.1.3 控制方案选择

由于双层反翘型滑坡独特的特征，双层滑动段的滑体厚度较大、滑面较陡，非常适合在该段中后部进行削坡减载，这样可迅速大幅度地减小滑坡下滑力，效果非常显著；前缘反翘岩层段是很典型的阻滑段，非常适合在该段中前部进行堆载反压，这样可迅速大幅度地增加滑坡抗滑力，效果非常显著。该方法施工简便，施工速度快，效果好且见效快。但是这种措施受周围环境的约束较大，在附近必须有弃土场，需征用较多的土地，对环境影响大，堆载反压工程有时受建设工程制约几乎无实施条件。在条件允许时，这是双层反翘型滑坡的首选控制方案。

由于双层反翘型滑坡滑体厚度较大，覆盖层厚，且相对较松散，故要求锚索的长度较大，预应力不易施加，预应力容易发生较大损失，需要较长时间才能发挥锚固作用，因此一般不宜采取锚固措施来整治该类滑坡。

抗滑桩是目前根治大型中、深层滑坡的基本方法，它已在水电工程、铁路工程、矿山工程和城建工程中得到广泛应用[170~173]。它具有桩孔较大、抗力大、护壁容易、工程量小、施工机械简单、施工场地要求低等优点。该方法用于双层反翘滑坡的治理是较有效的。

可见，针对双层反翘滑坡产生的原因以及各种整治措施的使用条件，在选择控制方案时，若条件允许，削坡减载和前缘堆载反压是首选方案；其次可优先选择抗滑桩(或锚拉桩)方案；最后才可选择其他方案。在满足滑(边)坡当前与长期稳定要求的前提下，充分考虑投资、工艺、工期及景观改造与保护等，选用一种或多种加固手段。任何一种方案，都应该与地下集排水和地表截排水工程联合使用。

因此，为了探求整治工程的加固机理，我们以韩家垭滑坡为例进行相关的模型试验和现场监测研究。

8.2 整治工程加固机理及优化的物理模拟试验研究

为了更好地了解上述选定加固方案的加固机理和加固效果,我们作了两种工况的模型试验,以期获得较为经济的加固优化结果。

8.2.1 模型试验工况及步骤

工况3。模拟韩家垭滑坡在按实际加固工程(布置上、下二排抗滑桩,每排四根,桩心距4cm,锚杆每排3根或4根,间距5cm×5cm,梅花形布置)施工后,对整治工程的受力与变形状态进行监测、加固效果评价等(图8.1~图8.3)。

工况4。改变抗滑桩(包括桩长、桩截面、桩间距等参数)、锚杆(间距、排距、长度、锚杆直径、锚孔直径等参数)有关参数(布置上、下二排抗滑桩,每排二根,桩心距8cm,锚杆每排1根或2根,间距10cm×5cm,梅花形布置),进行各有关数据的测试,从而优化加固设计方案(图8.4~图8.6)。

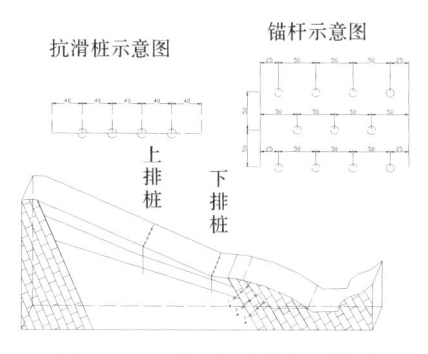

图8.1 工况3加固状态下模型试验剖面图(单位:mm)

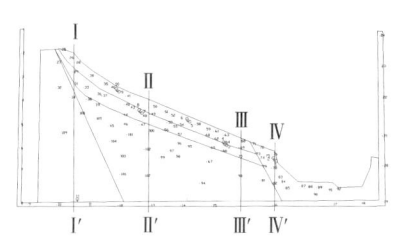

图8.2 工况3百分表及摄影测量测点布置图

图8.3 工况3试验全景

图8.4 工况4试验全景

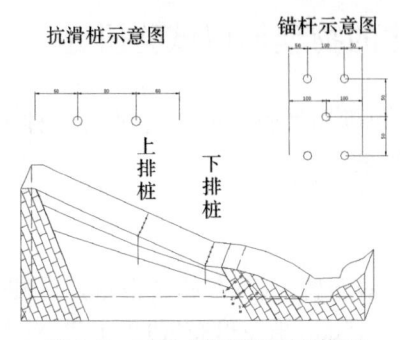

图 8.5　工况 4 加固状态下模型试验剖面图(单位:mm)

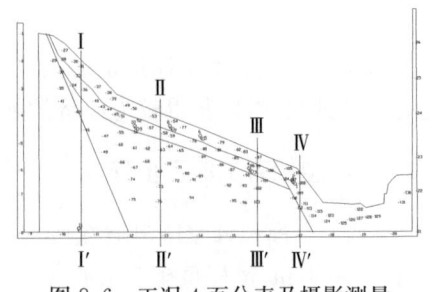

图 8.6　工况 4 百分表及摄影测量测点布置图

8.2.2　相似材料的研制

1. 抗滑桩相似材料的研制

工程现场主滑断面上的实际抗滑桩尺寸(长×宽×高)为 2.6m×5m×29m 及 2.6m×5m×39m,混凝土弹性模量为 26~30GPa,抗压强度为 10~20MPa,最大抗拉强度为 31.1MPa,重度为 25kN/m³,桩间距为 8m。因此,抗滑桩相似材料的弹性模量为 130~150MPa,抗压强度为 0.05~1MPa,抗拉强度为 0.156MPa,重度为 25kN/m³,其几何尺寸为 13mm×25mm×145mm(下排)及 13mm×25mm×195mm(上排),桩心距为 40mm。模型厚度按 200mm 计算,则上、下排都需 4 根或 5 根抗滑桩。由于 130~150MPa 的相似材料不易找到,拟选用弹性模量为 545.4MPa 的聚四氟乙烯材料,其应力-应变关系曲线如图 8.7 所示,根据 $E_p S_p / E_m S_m = C_L^2 C_E$ 可得聚四氟乙烯抗滑桩的尺寸为 7mm×13.5mm×145mm(下排)及 7mm×13.5mm×195mm(上排)。

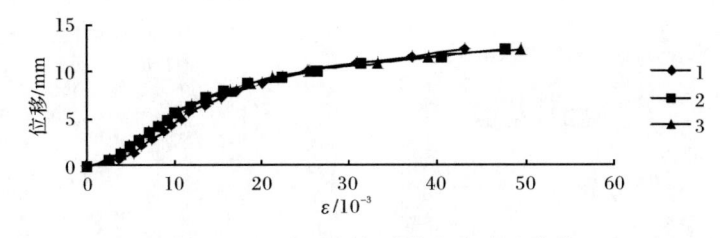

图 8.7　聚四氟乙烯标准件应力-应变曲线

2. 锚杆相似材料的研制

在选用模型锚杆时,发现要找到完全满足相似关系的模型锚杆材料很困难。

作为一种尝试,根据 $E_pS_p/E_mS_m=C_L^2C_E$ 来选配锚杆相似材料。现场采用的锚杆是Ⅱ级 $\phi 36$mm 螺纹钢,其弹性模量为 2×10^5 MPa。锚杆长度为 20m,则模型中锚杆长度为 10cm。工程现场锚杆间距为 2m×2m,则模型中锚杆间距为 1cm×1cm,太密,不易在相似材料中钻孔成功,试验时可按 4cm×4cm 或 5cm×5cm 间距按单位面积上加固密度相同来替换。

经过多种相似材料的比选,锚杆相似材料也选用聚四氟乙烯材料,则按相似比可得锚杆相似材料的尺寸为:直径 $\phi 1.6$mm,长度为 100mm,锚杆间距为 50mm×50mm。

8.2.3 模型体制作

对于工况3、工况4,先按自然状态未开挖条件下砌筑模型体,然后在砌好的模型体上按上、下二排抗滑桩位置画线定位,在模型体厚度方向上也按桩心距画好桩心位置,用手电钻钻造桩孔,每钻好一个桩孔,应立即把抗滑桩插入孔中,并用一定配比的石膏浆液注入桩孔中。待全部抗滑桩安设完毕,在滑体前缘开挖边坡至设计边坡线,然后按锚杆布置在预定位置画好线,定好各个锚孔的具体位置,再用 $\phi 6$mm 金刚石钻头钻造锚孔,接着插入锚杆,注入石膏浆液待其初凝后,再砌筑试体使滑体前缘恢复至自然边坡未开挖状态。

对于观测抗滑桩及锚杆,每埋设完一根抗滑桩或锚杆,都应用静态电阻应变仪或光功率计检查一下所埋设的传感器是否完好无损,待所有抗滑桩、锚杆全部安装完后,用二次仪表再全部检查一遍所有传感器。

8.2.4 观测内容及手段

本次试验主要进行抗滑桩和锚杆的变形,受力大小,桩前、桩后土压力,滑坡体位移场等测试。

抗滑桩受力观测采用电阻应变片测量;桩前、桩后土压力监测采用微型光纤压力传感器;锚杆受力观测采用电阻应变片与微型针形光纤位移传感器联合应用的方法,二者平行使用,相互校验。

1. 桩身受力观测

在上、下排抗滑桩中各选一根作为观测桩,采用微型电阻应变片作为传感器。参照工程原型现场桩身受力监测实际情况,在模型试验中,在下排桩前粘贴 3 个电阻应变片,桩后粘贴 5 个;上排桩前粘贴 5 个,桩后粘贴 7 个,共计 20 个,两种工况共计 40 个。应变片在上、下二排观测抗滑桩上的布置如图 8.8 及图 8.9 所示。试验所采用的电阻应变片型号为 B×120-3AA,栅长×栅宽为 3mm×2mm,电阻值为 120(1±0.1%)Ω,灵敏系数为 2.05(1±0.28%)。二次仪表采用国产 YJ-X4

型静态电阻应变仪和 PX-20A 预调平衡箱(图 8.10)。安装各传感器之前,应对各传感器进行统一编号,同时也应在相应电缆线上标注相应编号。

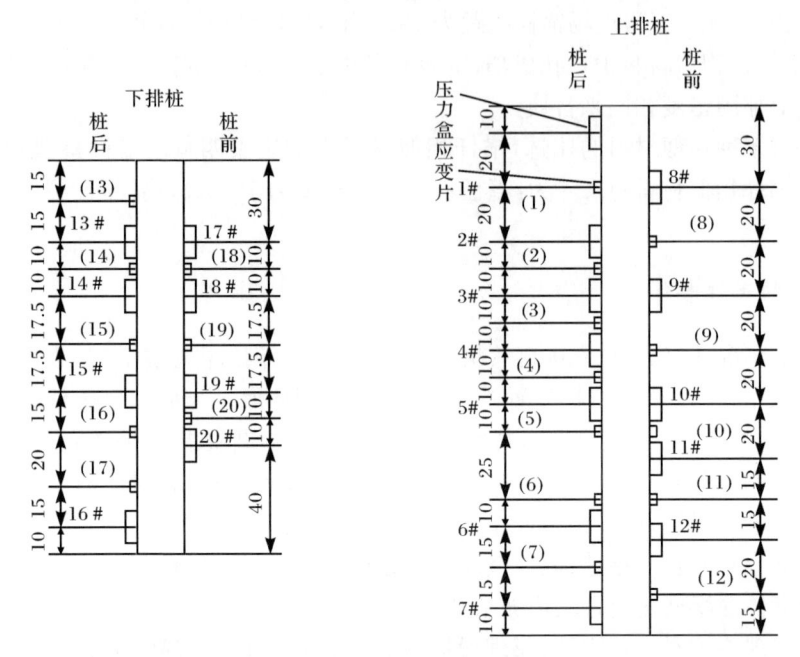

图 8.8 光纤压力盒、应变片布置图(单位:mm)

图 8.9 应力和土压力观测桩制作

图 8.10 桩身受力观测

2. 桩前、桩后土压力观测

在观测桩中埋设微型光纤压力传感器来观测桩前、桩后土压力大小。参照工程原型现场土压力监测实际情况,在模型试验中,在下排桩前埋设 4 个微型光纤土压力盒,桩后埋设 4 个;上排桩前埋设 5 个,桩后埋设 7 个,共计 20 个,两种工况合计 40 个。压力盒在上、下二排观测抗滑桩上的布置,如图 8.8 及图 8.9 所示。

试验所采用的土压力盒系微型光纤压力传感器,其外形尺寸为10.0mm×8.0mm×3.0mm,量程为0~1kg/cm²,灵敏系数为0.1N/NW/NW。二次仪表为八通道光源和光功率计(图8.11)。该项技术在国内首次应用于物理模拟试验中。

图8.11 光纤压力传感器观测

3. 锚杆受力观测

采用电阻应变片与微型针形光纤位移传感器联合使用来观测锚杆受力状态。在不同的路堑边坡高程上选择三根锚杆作为观测锚杆(图8.12及图8.13),每根锚杆安设三个电阻应变片和三个针形位移传感器,具体布置如图8.12及图8.13所示,所用电阻应变片与桩身受力观测相同。所用微型针形光纤位移传感器的外形尺寸:直径为0.5mm,长度为5.0mm,量程为0~0.30mm,灵敏系数为10^3mm/NW/NW。二次仪表为八通道光源和光功率计。该项技术在国内首次应用,试验测试效果不甚理想。

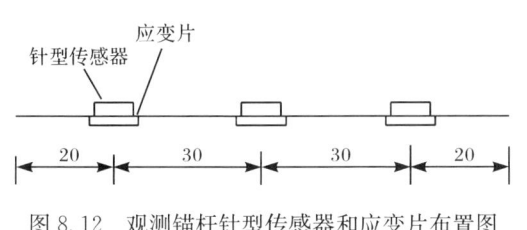

图8.12 观测锚杆针型传感器和应变片布置图(单位:mm)

图8.13 受力观测锚杆制作

8.2.5 支挡结构受力分析

1. 桩身受力分析

工况3、工况4上、下排抗滑桩桩身应力随深度分布情况如图8.14~图8.21

所示。工况 3、工况 4 上、下排抗滑桩桩身各测点应力随试验步骤变化如图 8.22～图 8.29 所示。

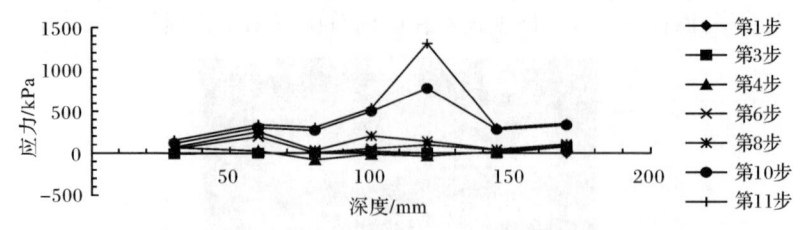

图 8.14 工况 3 上排桩桩后应力-深度分布情况

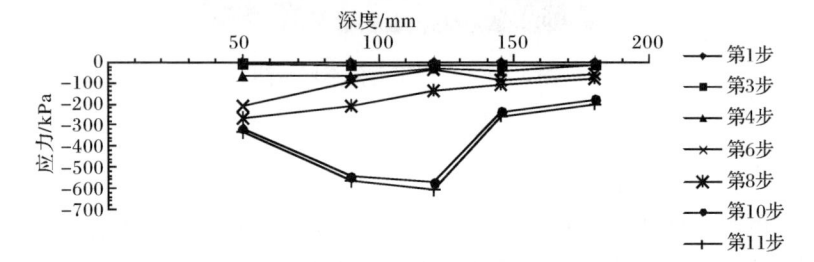

图 8.15 工况 3 上排桩桩前应力-深度分布情况

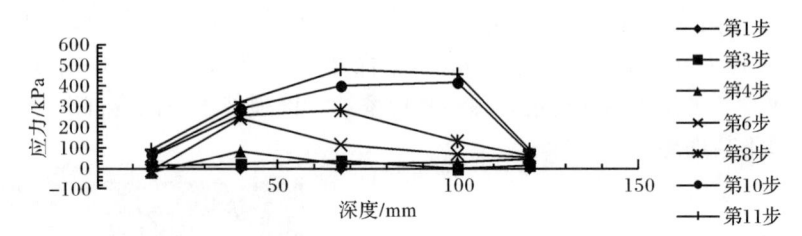

图 8.16 工况 3 下排桩桩后应力-深度变化情况

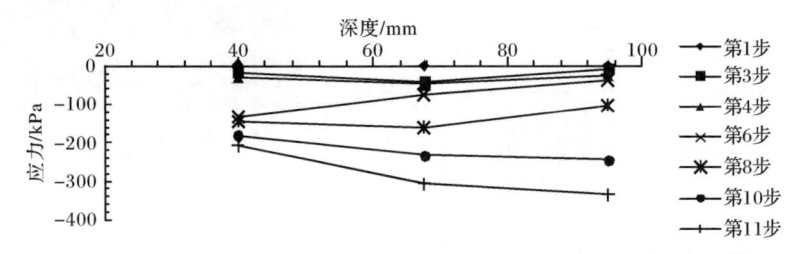

图 8.17 工况 3 下排桩桩前应力-深度变化情况

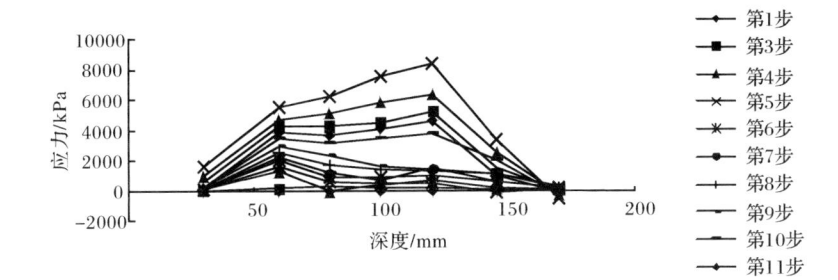

图 8.18 工况 4 上排桩桩后应力-深度分布

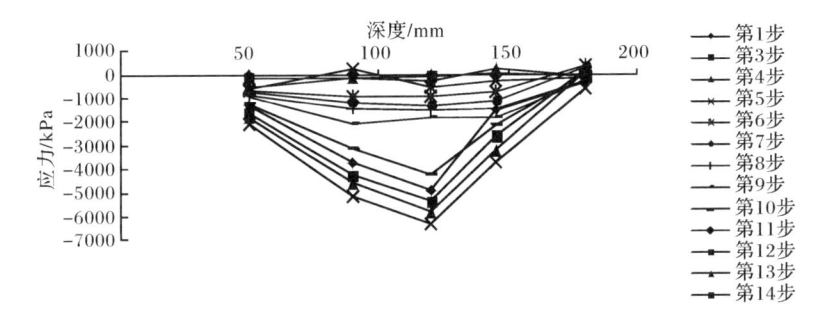

图 8.19 工况 4 上排桩桩前应力-深度分布

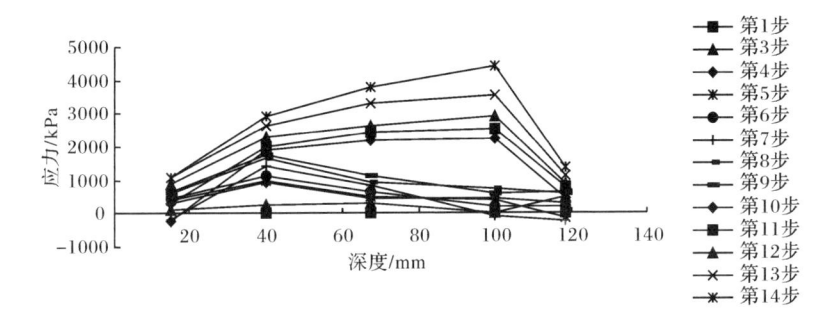

图 8.20 工况 4 下排桩桩后应力-深度分布

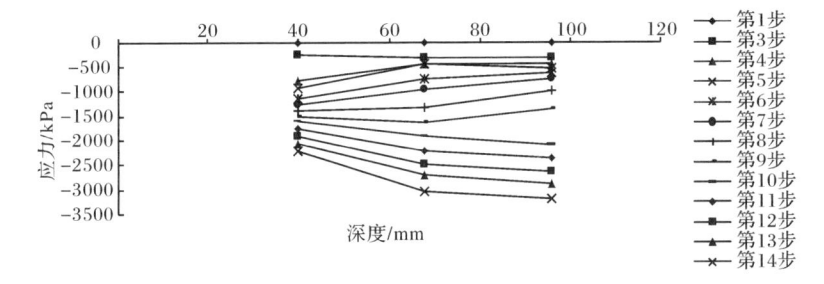

图 8.21 工况 4 下排桩桩前应力-深度分布

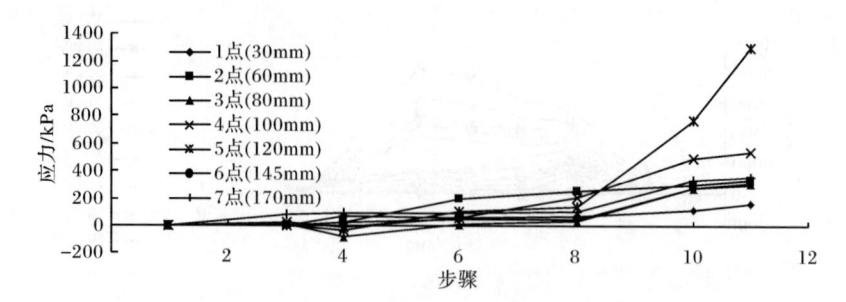

图 8.22 工况 3 上排桩桩后各点应力-步骤变化

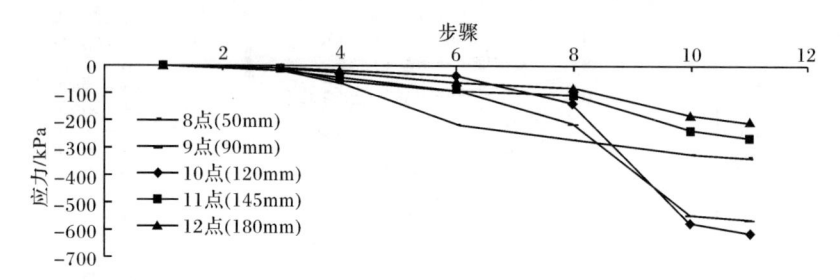

图 8.23 工况 3 上排桩桩前各点应力-步骤变化

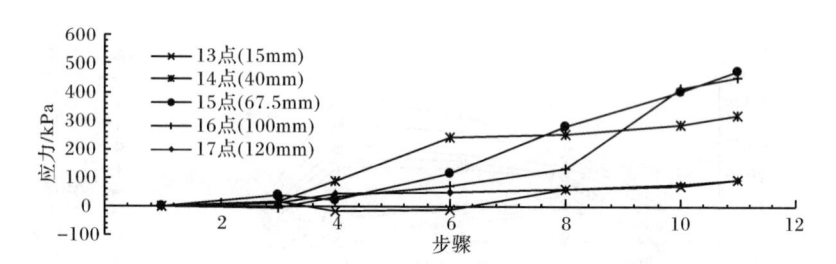

图 8.24 工况 3 下排桩桩后各点应力-步骤变化

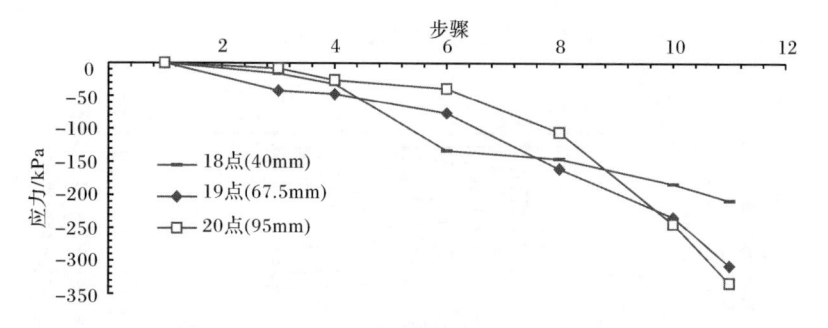

图 8.25 工况 3 下排桩桩前各点应力-步骤变化

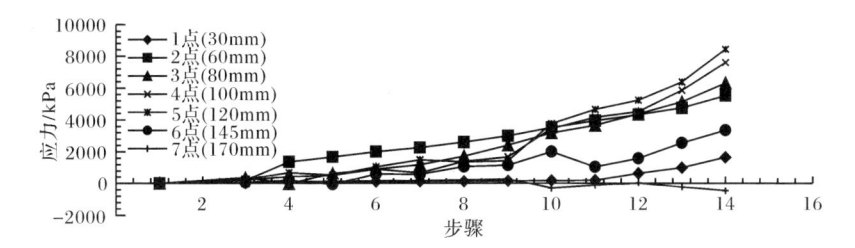

图 8.26　工况 4 上排桩桩后各点应力-步骤变化

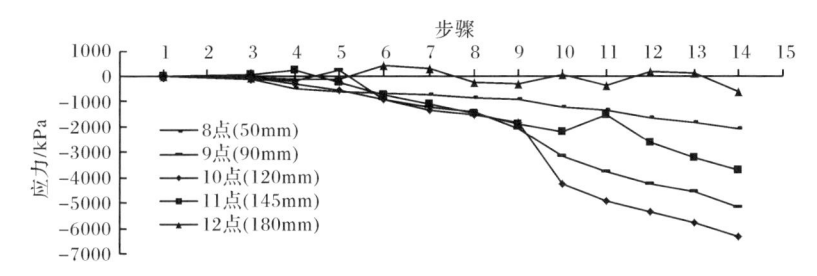

图 8.27　工况 4 上排桩桩前各点应力-步骤变化

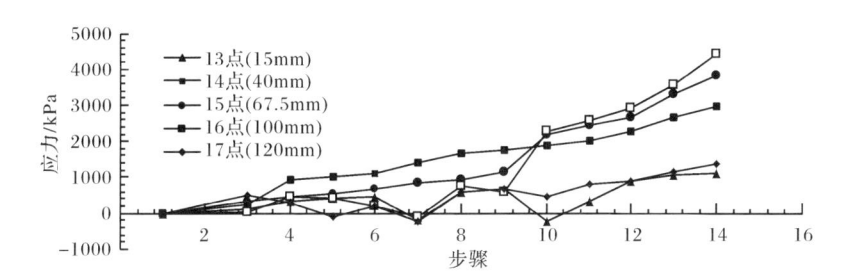

图 8.28　工况 4 下排桩桩后各点应力-步骤变化

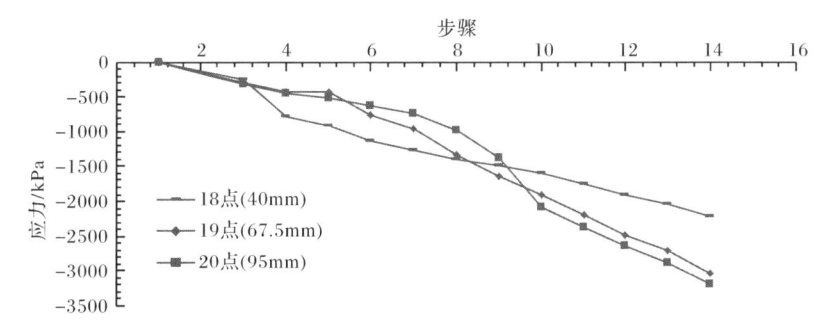

图 8.29　工况 4 下排桩桩前各点应力-步骤变化

从图 8.14 中可见,工况 3 上排桩桩后桩身所受应力除初始几步有微小的压应力作用外,主要是受到拉应力的作用。对于同一试验步骤,在第 4 步之前,桩身应力都较小,基本无规律;在第 6~8 步,桩身应力先随深度缓慢增加,至上滑面处达到最大,随后逐渐减小;至第 10 步后,桩身应力随深度增加,先呈缓慢增加,至埋深 80mm 以下,桩身拉应力急剧增大,在埋深 120mm 处达到最大值,其后又急剧减小,至埋深 145mm 以下,桩身所受拉力较小。在第 4 步前,桩身应力都较小;至第 6 步时,上滑面(60mm)处测点应力突然增大,其余测点应力仍较小,上滑面处应力为最大;至第 10 步后,80mm、100mm、120mm 处测点应力陡然增加,使得下滑面(120mm)处应力最大。上排桩桩后所受的最大拉力位于下层滑动面处,其值达 1306.8kPa。

从图 8.15 中可见,工况 3 上排桩桩前桩身所受应力主要为压应力。在第 4 试验步前,桩身应力都很小;至第 6 试验步时,50mm 处测点应力猛然增加;至第 8 试验步时,50mm、90mm、120mm 测点应力有较大增加;至第 10 步时,90mm、120mm 测点应力陡然增加;对于同一试验步骤,在第 4 步之前,桩身应力较小,基本无规律;在第 6~8 步,桩身应力随深度逐渐减小;至第 10 步后,桩身应力随深度增加,先是急剧增大,然后增速减缓,至下层滑动面处压应力增至最大,随后,对于下滑面以下段,压应力急剧减小,至埋深 145mm 以下,压应力呈缓慢减小。上排桩桩前所受的最大压应力为 607.6kPa。

从图 8.16 可见,工况 3 下排桩桩后桩身所受应力除初始几步个别测点有微小的压应力外,主要是受到拉应力的作用。在第 4 步之前,整个桩身应力都较小;至第 6 步时,上滑面处桩身受力陡然增加;从第 6 步后,67.5mm 和 100mm 处测点应力增加较快;至第 10 步时,100mm 处测点应力突然增大,成为受力最大的测点。对于同一试验步骤,在第 4 步之前,桩身受力较小,基本上无规律可循;至第 6 步时,桩身应力先随深度快速增大,在上滑面处达到最大,随后就逐渐减小;至第 8 步时,先随深度快速增大,接着缓慢增加,至 67.5mm 处达最大值,随后又逐渐减小;至第 10 步后,桩身应力随深度先是快速增大,至埋深 67.5mm 处达到最大值,随后缓慢减小,至 100mm 以下,桩身应力急剧减小。下排桩后所受的最大拉应力为 476.0kPa。

工况 3 下排桩桩前测点只有三个,较少。从图 8.17 可见,工况 3 下排桩桩前桩身所受应力都为压应力,在第 4 步之前,桩身应力都较小;至第 6 步时,上滑面(埋深 40mm)处桩身受力陡然增加,其余测点压应力增加很小;至第 8 步及以后,67.5mm 和 95mm 处桩身压应力增加显著。在第 6 步之前,埋深 40~95mm 段桩身应力随深度增加,基本上呈逐渐减小之势;至第 8 步时,桩身应力先是缓慢增加接着逐渐减小;至第 10 步后,桩身应力逐渐增大,在下滑面(埋深 95mm)处,压应力达到最大值,为 333.0kPa。

从图 8.14~图 8.17 综合来看,工况 3 上排桩在第 4 步前桩身受力较小,至第 6 步时,上滑面处桩身应力快速增大;至第 10 步时,上滑面与下滑面之间段的桩身应力增加很快,下滑面处所受的桩身应力最大,桩后主要受拉应力,桩前主要受压应力。下排桩在第 4 步之前桩身受力较小;至第 6 步时,上滑面处桩身受力显著增加,下滑面处桩身受力增加很小,上滑面处受力相对较大;到第 10 步时,下滑面处桩身受力快速增加,而上滑面处桩身受力增加相对较小;最后,下滑面处受力大于上滑面处受力,桩身受力最大处位于下滑面处。桩后拉应力明显比桩前压应力大,上排桩的最大拉、压应力明显比下排桩的最大拉、压应力大。

从图 8.22~图 8.25 可见,工况 3 桩身各测点应力基本上随试验步骤增加而增大,在第 4 步之前,所测应力较小,较杂乱无章;在第 6~8 步,各测点应力明显增加,尤其是上滑面处的应力增加明显,下滑面处桩身应力仍然较小;在第 10 步以后,各测点应力快速增加,上滑面处桩身应力增加较慢,下滑面处桩身应力增加很快。

从图 8.18 可见,工况 4 上排桩桩后桩身所受应力主要是拉应力。在第 3 步前,桩身应力相对较小;至第 4 步时,上滑面(60mm)处应力陡然增加,其余测点应力仍较小,使上滑面处的应力明显较其他处大;至第 10 步时,上、下两滑面间的桩身应力显著增加,尤其是下滑面处的应力陡然增加,使下滑面处应力一跃成为最大。对于同一试验步骤,第 3 步前,桩身应力相对较小,无规律可循;在第 4~9 步,桩身应力先是随深度逐渐增大,至上滑面处达到最大值,随后又逐渐减小;第 10 步以后,桩身应力随深度增加,先是快速增大,至上滑面(埋深 60mm)以下,桩身应力增速变缓,至下滑面(埋深 120mm)处,桩身应力达到最大值,随后,桩身应力又急剧减小,至埋深 170mm 处已基本为 0。工况 4 上排桩桩后所受的最大拉应力位于下层滑动面处,其值达 8417.0kPa。

从图 8.19 可见,工况 4 上排桩桩前桩身受力主要为压应力。在第 3 步前,桩身应力相对较小;至第 4 步时,上滑面处应力陡然增加,其余测点仍较小;至第 10 步时,上、下滑面间的桩身应力激增,尤其是下滑面处的应力陡然增大,使下滑面处应力一跃成为最大。在同一试验步骤,桩身应力随深度增加,从埋深 50~120mm 段,在第 9 步前,基本呈逐渐增加之态,在第 10 步之后,整段都呈快速增加,至埋深 120mm 处达到最大值;从埋深 120mm 以下,桩身应力呈快速减小之势,至埋深 180mm 以下,桩身应力基本很小。工况 4 上排桩桩前所受的最大压应力位于下层滑动面处,其值达-6327.0kPa。

从图 8.20 可见,工况 4 下排桩桩后桩身受力主要为拉应力。在第 3 步之前,整个桩身应力都较小;至第 4 步时,上滑面(埋深 40mm)处桩身受力陡然增加,其余测点应力增加很小;至第 10 步时,上、下两滑面间的桩身应力显著增大,尤其是埋深 100mm 处拉应力增加显著。对于同一试验步骤,在第 3 步前,桩身应力相对较小,基本无规律可循;在第4~9步,桩身应力随深度增加,先是快速增大,至上滑面处达到最大,然后又逐渐减小;在第10步及以后,桩身应力随深度增加,先是快速增大,在40~100mm段增速减缓,至100mm处达到最大值,随后就迅速减小,至120mm处即已降至较小应力值。工况4下排桩桩后所受的最大拉应力测值位于埋深100mm处,其值达4420.0kPa。

工况4下排桩桩前测点只有三个,只能就三个测点所测结果进行分析。从图8.21可见,工况4下排桩桩前桩身所受应力都为压应力,在第3步前,桩身应力相对较小,桩身应力随深度的变化规律不明显;至第4步时,上滑面(埋深40mm)处桩身压应力陡然增大,其余测点压应力增加较小,在所测的40~95mm段,桩身压应力呈逐渐减小之势;至第8步时,67.5mm和95mm处测点压应力增加相对较快,在40~95mm段,桩身应力为先逐渐增加,然后又逐渐减小的状态;至第10步后,下滑面(埋深95mm)处桩身压应力陡然增大,在40~95mm段,桩身应力呈先快速增大,后又缓慢增大的状态。在下滑面处,桩身压应力达到最大值为-3191.0kPa。

从图8.18~图8.21来看,工况4上排桩在上滑面以上桩身应力随深度增加快速增大;在上、下滑面之间,桩身受力较大,随深度增加呈快速增大;在下滑面以下,桩身应力随深度增加而迅速减小;至埋深170mm以下,桩身受力已很小。桩身受力最大处位于下滑面处。下排桩在上滑面以上桩身应力随深度增加而较快增大,在上、下滑面之间,桩身受力较大,应力增速较上段变慢;在下滑面以下,桩身应力随深度增加而迅速减小。桩身受力最大处也位于下滑面处。上、下排桩在第3步前受力相对较小,至第4步时,上滑面处桩身受力陡然增加,下滑面处桩身受力仍较小;至第10步时,下滑面处桩身受力陡然增加,而上滑面处桩身应力增加较少,下滑面处桩身受力最大。上、下排桩的桩后主要受拉应力,桩前基本上受压应力作用。桩后拉应力明显比桩前压应力大,上排桩的拉、压应力明显比下排桩的拉、压应力大。

从图8.26~图8.28可见,工况4桩身各测点应力基本上随试验步骤增加而增大,在第3步前,桩身受力相对较小;至第4步时,上、下排桩上滑面处桩身受力陡然增加;至第10步时,上、下排桩下滑面处桩身受力陡然增加。

对比工况3与工况4,可以发现,二者存在下列一些相同的特征:上排桩受力比下排桩大,桩后拉应力比桩前压应力大,上、下滑面间的桩身受力相对较大,桩身应力都随试验步骤逐渐增大,至某一试验步骤,上、下滑面处的应力都会先后出现激增现象,桩身受力最大处会随试验步骤先后出现在上、下滑面处。究其原因,随着试验的进行,底部钢板滑体后缘端被不断抬高,滑动面倾角不断增加,滑体下滑力也不断增大,滑体抗滑力不断减小,当滑体后缘被抬至一定高度,上滑体的下滑力首先超过其抗滑力,导致上滑面首先出现失稳滑动,使抗滑桩在上滑面处桩身应力首先出现突增,随着继续抬高滑体后缘,下滑体的下滑力逐渐增大,最后超过其抗滑力,导致下滑面出现失稳滑动,从而引起抗滑桩在下滑面处桩身应力出现激增现象。桩身受力最大处先后出现在上、下滑面处,说明上、下滑面处所受的弯矩最大,这与有关理论计算结果是一致的。在同一试验步骤,上排桩受力比下排桩大,这可能与该滑坡属推动式滑坡有关。上、下排抗滑桩都在同一试验步骤在上、下滑面处出现桩身应力激增和最大值现象,这说明上、下排抗滑桩基本同时受力,同时发挥抗滑支挡作用。至于出现同一根抗滑桩的桩后拉应力比桩前压应力大的现象,这与材料力学、弹性地基梁的有关理论计算结果不符,从理论上讲,桩后拉应力应与桩前压应力相等,这一试验结果还有待今后进一步深入研究。

工况3在底部钢板滑体后缘端上抬45.69mm时,上滑体开始明显下滑而使抗滑桩在上滑面处桩身应力猛增;当上抬至109.98mm时,下滑体开始明显下滑而使抗滑桩在下滑面处桩身应力猛增,最大桩身应力为上排桩桩后下滑面处拉应力,即773.9kPa;当上抬123.88mm时,最大桩身应力为上排桩桩后下滑面处拉应力,达1306.8kPa。韩家垭滑坡工程现场抗滑桩采用φ36mmⅡ级螺纹钢,其强度标准值为315MPa,按1:200应力相似比,则模型中桩身应力不能超过1575kPa。根据工况3上、下排抗滑桩在上、下滑面处桩身应力随底板上抬高度变化情况(图8.30,图8.31),可以得到桩身最大应力达到1575kPa时底部钢板上抬高度约131mm,该上抬高度对应于下滑面稳定系数变化量为0.10545,而堑坡开挖状态下底部钢板未抬升前下滑面的稳定系数为1.143,因此可得到经工况3的抗滑桩和锚杆加固后,韩家垭滑坡的稳定系数提高至1.249,这从物理模拟试验结果证明了韩家垭滑坡整治设计基本符合有关规范要求,设计是合理可靠的。

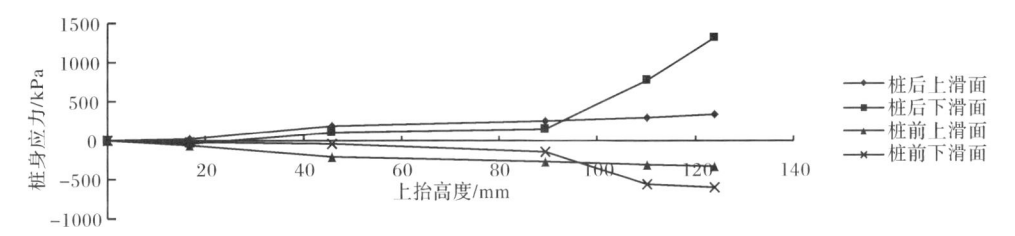

图8.30 工况3上排桩桩身应力随底板上抬高度变化

根据工况4上、下排抗滑桩在上、下滑面处桩身应力随底板上抬高度变化曲线(图8.32,图8.33),可以得到上排桩桩后上滑面处桩身应力首先达到1575kPa,此时底部钢板上抬高度约21mm,该上抬高度对应于上滑面稳定系数变化量为0.0146,而堑坡开挖状态下底部钢板未抬升前上滑面的稳定系数为1.014。因此可得到经工况4的抗滑桩和锚杆加固后,按抗滑桩测试结果所算得的韩家垭滑坡的稳定系数提高至1.0286,这说明采用抗滑桩桩心距为8cm、锚杆间距10cm×

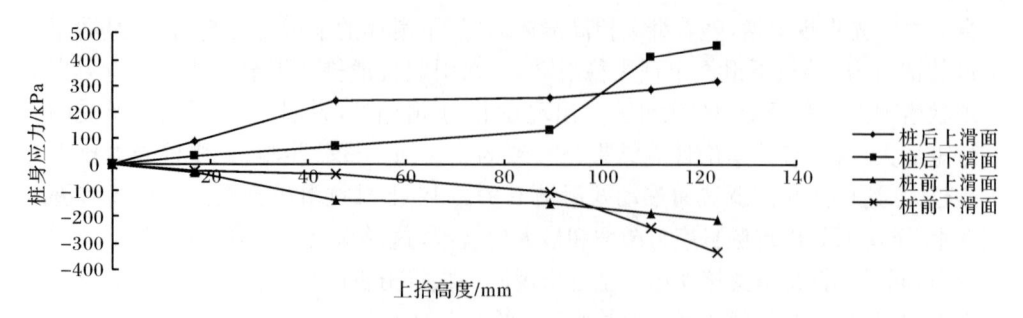

图 8.31 工况 3 下排桩桩身应力随底板上抬高度变化

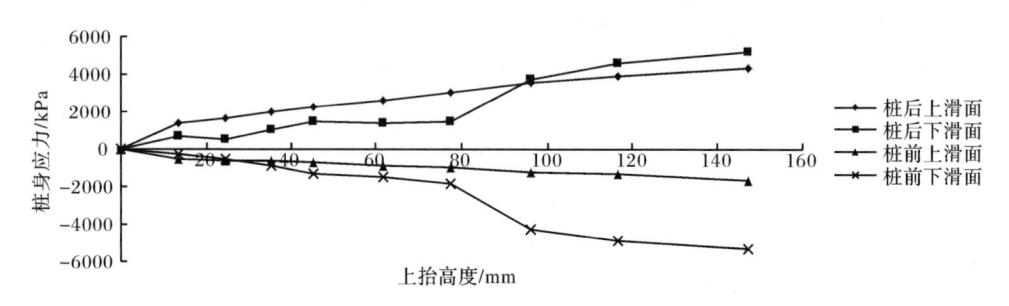

图 8.32 工况 4 上排桩桩身应力随底板上抬高度变化

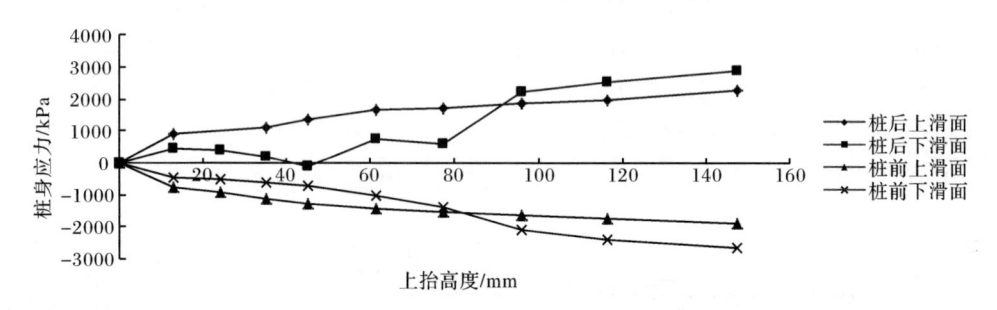

图 8.33 工况 4 下排桩桩身应力随底板上抬高度变化

5cm 等参数加固滑坡时,滑坡的稳定系数仍很低,不能满足工程设计的要求。

工况 4 中抗滑桩桩身应力最大达 8417kPa 而未破坏,这说明所选的抗滑桩相似材料并不能完全满足相似判据,但其应力小于 1575kPa 时应力-应变关系基本呈线性变化,这与 ϕ36mm Ⅱ 级螺纹钢在小于屈服强度 315MPa 时基本呈线性变化相似,因此所选抗滑桩相似材料在应力小于 1575kPa 时能基本满足相似判据,由此所得的试验结果是可靠的。

2. 桩前、桩后土压力分析

在模型试验中,采用微型光纤测压传感片来量测抗滑桩前、桩后的土压力大小,各光纤测压传感片的标定曲线如图 8.34 所示。工况 3、工况 4 上、下排抗滑桩桩前、桩后土压力随深度分布情况如图 8.35～图 8.42 所示,工况 3、工况 4 上、下排抗滑桩各测点土压力随试验步骤变化如图 8.43～图 8.50 所示。

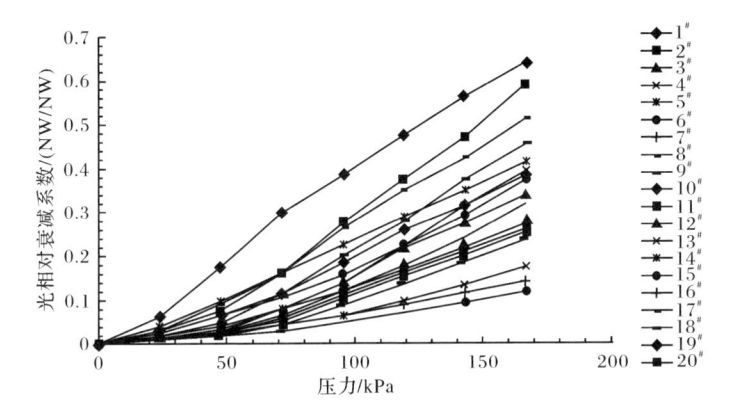

图 8.34 光纤测压传感片标定曲线

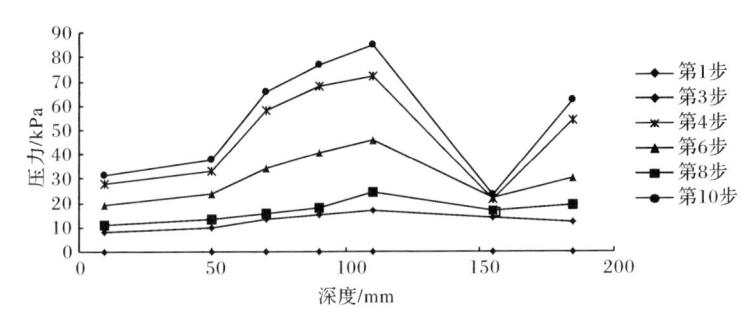

图 8.35 上排桩桩后压力-桩深变化(工况 3,光纤测量)

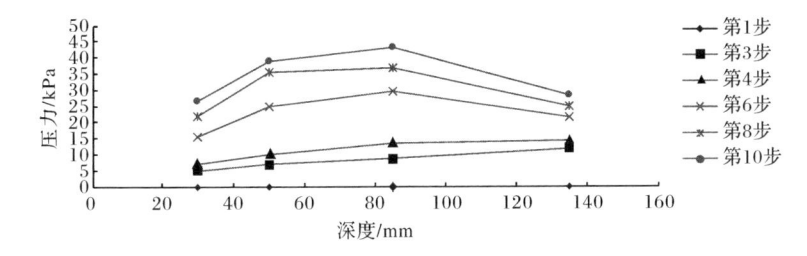

图 8.36 上排桩桩前压力-桩深变化(工况 3,光纤测量)

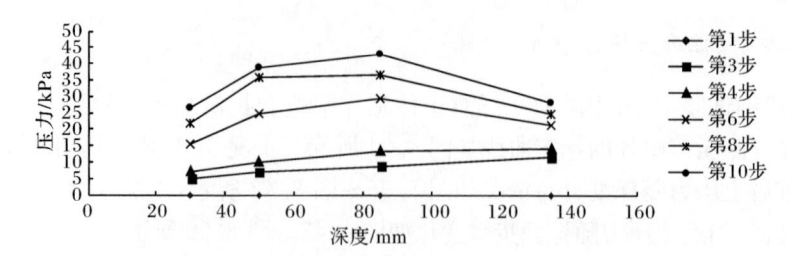

图 8.37 下排桩桩后压力-桩深变化（工况 3,光纤测量）

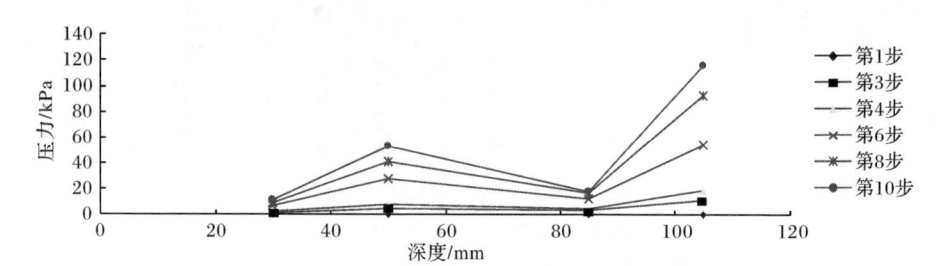

图 8.38 下排桩桩前压力-桩深变化（工况 3,光纤测量）

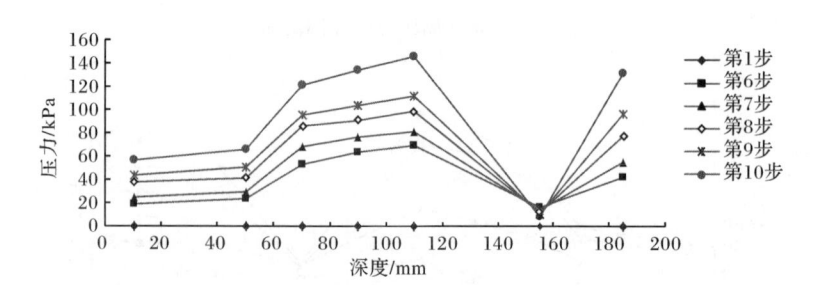

图 8.39 上排桩桩后压力-桩深变化（工况 4,光纤测量）

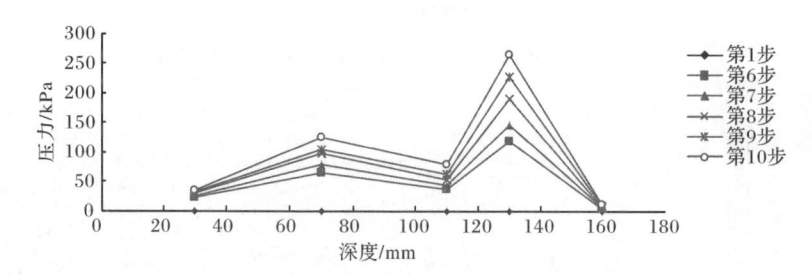

图 8.40 上排桩桩前压力-桩深变化（工况 4,光纤测量）

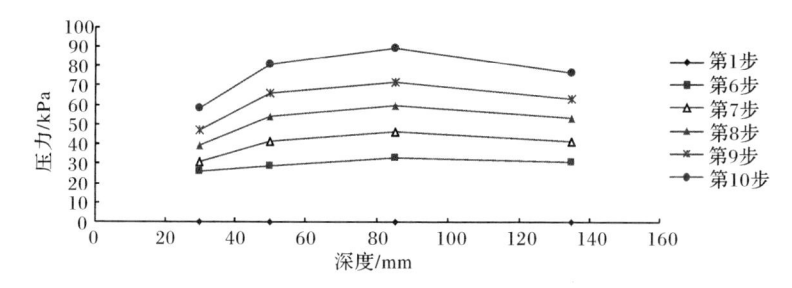

图 8.41　下排桩桩后压力-桩深变化（工况 4，光纤测量）

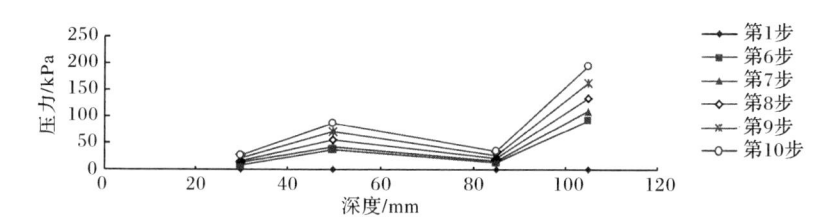

图 8.42　下排桩桩前压力-桩深变化（工况 4，光纤测量）

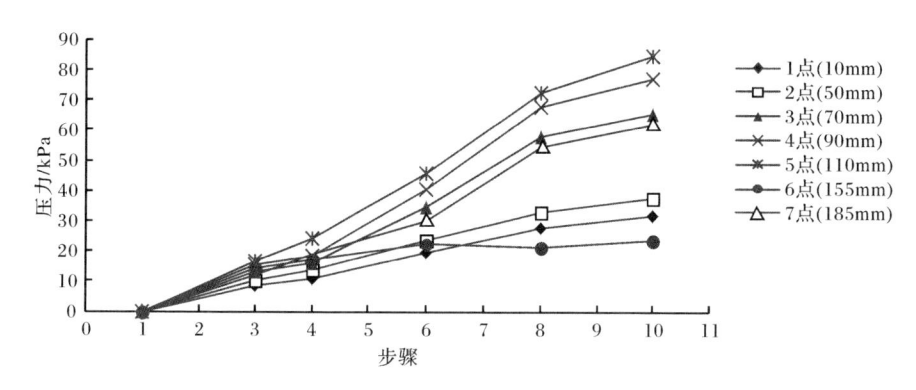

图 8.43　上排桩桩后各点压力-步骤变化（工况 3，光纤测量）

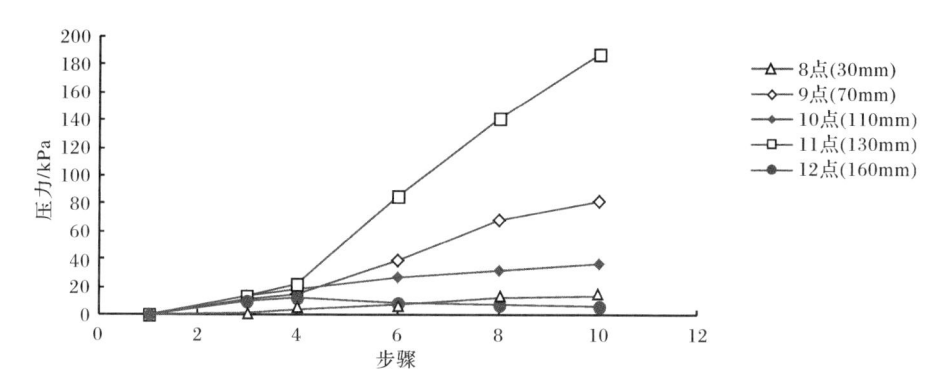

图 8.44　上排桩桩前各点压力-步骤变化（工况 3，光纤测量）

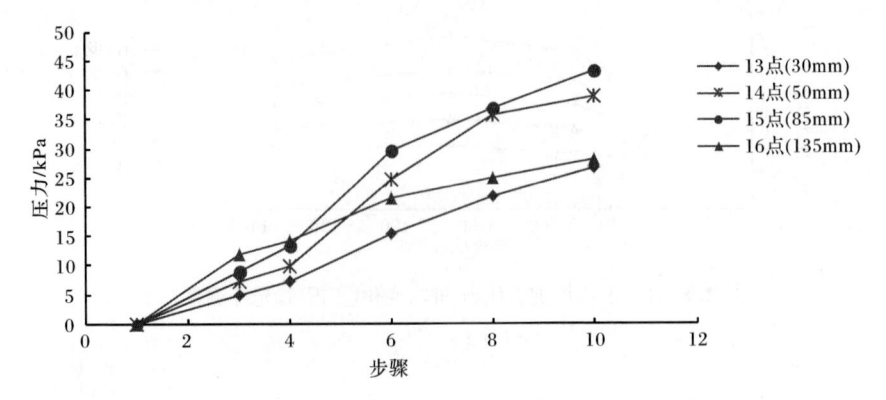

图 8.45　下排桩桩后各点压力-步骤变化（工况 3，光纤测量）

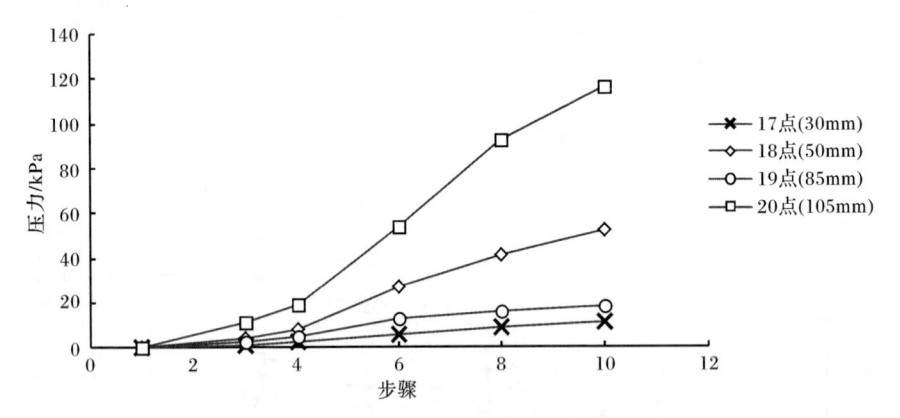

图 8.46　下排桩桩前各点压力-步骤变化（工况 3，光纤测量）

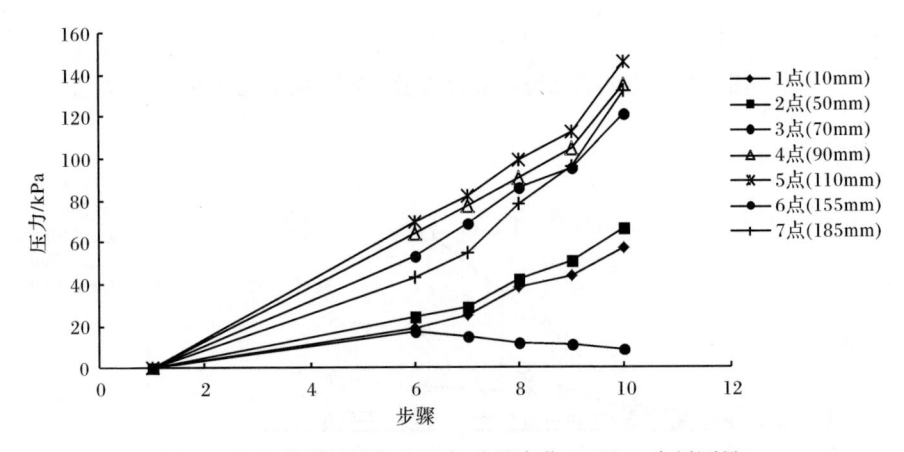

图 8.47　上排桩桩后各点压力-步骤变化（工况 4，光纤测量）

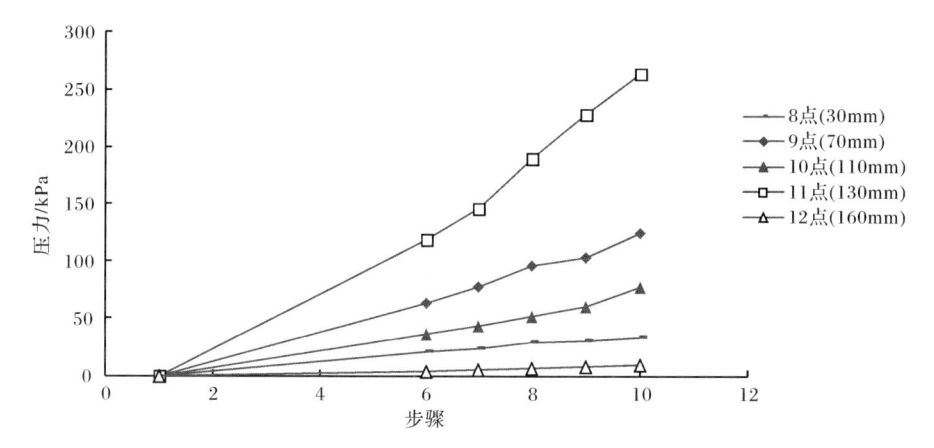

第8章 双(多)层反翘型滑坡控制对策研究

图 8.48 上排桩桩前各点压力-步骤变化(工况 4,光纤测量)

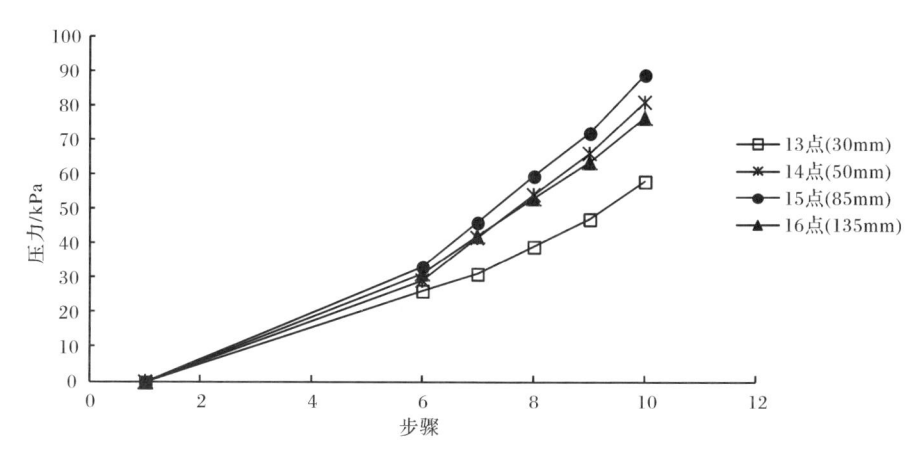

图 8.49 下排桩桩后各点压力-步骤变化(工况 4,光纤测量)

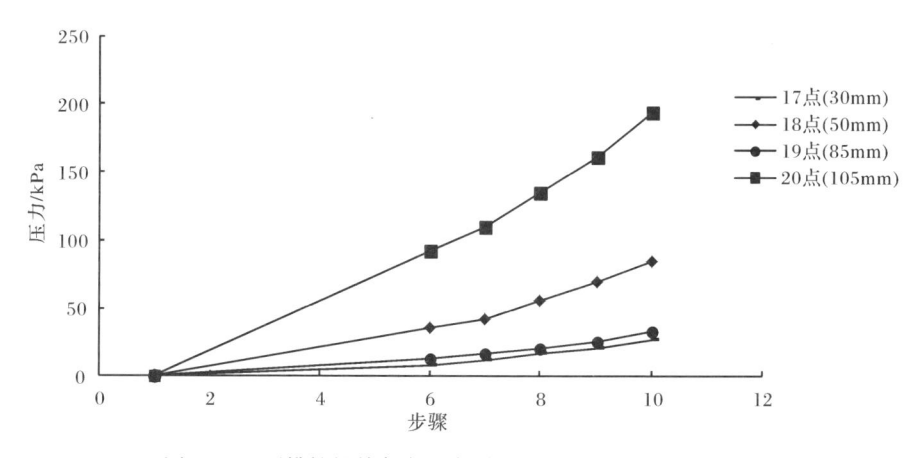

图 8.50 下排桩桩前各点压力-步骤变化(工况 4,光纤测量)

从图 8.35 可见,工况 3 上排桩桩后土压力随深度增加,先是逐渐增加,在上滑面处有一突增,然后又逐渐增大,在下滑面附近达到最大值,至下滑面以下,土压力又快速减小,至埋深 155mm 以下,土压力又逐渐增大。在上滑面以上的上滑体中,桩后土压力基本呈上小下大的梯形分布;在上、下滑面之间的下层滑体中,桩后土压力也基本呈上小下大的梯形分布,但下层滑体中土压力比上层滑体中土压力明显要大得多;下层滑面以下的滑床中,桩后土压力基本呈上小下大的正三角形分布。上排桩桩后所受的最大土压力为埋深 110mm 处测点,其值为 84.67kPa。

从图 8.36 可见,工况 3 上排桩桩前土压力随深度增加,先是逐渐增大,至埋深 70mm 以后,又逐渐减小,至下滑面以下 130mm 测点土压力又猛然增大,随后又迅速减小。在上滑面以上的上滑体中,桩前土压力基本呈上小下大的正三角形分布;在上、下滑面之间的下层滑体中,桩前土压力基本呈上大下小的倒梯形分布;下滑面以下的滑床中,桩前土压力基本呈上大下小的倒三角形分布。上排桩桩前所受的最大土压力位于滑床中埋深 130mm 处的测点,其值为 187.29kPa。

从图 8.37、图 8.38 可见,由于下排桩桩后、桩前所埋设的土压力传感器较少,初看起来,下排桩桩后、桩前土压力随深度变化规律与上排桩有较大差别,但稍加分析,下排桩与上排桩基本具有相同的桩前、桩后土压力分布规律,主要是由于土压力分布在上、下滑面处不连续而绘图时各点直接连线造成一定的视觉上的分布规律假象。下排桩桩后最大土压力为埋深 85mm 处测点,其值为 43.19kPa,桩前最大土压力为埋深 105mm 处的测值 116.50kPa。

从图 8.43~图 8.46 可见,工况 3 上、下排桩桩后、桩前各测点土压力随试验步骤逐渐增大,在第 4 步之前土压力都较小,至第 6 步时,桩前、桩后土压力有一突增,尤其是上、下排桩桩前下滑面以下的 130mm、105mm 测点在第 6 步后土压力增幅较大。

从图 8.35~图 8.38、图 8.43~图 8.46 综合来看,工况 3 上排桩桩后、桩前土压力分别比对应深度、对应试验步骤的下排桩桩后、桩前土压力大,上、下排桩都在第 6 步时桩前、桩后土压力有一突增。

从图 8.39~图 8.42、图 8.47~图 8.50 可见,工况 4 上、下排抗滑桩桩前、桩后土压力随深度分布规律基本上与工况 3 的相似,只是工况 4 的桩前、桩后土压力值比工况 3 对应深度、对应试验步骤的桩前、桩后土压力值大,工况 4 上排桩桩后、桩前最大土压力分别为 145.92kPa、263.8kPa,下排桩桩后、桩前最大土压力分别为 88.88kPa、194.53kPa。工况 4 中上排桩桩前在下滑面以下滑床岩体的抗力已经超过滑床岩体的抗压强度,可能在下滑面以下有一小段桩前岩体已被压碎。工况 4 的桩前、桩后土压力值都在第 6 步、第 10 步有一突增。根据工况 3、工况 4 所实测得到的土压力结果,可以抽象出一个相对概化的抗滑桩桩前、桩后土压力分布规律,如图 8.51 所示。

3. 锚杆受力分析

在本次模型试验中,采用了电阻应变片与微型针形光纤位移传感器联合使用来观测锚杆受力状态。但在实际应用过程中,微型针形光纤位移传感器的测试效果极不理想,所以锚杆应力主要由电阻应变片测试而得。工况3、工况4锚杆应力随深度变化情况如图8.52~图8.57所示。工况3、工况4锚杆应力随试验步骤变化如图8.58~图8.63所示。

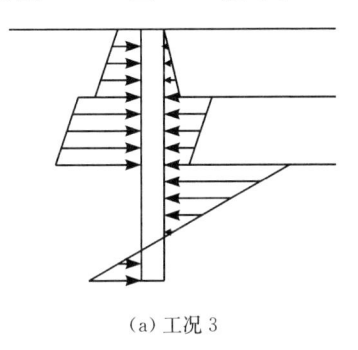

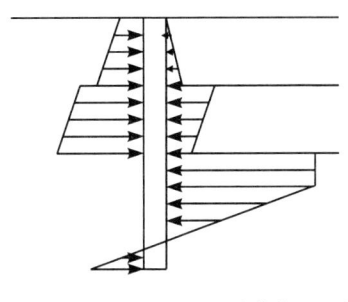

(a) 工况3

(b) 工况4(桩前抗力已超过岩体抗压强度)

图8.51 抗滑桩桩前、桩后土压力分布

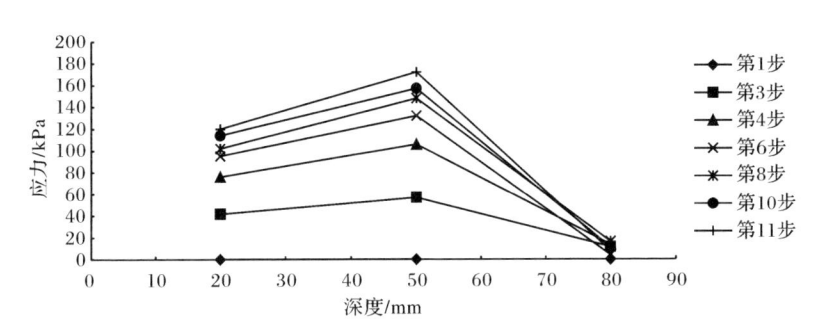

图8.52 1#锚杆应力-深度变化情况(工况3)

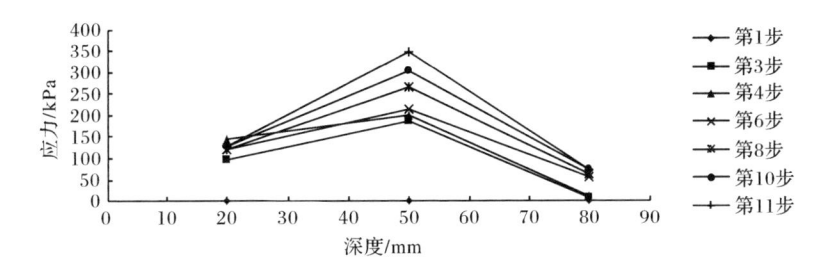

图8.53 2#锚杆应力-深度变化情况(工况3)

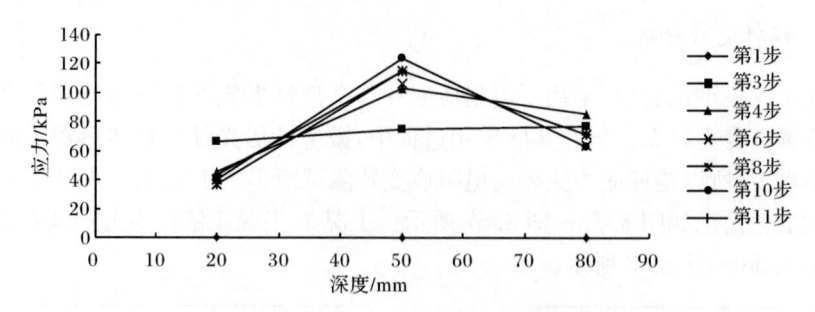

图 8.54　3# 锚杆应力-深度变化情况（工况 3）

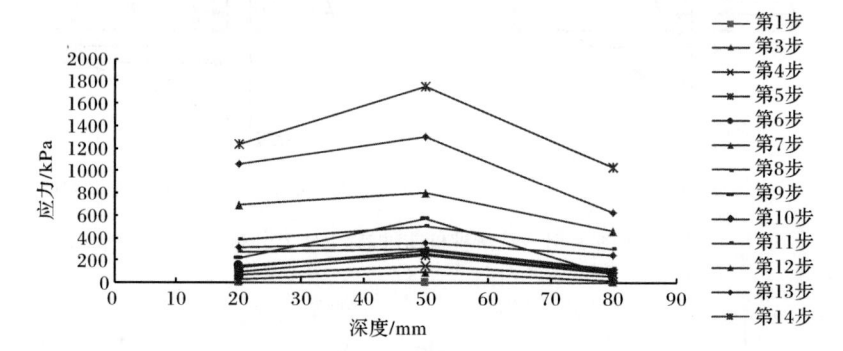

图 8.55　1# 锚杆应力-深度变化情况（工况 4）

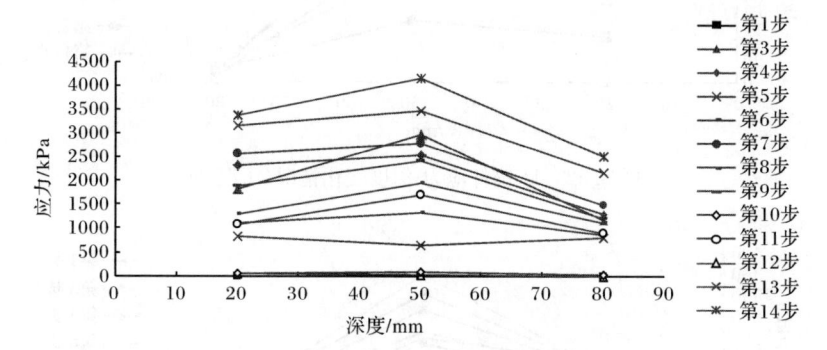

图 8.56　2# 锚杆应力-深度变化情况（工况 4）

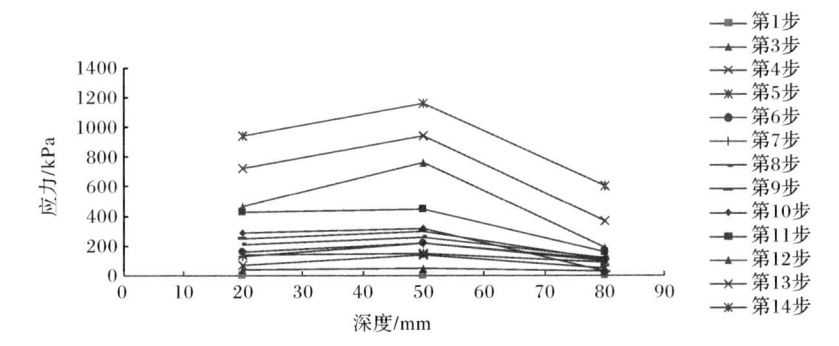

第8章 双(多)层反翘型滑坡控制对策研究

图 8.57 3#锚杆应力-深度变化情况(工况4)

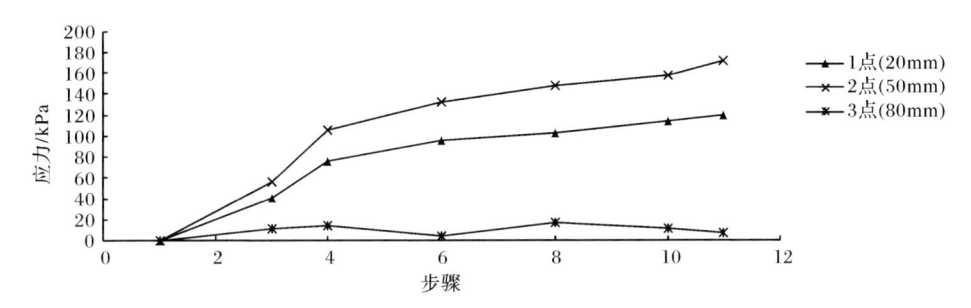

图 8.58 1#锚杆各点应力-步骤变化情况(工况3)

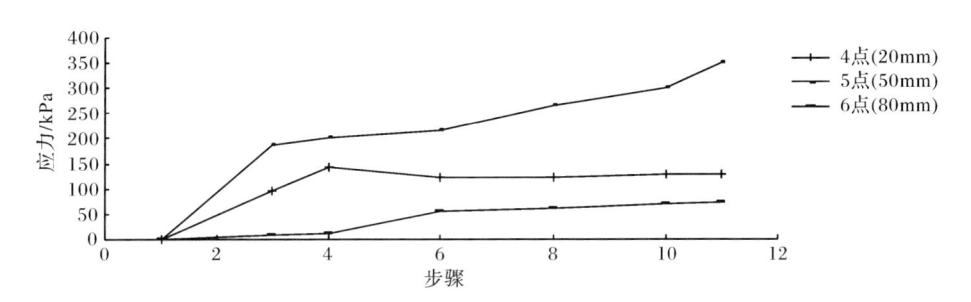

图 8.59 2#锚杆各点应力-步骤变化情况(工况3)

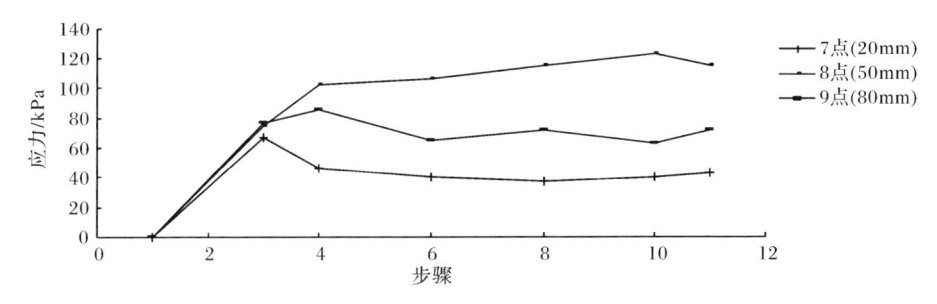

图 8.60 3#锚杆各点应力-步骤变化情况(工况3)

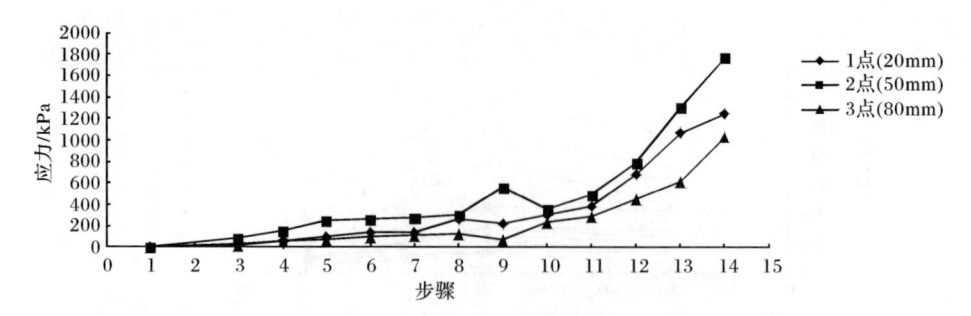

图 8.61　1#锚杆各点应力-步骤变化情况（工况 4）

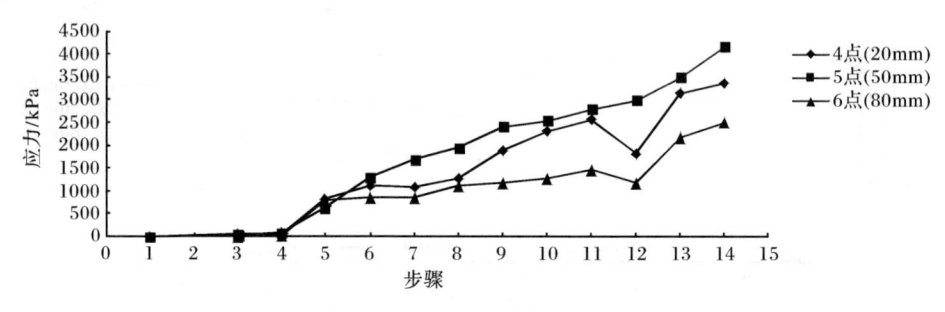

图 8.62　2#锚杆各点应力-步骤变化情况（工况 4）

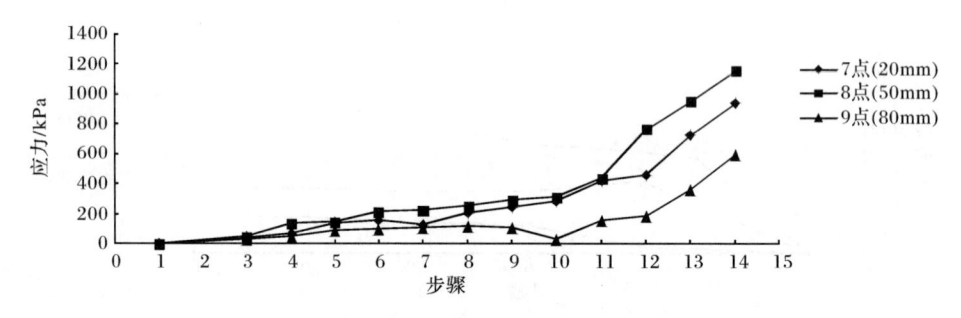

图 8.63　3#锚杆各点应力-步骤变化情况（工况 4）

从图 8.52～图 8.54 可见，工况 3 锚杆应力随深度增加，先是逐渐增大，至埋深 50mm 处测值达到最大，然后又逐步减小。三根锚杆中，位于堑坡顶部的 1#锚杆最大拉应力为 172.0kPa，位于堑坡中部的 2#锚杆最大拉应力为 349.0kPa，位于堑坡底部的 3#锚杆最大拉应力为 123.3kPa，可见堑坡中部的锚杆受力最大，坡底锚杆的受力最小。1#锚杆在第 3 步、第 4 步、第 6 步应力增加较快，2#锚杆在第 3 步、第 8 步、第 10 步、第 11 步应力增幅相对较大，3#锚杆在第 3 步、第 4 步应力增幅相对较大。

从图 8.55～图 8.57 可见，工况 4 锚杆应力随深度分布规律基本与工况 3 的相同,也是先随深度逐渐增大,至 50mm 处测值达到最大,然后又逐渐减小。在三根锚杆中,位于坡顶的 1# 锚杆最大拉应力为 1756.0kPa,位于堑坡中部的 2# 锚杆最大拉应力为 4152.0kPa,位于坡底的 3# 锚杆最大拉应力为 1155.0kPa,可见在超载情况下,也是堑坡中部的锚杆受力最大,坡底锚杆受力最小。

从图 8.58～图 8.60 可见,锚杆各测点应力基本上随试验步骤增加而增大,锚杆应力在前四步增加较快,第 4 步以后增加相对缓慢。1#、2# 锚杆 50mm 处测点应力最大,80mm 处测点应力最小。3# 锚杆 50mm 处测点应力最大,20mm 处测点应力最小。

韩家垭工程现场锚杆采用 ϕ36mmⅡ级螺纹钢,其强度标准值为 315MPa,按 1:200 应力相似比,则模型锚杆应力不能超过 1575kPa,而所测锚杆最大拉应力为 2# 锚杆 50mm 处测值 349.0kPa。若按抗滑桩受力达到 1575kPa 时底板上抬高度 131mm 推算,此时锚杆最大拉应力约为 373.6kPa,远未达到锚杆的屈服强度。所以该锚杆间排距太密,可以适当扩大。

从图 8.61～图 8.63 可见,锚杆各测点应力基本上随试验步骤增加而增大,三根锚杆在第 10 步以后应力增加较快,2# 锚杆在第 5 步时锚杆应力有一明显的突增。三根锚杆都在 50mm 处测点应力最大,80mm 处测点应力最小。

根据工况 4 锚杆应力测试结果,2# 锚杆 50mm 处测点应力最先达到并超过 1575kPa,此时对应底部钢板滑体后缘端上抬高度为 42.13mm,该上抬高度对应于上滑面稳定系数变化量为 0.029,而堑坡开挖状态下底部钢板未抬升前上滑面的稳定系数为 1.014,因此可得到经工况 4 的抗滑桩和锚杆加固后,按锚杆测试结果所计算得的韩家垭滑坡的稳定系数提高至 1.043,这说明按照工况 4 抗滑桩、锚杆设计参数加固滑坡时,滑坡的稳定系数仍很低,不能满足工程设计要求。

若按工况 3 2# 锚杆最大拉应力达到 1575kPa 时推算,则所需上抬高度为 478.91mm,然后按图 4.20(b)可计算出对应的稳定系数为 1.5285。由于工况 3 模拟的锚杆间距为 2m×2m,工况 4 模拟的锚杆间距为 2m×4m,则按线性插值,当锚杆的安全系数为 1.3 时,可算得锚杆间距为 2m×2.94m。所以,可大致估算出最优锚杆间距为 2m×3m。

8.3 整治工程加固机理的现场监测研究

8.3.1 滑坡体位移监测

韩家垭滑坡和路堑边坡各孔的相对位移和累积位移都较小,监测孔 DM1、DM2 处在路堑边坡顶部,自 2000 年 11 月以来,边坡开挖、地表排水、抗滑桩桩井开挖、锚喷支护等工程相继开工,两孔受边坡开挖施工的影响最大,其地表合成累积位移随边坡下挖逐渐增大,边坡变形量也逐渐增大,且两孔位移变化规律相似。至2001年12月底,各项加固工程全部竣工后,该两孔的顺坡向位移变化逐渐减小甚至出现回弹现象。DM3、DM4在主滑体上受施工影响较小,位移也较小,目前处于相对稳定状态。各孔地表累积合成位移在2000年10月雨量最大时,都出现了峰值,各孔位移与降水量存在明显的正相关关系,降水量较大时,各孔位移也明显增大,降水量是影响滑体稳定的主要因素。

8.3.2 孔隙水压力监测

弱风化变质辉绿岩中,15#桩桩前的孔隙水压力自2002年8月30日以后逐渐降低,至2002年11月7日后降至5kPa以下;而15#桩桩后的孔隙水压力自2002年9月16日以后才逐渐降低,但减速缓慢,至2002年12月7日仍有10.3kPa,其主要原因估计是桩前离路堑边坡面很近,弱风化变质辉绿岩的透水性较好,地下水较易排泄,而桩后由于抗滑桩截面较大,桩身阻水导致桩后地下水不易较快排出,从而造成上述结果。微风化变质辉绿岩中孔隙水压力自2002年8月30日后逐渐减小,至2003年1月19日降至5kPa,该地层中孔隙水压力较高,可能与其埋深较大有关。总体上来看,在同一时间桩后各点比桩前对应各点的孔隙水压力要大。在同一观测时间,桩前孔隙水压力随深度(图8.64、图8.65)先是增大,在埋深7.25m处出现一小峰值,然后又逐渐减小,至埋深12.9m处出现一低谷值,接着又逐渐增大,至最深处(埋深28.4m)达到最大值。桩后孔隙水压力随埋深变化规律与桩前相似。

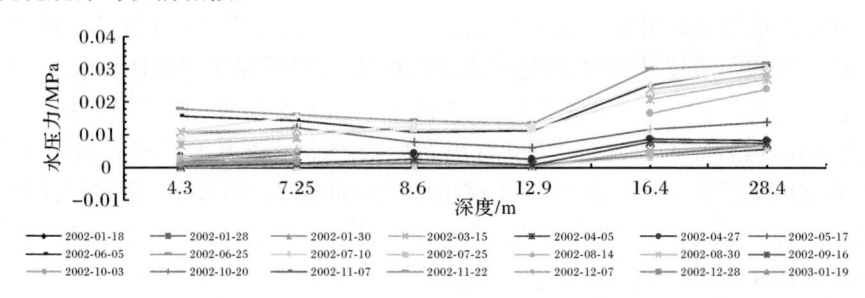

图8.64 韩家垭15#桩前孔隙水压力-深度曲线

8.3.3 桩前、桩后土压力监测

所有压力盒在2002年4月27日前所受压力很小,位于浅部的压力盒在4月27日以后其所受压力有明显增加,深部压力盒在6月5日后压力才有明显增大,随后逐渐增大,在7月10日~8月30日各压力盒受力相继达到最大值,8月30日以后土压力又逐渐减小,11月7日以后已降低至土压力升高之前的较低水平。可

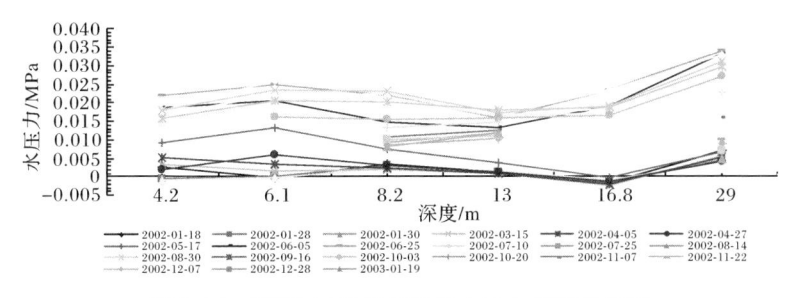

图 8.65 韩家垭 15#桩后孔隙水压力-深度曲线图

见,桩前、桩后土压力变化具有明显的周期性,旱季时土压力较小,随着雨季来临,土压力逐渐增大,雨季过后,土压力又逐渐减小。

位于浅部残坡积和强风化变质辉绿岩地层中的土压力盒,埋入 20 多天后就能观测到一定的土压力,其后土压力增加非常缓慢,至 2002 年 4 月 5 日后各土压力盒所受压力有明显增加,基本上都在 7 月 10 日达到最大值,7 月 10 日～9 月 16 日所受压力都较高,8 月 30 日以后所受土压力又逐渐减小,到 11 月后土压力已回落至 4 月 5 日之前的水平,约 30kPa,并未降至 0。这可能与残坡积土层较为松散,压力盒埋入土中较短时间内由土体自重引起的土侧压力即作用于压力盒上。位于下层滑动带以上的弱风化变质辉绿岩地层中的土压力盒,2002 年 5 月 17 日之前几乎没有受力,有的甚至出现了负值,6 月 5 日后土压力明显升高,大部分 8 月 30 日达到最大值,其后逐渐减小,至 12 月以后土压力降至很小,有的几乎降为 0。位于滑床弱、微风化变质辉绿岩地层中的土压力盒,2002 年 6 月 5 日之前基本没有受力,绝大部分都出现了负值,且其负值比下层滑动带以上的土压力盒的负值大,6 月 5 日以后土压力逐渐升高,8 月 30 日左右升至最大,随后又逐渐回落。究其原因,在埋设好土压力盒以后再灌注混凝土砂浆,在龄期达到 14 天时的声波无损检测过程中发现,由于混凝土的收缩导致桩与护壁之间存在一条微小的缝隙。同时,旱季时弱、微风化岩层的自稳性较好,从而导致 5 月 17 日之前许多压力盒土压力出现负值的现象。雨季来临一段时间后,随着滑坡体内动、静水压力的增加及滑坡岩土体滑面抗剪强度的降低,桩周围岩压力随之增加。同时,滑坡体出现了一定的剩余下滑力,从而引起 6 月 5 日以后土压力的升高。至 8 月 30 日以后,降水逐渐减少,渗入滑坡体内的雨水也相应减少,使滑坡体的剩余下滑力也逐渐减小,桩前、桩后所受土压力也随之逐渐减小。

从图 8.66 中可见,对于 15#桩前土压力,压力最大的是埋深 20.6m 的 405 号土压力盒,其最大土压力为 8 月 30 日的 1.45MPa,远小于桩前岩体容许横向承载力 4.88MPa。上层滑动带以上土压力呈正三角形分布,上、下二层滑动带之间的土压力基本上呈矩形分布,下层滑动带以下滑床中的土压力呈倒三角形分布。从

图 8.67 可见,对于 15#桩后土压力,压力最大的是埋深 28.0m 的 215 号土压力盒,其最大压力为 8 月 14 日的 0.37MPa(8.14 日后该压力盒已损坏,监测不到数据)。上层滑动带以上土压力呈正三角形分布,上、下二层滑动带之间的土压力基本上呈矩形分布,下层滑动带至 25m 区间基本不受力,25m 至桩底土压力呈正三角形分布。

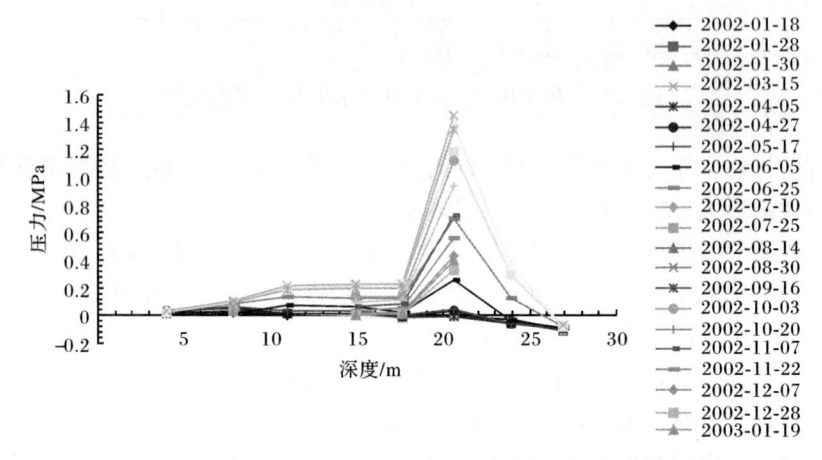

图 8.66 韩家垭 15#桩前压力盒受力-深度曲线

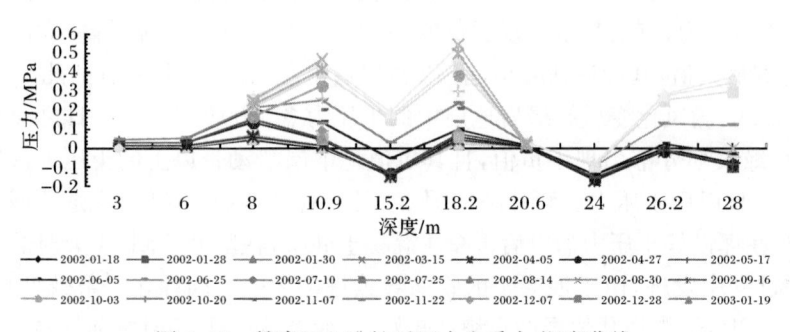

图 8.67 韩家垭 15#桩后压力盒受力-深度曲线

8.3.4 桩身钢筋受力监测

桩前五个钢筋计在 2002 年 1 月 18 日～4 月 5 日基本都受到拉力作用,以后逐步转变为压应力作用,但最大压力都很小,在 21.5kN 以内。浅部三个钢筋计在 4 月 5 日后由拉应力转变为压应力,而埋深 18m 的 3654 钢筋计在 6 月 5 日才由拉应力转变为压应力,埋深 22m 的 3607 钢筋计迟至 7 月 25 日才由拉转为压。压应力在 8 月 30 日左右达到最大值,随后压应力又逐渐减小,至 11 月 22 日以后压应力降为 5kN 左右。桩后 8 个钢筋计在观测期间都受拉力作用,在 2002 年 5 月 17

日之前所受拉力都很小,其后慢慢增大,至8月30日前后达到最大值,随后拉力又逐渐减小,至11月22日以后已降至5月17日拉力增大之前的水平。桩后受拉力最大的是埋深18.0m的3649号钢筋计,在8月30日达85.2kN左右。

从图8.68可见,在同一时间,15#桩前各钢筋计所受压力随深度增加,先是逐渐增大,在13m处所受压力最大,然后又慢慢减小,桩底所受压力最小。从图8.69可见,在同一时间,15#桩后各钢筋计所受拉力随深度增加,先是逐渐增加,至18m处所受拉力最大,随后又逐渐减小,该分布与计算弯矩图基本一致,在滑动带处弯矩最大,桩身所受拉力也最大。

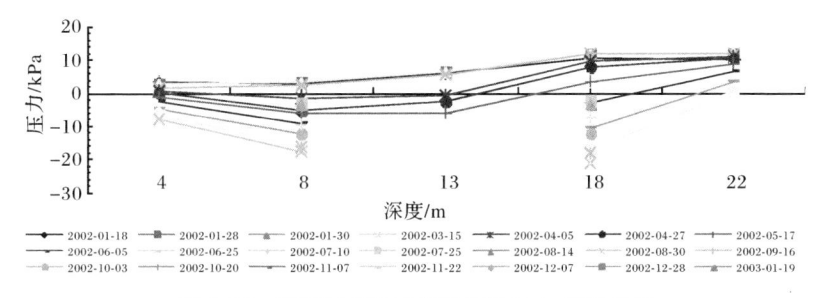

图8.68 韩家垭15#桩前钢筋计压力-深度曲线

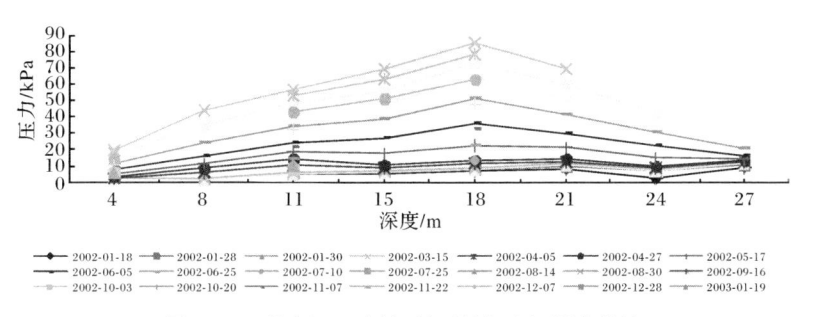

图8.69 韩家垭15#桩后钢筋计压力-深度曲线

8.3.5 钢筋混凝土抗滑桩桩身变形监测

2002年5月17日之前韩家垭滑坡体各抗滑桩测斜孔桩身位移都很小,6月、7月、8月位移明显增大,至8月30日,15#桩各测斜孔口累积位移达9～13mm,36#桩各测斜孔口累积位移相对较小,为6～9mm。15#桩在深约9m和18m处位移变化量较大,36#桩在深约18m和26m处位移变化量较大,存在二层明显的滑动带(表8.1),上层滑动带在6月5日就有剩余下滑力的作用迹象,下层滑动带迟至6月25日才有剩余下滑力的作用迹象。9月16日后,各测斜孔的位移逐渐减小,桩身变形有逐渐向山顶方向回弹的现象。各孔孔口合成累积位移都在2002

年8月30日前后达到最大值,之前位移逐渐增大,之后位移逐渐减小,一般在6~9月位移较大,其余季节位移相对较小,其随时间变化具有一定的周期性,滑体位移与雨季存在一定的正相关关系。从监测结果来看,15#、36#桩各测斜孔累积位移和相对位移都很小,说明韩家垭滑坡经加固后,目前整体处于相对稳定状态,整治效果良好。

表8.1 抗滑桩各测斜孔有关监测结果

桩号	孔号	孔口最大合成累积位移/mm	所测时间	位移方向/(°)	滑面深度/m	桩号	孔号	孔口最大合成累积位移/mm	所测时间	位移方向/(°)	滑面深度/m
15#	DM9	10.46	2002-08-30	336.48	9~10, 18	36#	DM13	9.19	2002-08-30	12.44	18~19, 26~27
	DM10	10.04	2002-08-30	349.93	9~10, 18~19		DM14	7.70	2002-08-30	9.69	18, 26~27
	DM11	12.12	2002-08-30	333.34	9~10, 18~19		DM15	7.48	2002-08-30	350.75	18~19, 26~27
	DM12	13.11	2002-08-30	346.57	9~10, 18~19		DM16	6.60	2002-08-30	359.83	19~20, 27~28

将抗滑桩视为埋于土内的弹性地基梁,把桩周的土体视为弹性变形介质,具有沿深度成正比增长的地基系数。在计算桩身弯曲变形时,不考虑桩与土之间的黏着力和摩阻力的影响,桩顶与地面齐平,桩顶作用有力矩 M、轴向力 N 和横向力 Q。因此,桩身产生横向(侧向)位移 $y(z)$ 和转角 $\theta(z)$,当深度 z 处桩身产生侧向变位 $y(z)$ 时,该深度 z 处桩侧土作用于桩上的土抗力为

$$P(z)=C(z)y(z)b_0 \tag{8.1}$$

式中,$C(z)$ 为深度 z 处土的侧向(水平向)地基系数,该系数随深度成直线增长,即 $C(z)=mz$,其中 m 为地基系数,b_0 为桩侧土抗力的计算宽度。则根据著名的 Winkler 假设,得出这种弹性地基梁的弹性曲线微分方程为

$$EI\frac{\mathrm{d}^4 y}{\mathrm{d}z^4}+N\frac{\mathrm{d}^2 y}{\mathrm{d}z^2}+P(z)=0 \tag{8.2}$$

由于 N 的影响很小,所以可不考虑 $N\mathrm{d}^2 y/\mathrm{d}z^2$ 一项,则该梁的弹性曲线微分方程为

$$EI\frac{\mathrm{d}^4 y}{\mathrm{d}z^4}=-mzy(z)b_0 \tag{8.3}$$

式(8.2)、式(8.3)中 E 为桩身材料的受挠弹性模量；I 为桩身横截面惯性矩。

现按图 8.70(a)的图式采用幂级数对方程(8.3)进行求解,由此可获得图 8.70(b)～(f)的一组曲线,可分别求得桩身水平位移、转角、桩中弯矩和剪力及桩侧土压力。因此,可根据桩身水平位移监测结果,来求得桩身转角、弯矩、剪力、桩前抗力等,即

转角

$$\phi=\frac{\mathrm{d}y}{\mathrm{d}z} \tag{8.4}$$

弯矩

$$M=EI\frac{\mathrm{d}^2 y}{\mathrm{d}z^2} \tag{8.5}$$

剪力

$$Q=EI\frac{\mathrm{d}^3 y}{\mathrm{d}z^3} \tag{8.6}$$

桩前抗力

$$P=EI\frac{\mathrm{d}^4 y}{\mathrm{d}z^4} \tag{8.7}$$

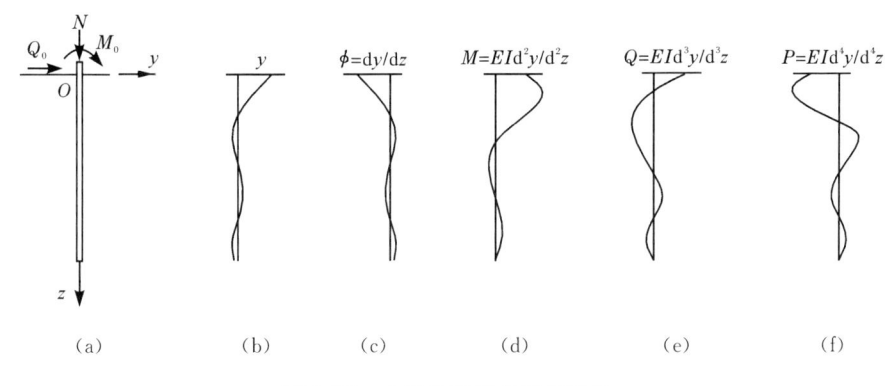

图 8.70 水平承载桩求解的结果

对于 15#、36# 抗滑桩身的测斜孔,先求 DM9～DM12、DM13～DM16 等 8 个孔的平均累积位移,然后根据式(8.5)、式(8.7)求得桩身弯矩和桩前抗力随深度变化曲线(图 8.71～图 8.74)。从图中可见 15# 桩身在 9～10m、17～18m 处弯矩明显较大,36# 桩身在 17～18m、25～26m 处弯矩明显较大,由此可进一步判定该二处滑动面的存在。15# 桩桩前抗力在 9m 左右、17～18m 处较大,36# 桩在 17～19m、26～28m 二处较大,但总体上看比较杂乱无章,规律性不明显。

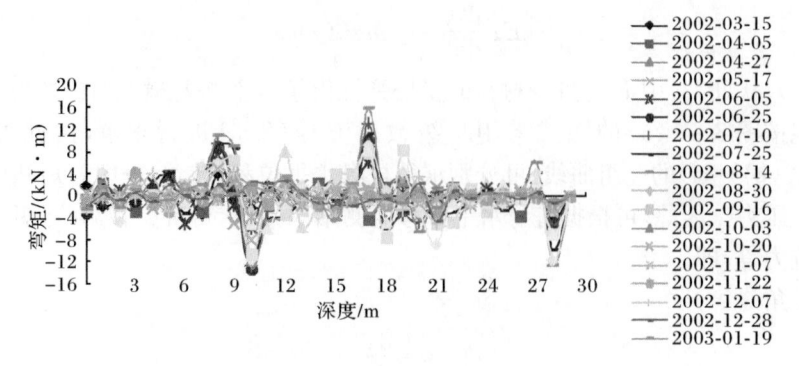

图 8.71　韩家垭滑坡测斜孔(DM9~DM12)弯矩-深度曲线

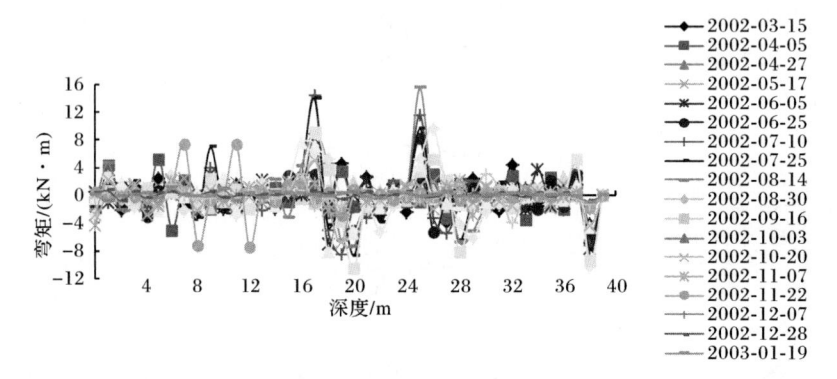

图 8.72　韩家垭滑坡测斜孔(DM13~DM16)弯矩-深度曲线

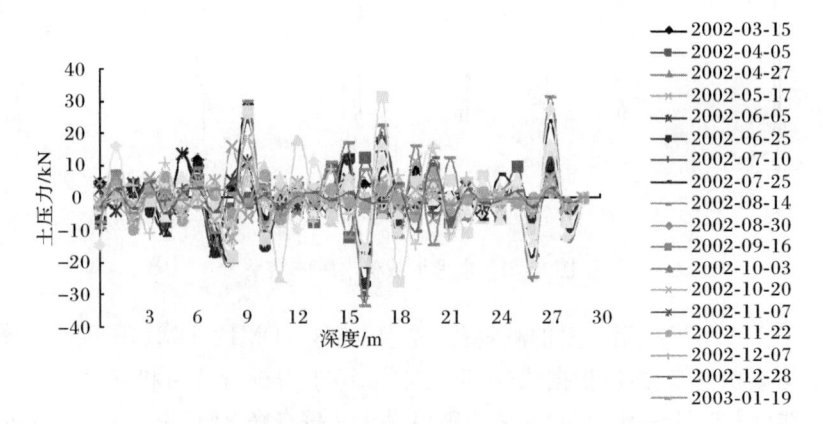

图 8.73　韩家垭滑坡测斜孔(BM9~BM12)桩前抗力-深度曲线

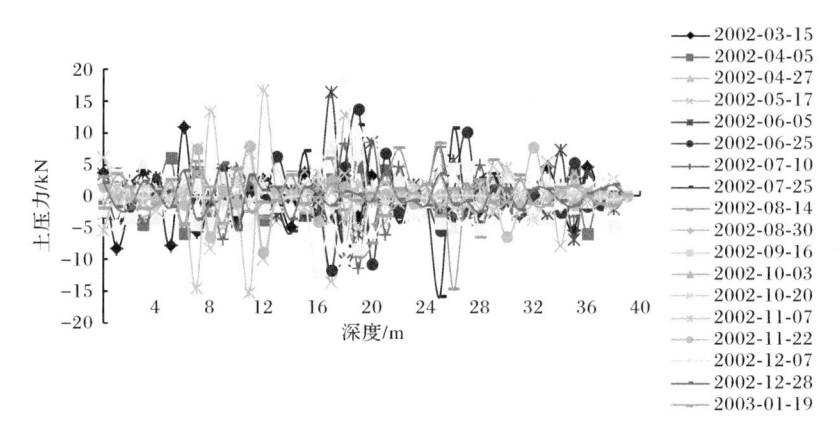

图 8.74 韩家垭滑坡测斜孔(BM13~BM16)桩前抗力-深度曲线

8.3.6 锚杆受力监测

工程观测锚杆在不同时间沿锚杆杆体所受轴向力分布类似于正态分布函数(图 8.75、图 8.76),在滑面处所受轴向拉力最大,沿两侧随着离滑动面越远,所受轴向拉力逐渐减小,离滑面 5m 以外基本不受力,受力较大段主要集中在离滑面 3m 以内。

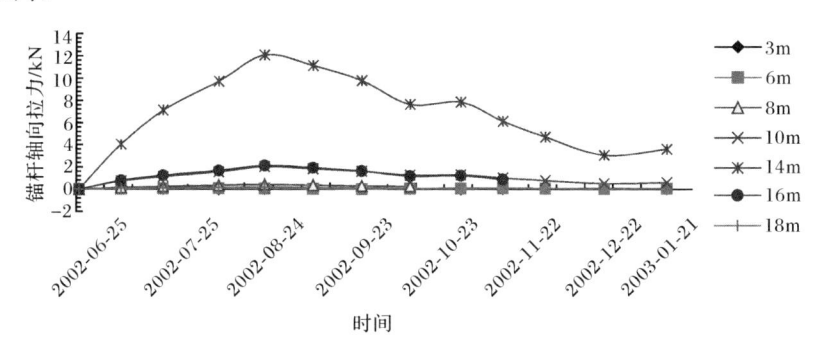

图 8.75 工程观测锚杆 1# 不同深度受力随时间变化曲线

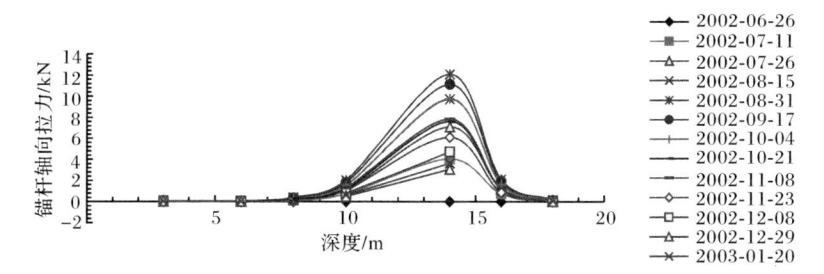

图 8.76 工程观测锚杆 1# 不同时间受力随深度变化曲线

8.3.7 锚杆拉拔试验

从三根锚杆拉拔试验结果(图 8.77、图 8.78)可见,随着外加拉拔荷载的逐级增大,不同埋深的钢筋计的受力也逐级增大,埋深较浅的钢筋计尤为明显,不同深度的锚杆轴向拉力随外载呈指数增长,起始阶段增长缓慢,至 250kN 以后轴向拉力增速很快。

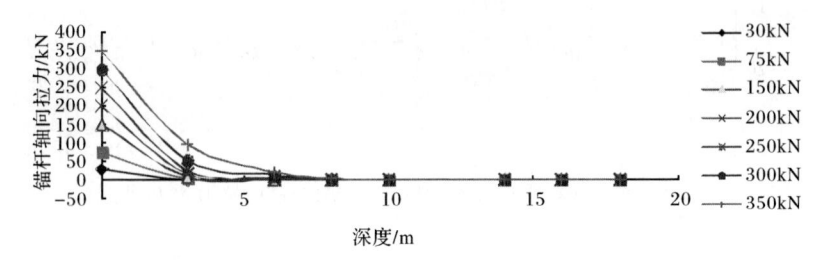

图 8.77 不同拉拔力下 1# 锚杆受力随埋深分布曲线

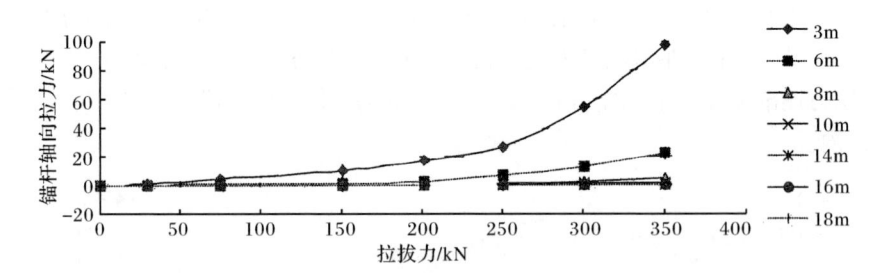

图 8.78 1# 锚杆不同深度传感器受力随拉拔力变化曲线

1# 锚杆在拉拔力为 350kN 时,埋深 2m 处轴力约为 150kN,而 2# 锚杆为 160kN,3# 锚杆在外载为 325kN 时 2m 处即达到 190kN 左右,可见 3# 锚杆沿杆体荷载传播速度较快,这与该处岩体较软弱破碎有关,1# 锚杆处岩体相对比较完整,风化程度也较浅,导致该处锚杆体轴向受力随深度衰减较快,荷载传递较浅。

从锚杆拉拔力与锚头位移关系曲线图 8.79 来看,在该种变质辉绿岩体中,当拉拔力小于 250kN 时,曲线基本呈线性,锚固体处于弹性变形阶段;当拉拔力大于 250kN 时,曲线逐渐呈上凸型,锚固体进入非线性塑性屈服阶段,锚固体弹性变形阶段的最大位移一般小于 2.5mm,锚固体达到极限拉拔力时锚头最大位移一般小于 6mm。在极限拉拔力时,3# 锚杆锚头位移最大,2# 锚杆次之,1# 锚杆最小,这与 3# 锚杆处岩体最软弱破碎,1# 锚杆处岩体相对完整相吻合。

从不同拉拔荷载作用下锚杆轴向受力随深度分布曲线来看,锚杆轴向受力随深度基本上呈负指数形式衰减,在拉拔力为 350kN 时,埋深大于 8m 的杆体已基本上不受力,锚杆受力主要集中在浅部 5m 内。若按锚杆轴向受力大于 5kN 的杆体长度作为锚杆的有效锚固长度,则根据试验结果可以大致确定不同拉拔力作用下的锚杆有效锚固长度(图 8.80),据此可以大致确定在变质辉绿岩体中设计 $\phi32\mathrm{mm}$ 锚杆时不同设计抗拔力下的锚固段长度。在岩体较破碎、风化程度较深处,锚固段长度可适当加长;在岩体较完整、风化程度较浅处,锚固段可适当减短。

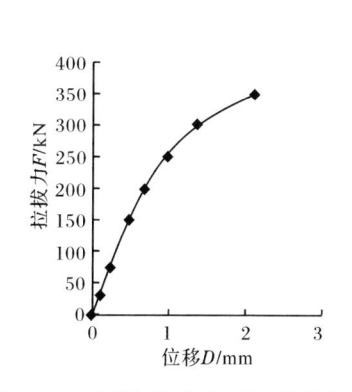

图 8.79 1# 锚杆拉拔力-锚头位移曲线

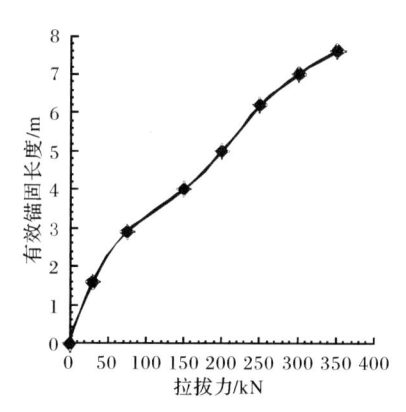

图 8.80 1# 锚杆有效锚固长度与拉拔力曲线

根据锚杆拉拔试验结果及试验过程中锚杆破坏现象,螺纹锚杆体与水泥砂浆之间的黏结强度一般较大,锚杆拉拔破坏主要是在水泥砂浆与锚孔壁围岩之间引起的,也有少部分是由锚杆体被拉断而导致的。锚杆轴向拉力随深度的递减是由于锚杆体与水泥砂浆之间的剪应力抵消拉拔荷载所造成的,所以锚杆体与水泥砂浆间的剪应力可由锚杆体上、下两截面的轴向拉力差值求得,即

$$\tau(z)=\frac{1}{\pi D} \cdot \frac{\mathrm{d}F(z)}{\mathrm{d}z} \tag{8.8}$$

式中,z 为从地表算起至锚杆体某一截面处的深度,m;$F(z)$ 为埋深 z 处锚杆所受轴力,kN;$\tau(z)$ 为埋深 z 处锚杆体与水泥砂浆间的剪应力,kPa;D 为锚杆体直径,mm。

由式(8.8)可算得锚杆体与水泥砂浆之间的剪应力,从而绘制出锚杆体与砂浆间剪应力随锚杆埋深的分布曲线、剪应力随拉拔力变化曲线(图 8.81、图 8.82)。锚杆在外载作用下,锚杆体与浆体间的剪应力分布极不均匀,剪应力随锚杆埋深大致呈负指数形式衰减,主要集中在浅部 5m 段,随着外加荷载增大,剪应力逐渐向锚杆底端移动,但埋深大于 8m 的杆体所受剪应力很小。随着外加荷载增大,锚杆不同埋深处的剪应力也逐渐增大,但当外载大于 300kN 以后,锚杆浅部 1m 段的平均剪应力反而出现明显下降,说明在该荷载下,锚杆体周围水泥砂浆或围岩已出现塑性压剪屈服破坏,这也说明该拉拔荷载已接近锚杆极限拉拔荷载。

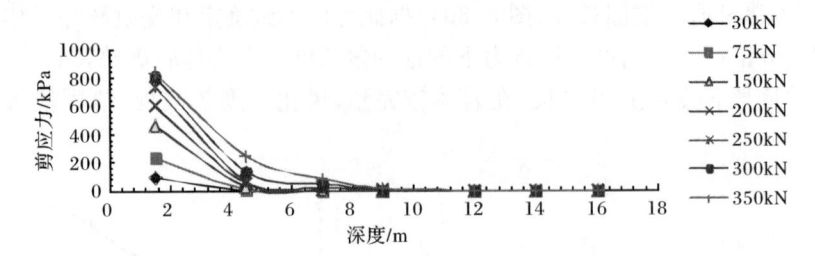

图 8.81　1# 锚杆与砂浆间剪应力随埋深分布曲线

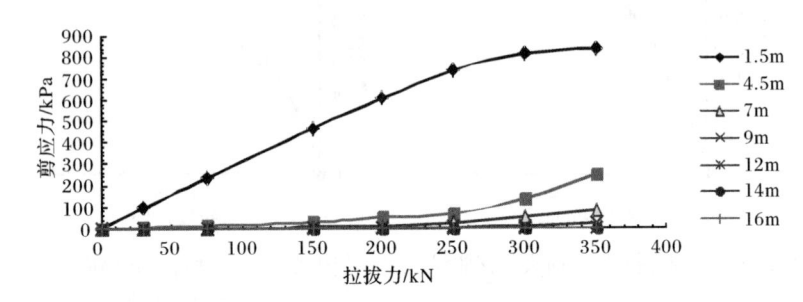

图 8.82　1# 锚杆与砂浆间剪应力随拉拔力变化曲线

在该种变质辉绿岩体中的全长注浆锚杆,在达到锚杆极限拉拔荷载时,其有效锚固长度约为 8m,即使再增加锚固长度,锚杆的极限拉拔力也不会继续提高,它完全取决于锚杆体、水泥砂浆体、孔壁围岩介质等的物理力学性质。

拉拔试验只能检验注浆锚杆的前段,而实际工程中锚固体深部潜在滑动面附近承受剪应力和轴力最大,如果锚杆长度未穿过潜在滑动面足够长度或锚孔深部灌浆不密实,则即使该锚杆试验拉拔力达到设计要求,该锚杆仍然不能有效加固不稳定岩体,可以说,该锚杆基本上处于失效状态。因此,锚杆拉拔试验验收标准不适合全长黏结锚杆,尤其不适合岩层长锚杆。锚杆拉拔试验作为检查灌浆效果和锚固体承载能力的标准,不仅不能检查潜在滑动面附近锚固体的承载能力和灌浆效果,而且还可能为施工过程中的偷工减料提供合法的借口,甚至误导工程设计和施工。

8.4　整治加固效果分析

8.4.1　根据模型试验结果分析

工况 3 按现场实际加固工程施工后的边坡累积位移矢量图如图 8.83～

图 8.92 所示。从图中可见,整个边坡的位移都很小,即使在试验最后一步(第 11 步)的最大合成位移也只有 6.74mm(27 号测点)。整个位移场在上、下滑面处都呈连续分布状态,上、下滑体之间、下滑体与滑床之间的相对错动滑移不明显。上、下滑体的位移基本上与上、下滑面不平行,整个位移场矢量方向比未加固前的工况 1、工况 2 倾角更大。滑床位移明显增大,滑坡后缘位移明显比滑坡中部及前缘的位移大,堑坡及路基附近岩体位移很小(图 8.93、图 8.94)。说明经过抗滑桩和锚杆加固后,滑体位移大幅度减小,整个滑坡和路堑边坡的稳定性良好。

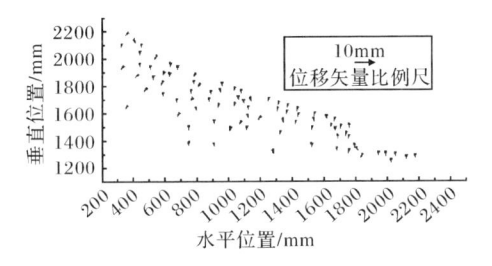

图 8.83　工况 3 第 2 步累积位移矢量图 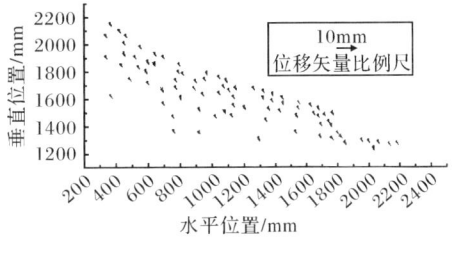　　图 8.84　工况 3 第 3 步累积位移矢量图

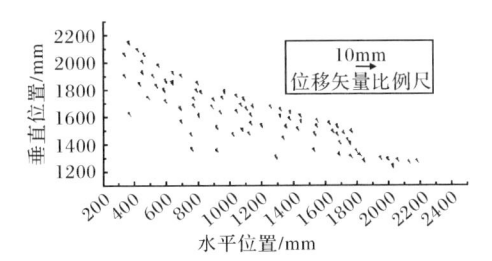

图 8.85　工况 3 第 4 步累积位移矢量图 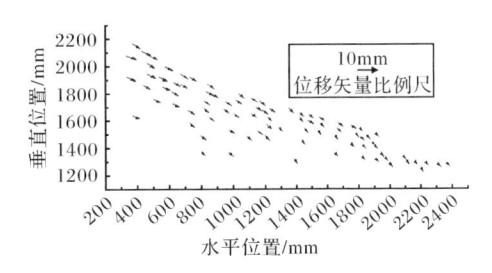　　图 8.86　工况 3 第 5 步累积位移矢量图

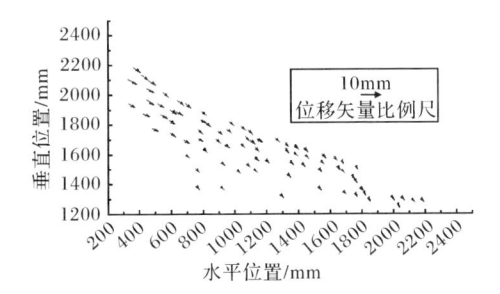

图 8.87　工况 3 第 6 步累积位移矢量图 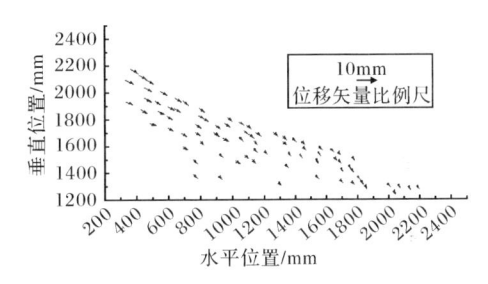　　图 8.88　工况 3 第 7 步累积位移矢量图

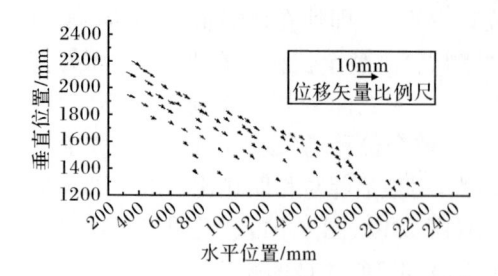

图 8.89　工况 3 第 8 步累积位移矢量图

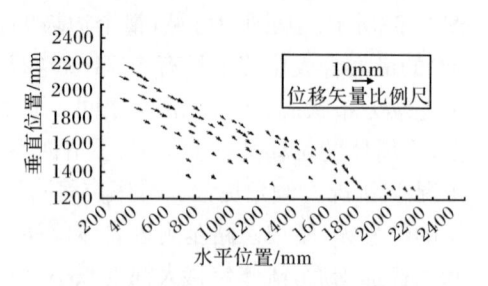

图 8.90　工况 3 第 9 步累积位移矢量图

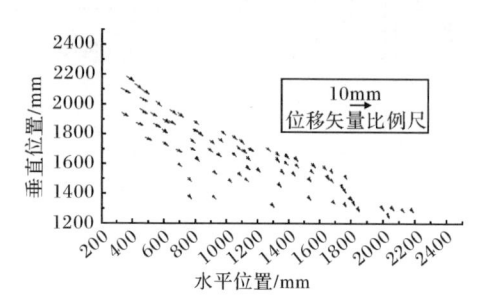

图 8.91　工况 3 第 10 步累积位移矢量图

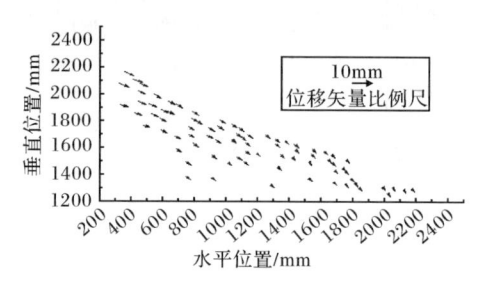

图 8.92　工况 3 第 11 步累积位移矢量图

图 8.93　工况 3 加固后堑坡开挖前情况

图 8.94　工况 3 加固后堑坡开挖后情况

为了进一步分析经抗滑桩和锚杆加固治理后滑坡的变形破坏机理,我们在工况 3 中不同位置选择四个垂向剖面(图 8.2),绘制出各个剖面上各测点位移随深度变化曲线(图 8.95～图 8.98)。在上层滑体、下层滑体、滑床等的后缘、中部、前缘等不同部位选择一些典型测点绘制出各测点随试验步骤变化图(图 8.99～图 8.101)。从图 8.95～图 8.98 可见,无论是滑坡后缘、中部,还是前缘,位移随深度衰减极慢。对于工况三滑坡后缘的剖面 Ⅰ,位于上滑体的 26 测点最大位移为 6.36mm,而位于滑床深部的 109 测点最大位移为 5.18mm;对于滑坡中部的剖面 Ⅱ,位于上滑体 50 测点最大位移为 4.67mm,而位于滑床深部的 107 测点最大位移为 3.66mm;对于滑坡前缘的剖面 Ⅳ,位于变粒岩中近地表的 76 测点最大位移为 2.87mm,而位于辉绿岩中埋深较大的 82 测点最大位移为 3.10mm。可见,工况3上、下层滑体位移与滑床中埋深较大处的位移十分接近,且都较小。

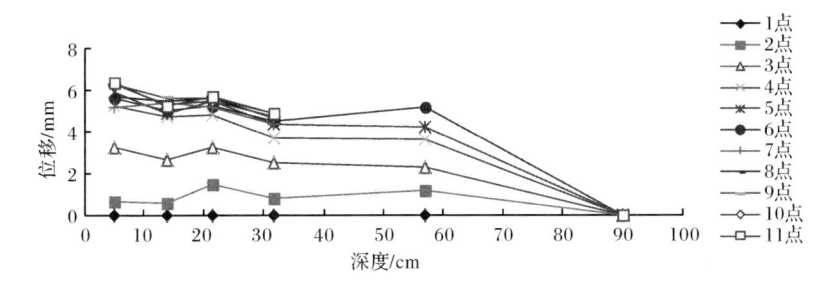

图8.95 工况3剖面Ⅰ各点位移随深度变化曲线

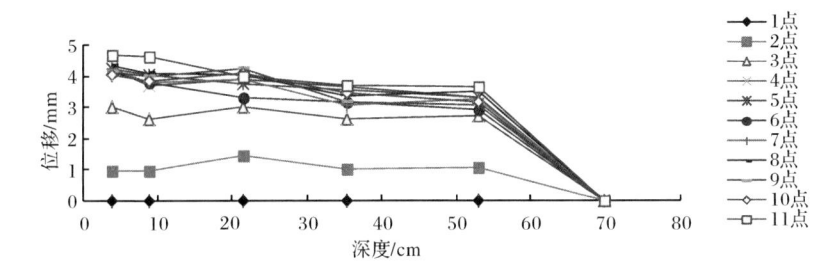

图8.96 工况3剖面Ⅱ各点位移随深度变化曲线

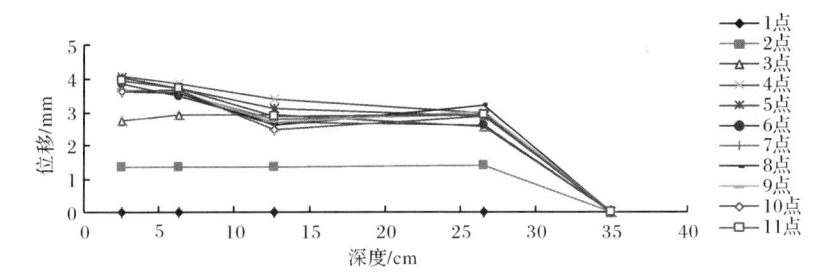

图8.97 工况3剖面Ⅲ各点位移随深度变化曲线

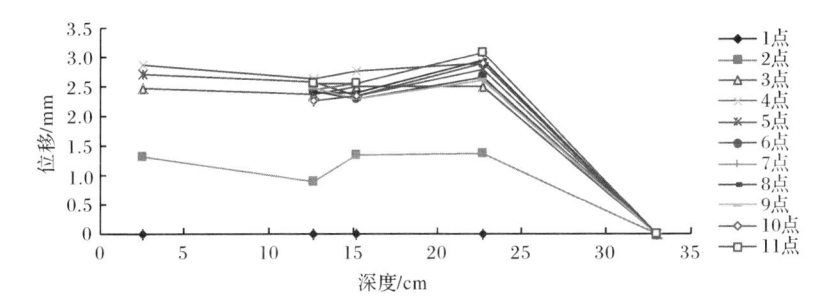

图8.98 工况3剖面Ⅳ各点位移随深度变化曲线

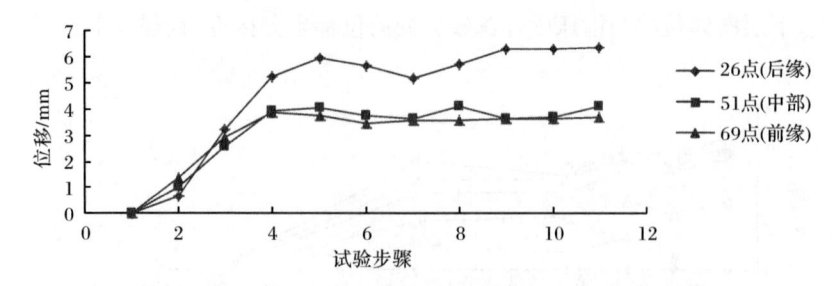

图 8.99　工况 3 上层滑体测点位移随试验步骤变化曲线

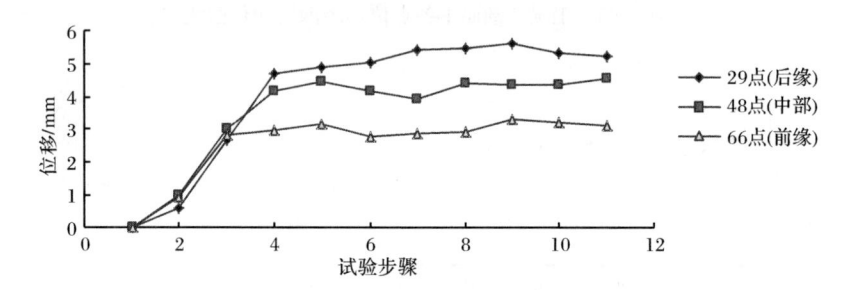

图 8.100　工况 3 下层滑体测点位移随试验步骤变化曲线

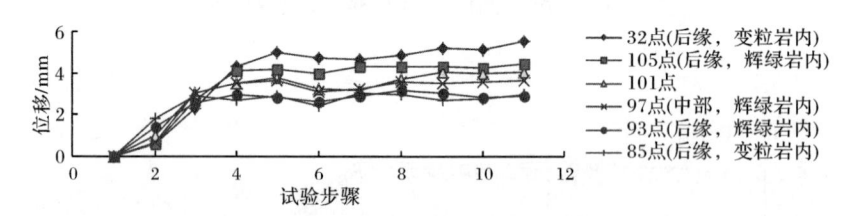

图 8.101　工况 3 滑床测点位移随试验步骤变化曲线

从图 8.99~图 8.101 可见，在第 4 步之前，上、下层滑体及滑床位移随试验步骤逐渐增大；第 4 步之后，边坡位移随试验步骤增幅十分有限，可认为基本保持不变。在工况 3 试验最后一步(第 11 步)，上层滑体后缘、中部、前缘三个测点的平均位移为4.7mm，下层滑体后缘、中部、前缘三个测点的平均位移为 4.3mm，滑床岩体后缘、中部、前缘七个测点的平均位移为 3.9mm。可见，边坡位移随埋深衰减极慢。从图中还可看出，滑坡后缘测点位移明显比中部、前缘的大，滑坡前缘的测点位移最小，这与加固前的工况正好相反。

结合工况 3 桩身应力、桩前、桩后土压力、锚杆应力等测试结果，可见，在第 4 步之前，边坡位移随试验步骤逐渐增大，此时的桩身应力较小，桩前、桩后土压力也很小，而锚杆受力已有所增加，说明在该阶段，锚杆的加固作用已有一定发挥，而抗滑桩的抗滑支挡作用尚未发挥；在第 4 步之后，锚杆受力进一步增大，桩身应力也开始增大,桩前、桩后土压力也开始增加,此时抗滑桩、锚杆的加固作用逐步得到发挥,使得滑体位移并未随底板抬高而明显增大,说明抗滑桩、锚杆有效遏制了滑坡的向前滑移,其加固效果十分显著。

工况4的边坡累积位移矢量图如图8.102~图8.114所示。从图中可见,在第7步之前,边坡位移都很小,第8步时滑坡后缘位移有所增加,第10步时滑坡后缘位移有一较大增加;第12步之前,整个位移场在上、下滑面处基本呈连续分布状态,位移矢量倾角很大,说明垂直向下位移明显比水平向前位移大;第13步以后,整个位移场在上、下滑面处呈不连续分布,上、下滑体的位移明显比下滑面以下的滑床岩体位移大,上、下滑体沿上、下滑面发生了较为明显的错动位移,但上、下滑体的位移矢量方向与上、下滑面不平行,位移矢量倾角明显比上、下滑面的倾角大,滑体后缘位移矢量倾角比滑体中部、前缘的大,滑床的位移矢量倾角比上、下滑体的大。滑坡后缘位移明显比滑坡中、前部的位移大,堑坡及路基附近变粒岩体位移较小(图8.115),说明经过抗滑桩和锚杆加固后,滑体位移大幅度减小。

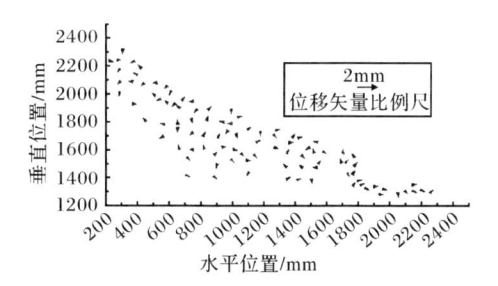

图8.102 工况4第2步累积位移矢量图

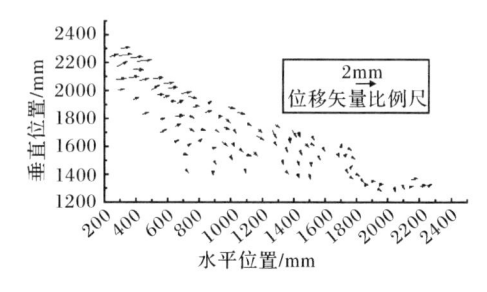

图8.103 工况4第3步累积位移矢量图

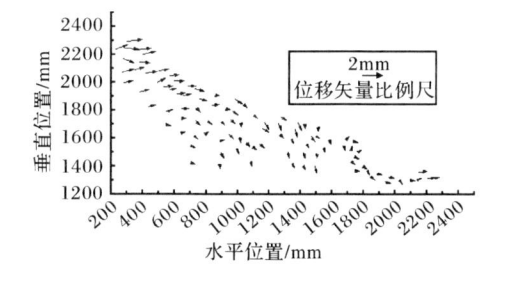

图8.104 工况4第4步累积位移矢量图

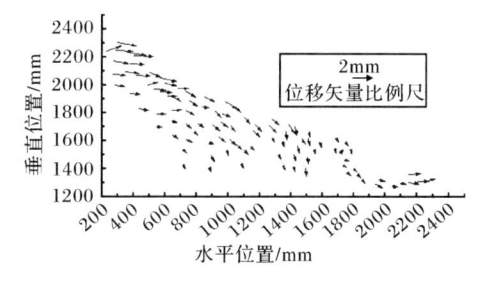

图8.105 工况4第5步累积位移矢量图

在工况4中不同位置选择四个垂向剖面(图8.6),得到各剖面上各测点位移随深度变化曲线(图8.116~图8.119)。在上层滑体、下层滑体、滑床等的后缘、中部、前缘等不同部位选择一些典型测点绘制出各测点随试验步骤变化曲线(图8.120~图8.122)。从图8.120~图8.122可见,无论是滑坡后缘、中部,还

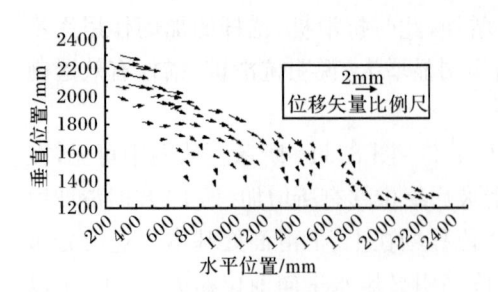

图 8.106　工况 4 第 6 步累积位移矢量图

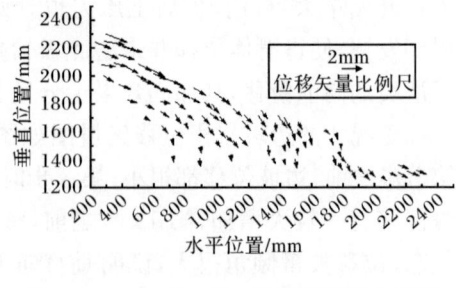

图 8.107　工况 4 第 7 步累积位移矢量图

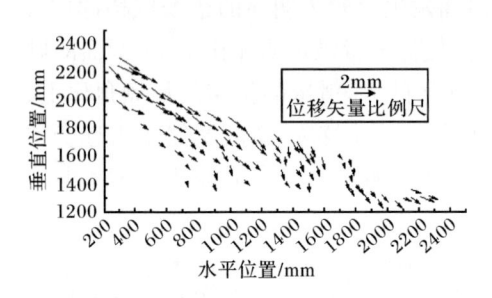

图 8.108　工况 4 第 8 步累积位移矢量图

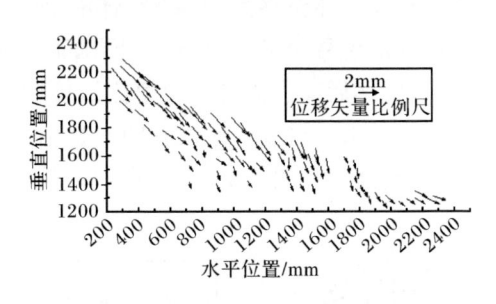

图 8.109　工况 4 第 9 步累积位移矢量图

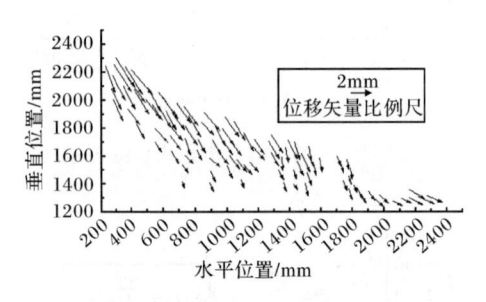

图 8.110　工况 4 第 10 步累积位移矢量图

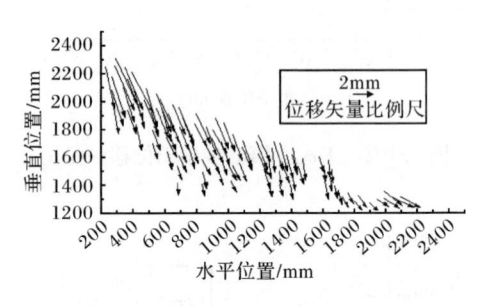

图 8.111　工况 4 第 11 步累积位移矢量图

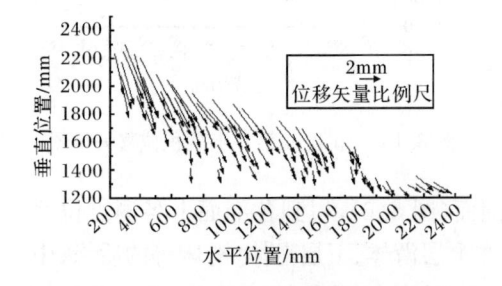

图 8.112　工况 4 第 12 步累积位移矢量图

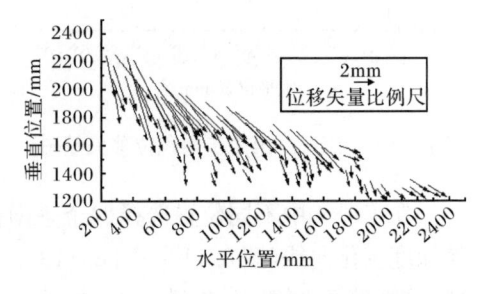

图 8.113　工况 4 第 13 步累积位移矢量图

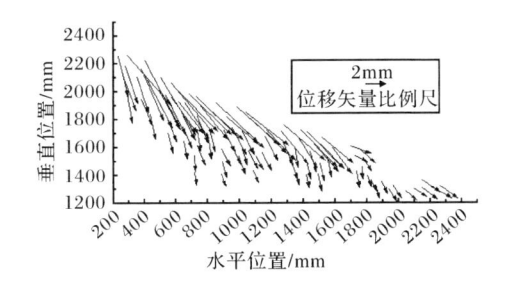

第8章 双(多)层反翘型滑坡控制对策研究

图8.114 工况4第14步累积位移矢量图　图8.115 工况4加固后堑坡开挖后情况

是前缘,在第10步之前,位移随深度衰减极慢,几乎保持不变;第10步以后,上、下层滑体的位移有明显增加,使得边坡位移随深度逐渐减少,但其变化梯度较小。对于工况4滑坡后缘的剖面Ⅰ,位于上滑体的31测点最大位移为10.01mm,而位于滑床深部的46测点最大位移为3.63mm;对于滑体中部的剖面Ⅱ,位于上滑体的53测点最大位移为7.65mm,位于滑床深部的76测点最大位移为1.89mm;对滑体前缘辉绿岩中的剖面Ⅲ,位于上滑体的97测点最大位移为5.44mm,位于滑床深部的103测点最大位移为2.43mm;对于滑体前缘变粒岩中的剖面Ⅳ,靠近堑坡坡顶的106测点最大位移为2.68mm,位于滑床深部的112测点最大位移为2.25mm。可见,位于上排抗滑桩以上的剖面Ⅰ、Ⅱ,位移随深度的变化梯度相对较大,位于上、下二排抗滑桩之间的剖面Ⅲ,位移随深度的变化梯度次之,位于滑坡前缘变粒岩层中的剖面Ⅳ,位移随深度的变化梯度最小。这说明在上排抗滑桩以上,上、下滑体相对滑床的位移较大;由于上排抗滑桩的阻挡作用,导致上、下排桩之间的边坡位移随深度变化梯度减小;在下排抗滑桩至堑坡临空面,由于下排抗滑桩和锚杆的进一步阻挡和抗拉拔作用,该区段边坡位移随深度的变化梯度进一步减小,甚至几乎不变。

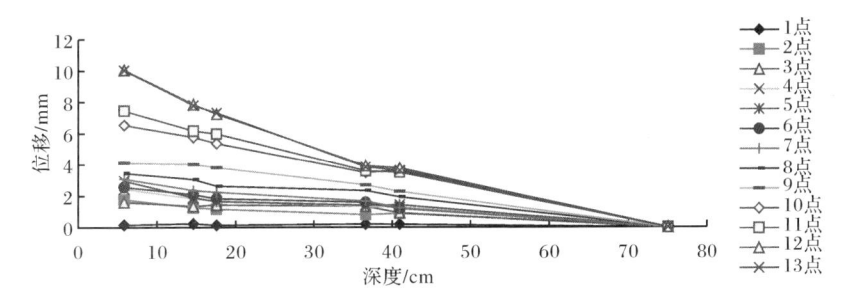

图8.116 工况4剖面Ⅰ各点位移随深度变化曲线

从图8.120～图122可见,在第4步之前,位移随试验步骤逐渐增大,在第4～8步,位移随试验步骤增加很少,基本保持不变;第8～12步(滑床测点为第8～10

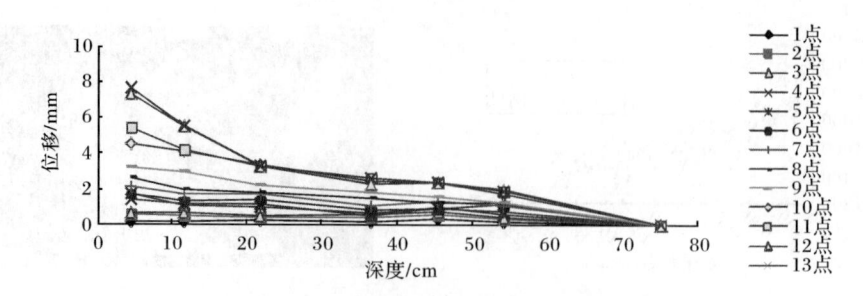

图 8.117　工况 4 剖面 Ⅱ 各点位移-深度变化曲线

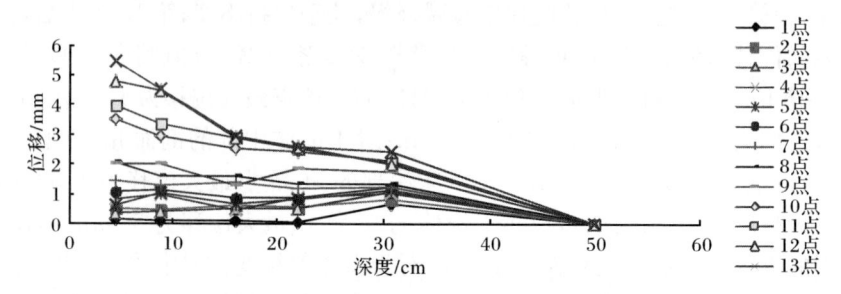

图 8.118　工况 4 剖面 Ⅲ 各点位移-深度变化曲线

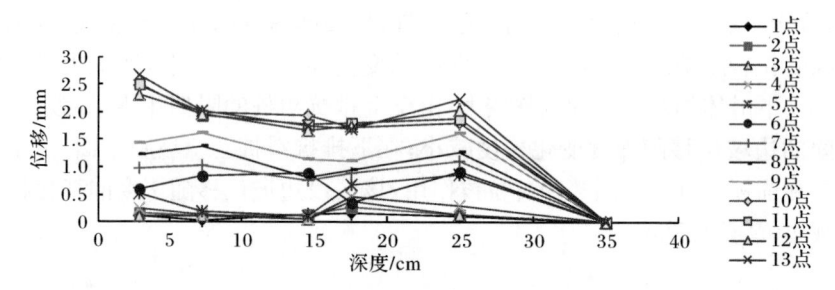

图 8.119　工况 4 剖面 Ⅳ 各点位移-深度变化曲线

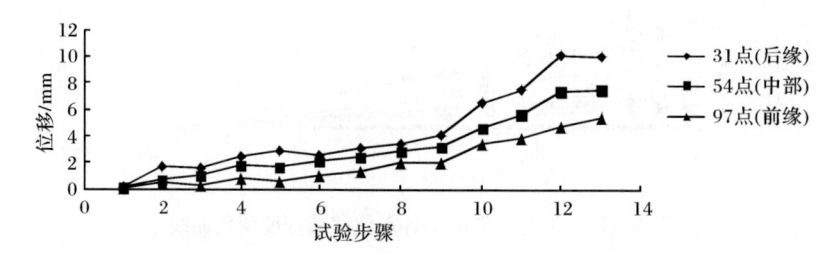

图 8.120　工况 4 上层滑体测点位移-试验步骤变化曲线

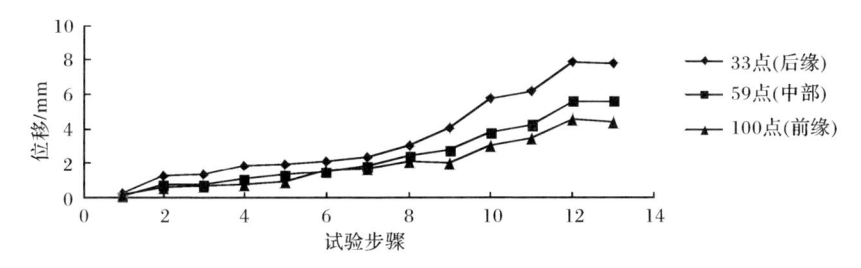

图 8.121 工况 4 下层滑体测点位移-试验步骤变化曲线

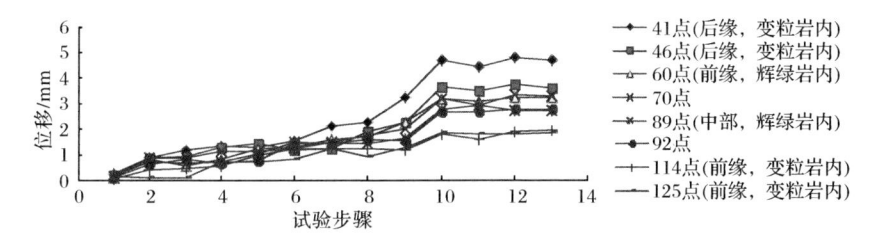

图 8.122 工况 4 滑床测点位移-试验步骤变化曲线

步),各测点位移随试验步骤增加较快,至第 12 步(滑床测点为第 10 步)以后,位移随试验步骤又增长缓慢,基本保持不变。在工况 4 第 13 步,上层滑体后缘、中部、前缘三个测点的平均位移为 7.7mm,下层滑体后缘、中部、前缘三个测点的平均位移为 5.9mm,滑床岩体后缘、中部、前缘八个测点的平均位移为 3.0mm,可见,边坡位移随埋深变化梯度较小,但比工况 3 则明显要大。从图中还可看出,在整个试验过程中,滑坡后缘测点位移明显比中部、前缘的大,滑坡前缘的测点位移最小,这与加固前的工况正好相反。

结合工况 4 桩身应力、桩前、桩后土压力、锚杆应力等测试结果,在第 4 步之前,边坡位移随试验步骤逐渐增加,此阶段桩身应力、锚杆应力、桩前、桩后土压力都很小,这说明该阶段虽然位移逐渐增大,但抗滑桩、锚杆受力并没有随之增大,所产生的位移可能主要是由岩体压密、滑面受剪位移、围岩与桩、锚杆之间的压密等引起的;在第 4~8 步,边坡位移随试验步骤增加甚微,但此阶段的桩身应力、桩前、桩后土压力增加较快,但锚杆应力除 2# 锚杆外增加较慢,说明此阶段抗滑桩对滑体的抗滑支挡作用已经逐步发挥,抗滑桩的受力逐渐增加,此时边坡位移场已逐步受到抗滑桩变形特性的控制,所以此阶段边坡位移增加很小,而锚杆的受力仍较小,其作用远未发挥出来;在第 8~12 步,边坡位移增加较快,此阶段桩身受力、桩前、桩后土压力、锚杆应力等都增加较快,说明在此阶段由于抗滑桩和锚杆的间距较大,抗滑桩和锚杆所承受的力较大,相应的抗滑桩和锚杆所产生的变形也较大,所以边坡位移增加也较快;第 12 步以后,边坡位移随试验步骤几乎不变,但此阶段桩身应力、锚杆应力、桩前、桩后土压力等都增加较快。

对比工况3与工况4,工况4的位移明显比工况3的大,工况4各垂向剖面各测点位移随深度的变化梯度也比工况3大,工况4上、下滑体位移明显比滑床的大,位移场在上、下滑面处呈不连续分布状态,而工况3的位移场在上、下滑面处呈连续分布状态;从水平方向来看,滑体后缘的位移比中部大,滑体前缘的位移最小,抗滑桩前岩体的位移比桩后岩体的位移小;随试验步骤增加,初始阶段的边坡位移增加较快,但抗滑桩、锚杆受力都较小;第二阶段是边坡位移增加很慢,但抗滑桩、锚杆受力却增加很快;第三阶段是边坡位移增加很快,抗滑桩、锚杆受力也增加很快;第四阶段是边坡位移增加很慢,但抗滑桩、锚杆受力增加很快;工况3只有第一、二阶段,缺失第三、四阶段。在工况4中,抗滑桩和锚杆并不是同时达到屈服强度的,在底板抬高至约21mm时,上排抗滑桩在上滑面处桩身应力即达到屈服强度;而锚杆应力达到屈服强度时,底板的上抬高度为42.13mm,可见抗滑桩比锚杆先破坏。根据抗滑桩、锚杆受力测试结果,工况3整个滑坡和路堑边坡具有足够的安全储备,而且在达到设计所需的安全系数条件下,锚杆受力仍远未达到设计拉拔力,说明按工况3加固滑体,锚杆间距还可进一步优化。工况4的加固强度仍远未达到设计所需的安全系数,该抗滑桩和锚杆间距过于稀疏,仍需调整有关加固工程的设计参数。根据工况3、工况4的物理模拟试验结果,可以大致估算出最优锚杆间距为2m×3m。

把加固前、后的工况1、工况2与工况3、工况4进行对比分析,可以发现,加固前上、下滑体的位移很大,且位移方向基本与滑面平行,而滑床的位移很小,滑坡前缘变粒岩层存在一个向上向前位移的区域,滑坡前缘变粒岩层发生弯曲旋转变形;对于变质辉绿岩中的上、下滑体,滑体前缘位移比滑体中部、后缘的大;边坡位移从地表向地下迅速衰减;整个位移场在上、下滑面处是不连续的,在从上滑体过渡到下滑体、下滑体过渡到滑床时,无论是位移大小还是位移方向都有一明显的突变。加固后,上、下滑体的位移大幅度减小,而滑床的位移反而有所增大,位移方向与滑面不平行,位移矢量的倾角明显变陡;除工况4第13步以后,整个位移场在上、下滑面处基本呈连续分布状态;从垂向上来看,边坡位移随深度的衰减较慢,基本上处于同一数量级;从水平向来看,滑坡后缘的位移比中部、前缘的大,抗滑桩后岩体的位移比桩前的大;上、下二层滑体的剩余下滑力被传递至上、下二排抗滑桩上,使得滑体的向下位移被抗滑桩和锚杆所阻挡,从而大幅度减小滑坡的位移。

8.4.2 根据现场实时监测结果分析

通过上述对韩家垭滑坡和路堑边坡各项监测数据的综合分析,可以发现,各项抗滑加固工程都发挥了较好的抗滑作用,其受力状态良好,对稳定滑坡和路堑边坡起到了举足轻重的作用。从施工完后一年多的监测结果来看,滑坡和路堑边坡的位移较小,各项抗滑支挡工程的位移和所承受的滑坡推力也较小,说明目前韩家垭滑坡和路堑边坡经综合整治后稳定性良好,该边坡的安全度也是足够的,整个综合整治工程效果良好,其整治设计与施工是成功的。

参 考 文 献

[1] 高大钊.岩土工程的回顾与前瞻[M].北京:人民交通出版社,2001:96.
[2] 陈祖煜.土质边坡稳定分析——原理·方法·程序[M].北京:中国水利水电出版社,2003:3~14.
[3] 崔政权,李宁.边坡工程——理论与实践最新发展[M].北京:中国水利水电出版社,1999:148~184.
[4] Bishop A W. The use of the slip circle in the stability analysis of slopes[J]. Geotechnique, 1955,(5):7~17.
[5] 齐更生,彭少民.国内外滑坡防治与研究现状综述[J].地质勘探安全,2000,3:16~19.
[6] 张倬元.滑坡防治工程的现状与发展展望[J].地质灾害与环境保护,2000,2:89~97,181.
[7] 宋昆仑,骆培云.日本的滑坡研究及滑坡整治工程技术[J].水文地质工程地质,1993,5:10~12.
[8] Zienkiewicz O C, Humpheson C, Lewis R W. Associated and non-associated visco-plasticity and plasticity in soil mechanics[J]. Geotechnique,1975,25(4):671~689.
[9] 晏同珍,杨顺安,方云.滑坡学[M].武汉:中国地质大学出版社,2000:3,6.
[10] 钟采元,王恭先.日本、法国的滑坡及其防治[A]//滑坡文集[C]第九集.北京:中国铁道出版社,1992:110~120.
[11] 朱瑞赓,晏同珍,周泽忠.国际滑坡与岩土工程学术会议论文集[C].武汉:华中理工大学出版社,1991.
[12] 殷坤龙,韩再生,李志中.国际滑坡研究的新进展[J].水文地质工程地质,2000,27(5):1~4.
[13] 成永刚.近二十年来国内滑坡研究的现状及动态[J].地质灾害与环境保护,2003,14(4):1~5.
[14] 张建永.滑坡研究现状综述[J].中国岩溶,1999,18(3):280~286.
[15] 徐邦栋.滑坡分析与防治[M].北京:中国铁道出版社,2001:3~7.
[16] 潘家铮.建筑物的抗滑稳定和滑坡分析[M].北京:水利出版社,1980:155~157.
[17] 孙广忠.岩体结构力学[M].北京:科学出版社,1988:1~14.
[18] 孙广忠,姚宝魁.中国滑坡地质灾害及其研究[A]//中国典型滑坡[C].北京:科学出版社,1988:1~11.
[19] 刘晶辉,申力,陈雪松.软弱泥化夹层蠕变特征与边坡变形分析[J].露天采矿技术,2001,1:28~34.
[20] 祖国林.大型倾斜楔体滑坡研究[J].地质灾害与环境保护,2000,11(4):298~301.
[21] 应向东.黄腊石滑坡深部位移监测分析[J].长江科学院,2000,17(2):54~56.
[22] 朱济祥,薛乾印,薛玺成.龙羊峡水电站泄流雾化雨导致岩质边坡的蠕变变位分析[J].水力发电学报,1997,3:31~42.
[23] 杜长学.某工程蠕变滑坡的评价与治理[J].工程勘察,1998,1:11~14.
[24] 王念秦,张又安,王鹏,等.翟所滑坡的发育特征及演变趋势[J].甘肃科学学报,1998,10(2):40~46.

- [25] 骆银辉,朱春林,李俊东.云南红层边坡变形破坏机制及其危害防治研究[J].岩土力学,2003,24(5):836～839.
- [26] 李同明,刘军.应急监测菜元坝建兴坡滑坡及抗滑桩实录[J].中国地质灾害与防治学报,1995,6(3):92～97.
- [27] 宋彦辉,任光明,聂德新.西宁市北山寺滑坡稳定分析及治理措施建议[J].地质灾害与环境保护,2003,14(2):27～30.
- [28] 刘宪周.陕西彬县百子沟滑坡预报的尝试[J].灾害学,1998,13(1):53～56.
- [29] 周创兵,张辉,彭玉环.蠕变-样条联合模型及其在滑坡时间预报中的应用[J].自然灾害学报,1996,5(4):60～67.
- [30] 马水山,张保军,李端友.清江库岸滑坡体位移曲线及变形趋势研究[J].人民长江,1995,26(12):38～42.
- [31] 夏元友,朱瑞赓,李新平.边坡稳定性研究的综述与展望[J].金属矿山,1995,12:9～12.
- [32] 孙广忠.地质灾害防治.地质工程理论与实践(文集)[M].北京:地震出版社,1996:163～165.
- [33] 晏鄂川.工程岩体稳定性评价与利用研究[R].中国地质大学博士后研究报告,2001:3.
- [34] 孙仁先,江鸿彬.三峡库区秭归县地质灾害发育规律与"群测群防"防治[J].湖北地矿,2002,16(4):70～73.
- [35] 黄润秋,等.高边坡稳定性的系统工程地质研究[M].成都:成都科技大学出版社,1991.
- [36] 孙玉科,牟会宠,姚宝魁.边坡岩体稳定性分析[M].北京:科学出版社,1998:148.
- [37] 刘立平,姜德义,郑硕才,等.边坡稳定性分析方法的最新进展[J].重庆大学学报(自然科学版),2000,23(3):115～118.
- [38] 孙涛,顾波.边坡稳定性分析方法评述[J].边坡工程,2002,5(11):48～50.
- [39] 魏国安.Sarma法在西安—南京线老牛坡滑坡稳定性分析中的应用[J].铁道工程学报,1999,3:78～81.
- [40] 夏元友,李梅.边坡稳定性评价方法研究及发展趋势[J].岩石力学与工程学报,2002,21(7):1087～1091.
- [41] Morgenstern N R, Price V. The analysis of the stability of general slip surface[J]. Geotechnique,1965,15(1):79～93.
- [42] 任祥,潘霄,门玉明.均质土坡潜在滑面的搜索[J].西安工程学院学报,2002,24(1):46～48.
- [43] 秦四清.滑坡工程治理优化设计与信息化施工[J].中国地质灾害与防治学报,1999,10(2):1～9.
- [44] 朱大勇.边坡临界滑动场及其数值模拟[J].岩土工程学报,1997,19(1):63～69.
- [45] 陈祖煜.黄文熙讲座——土力学经典问题的塑性力学上、下限解[J].岩土工程学报.2002,24(1):1～11.
- [46] 王根龙,门玉明,陈志心,等.土坡稳定性塑性极限分析条分法[J].长安大学学报(自然科学版),2002,22(4):28～30.
- [47] 李华斌.滑坡系统的能量分析[J].水文地质工程地质,1994,1:12,13.

[48] 张雄. 边坡稳定性的刚性有限元评价[J]. 成都科技大学学报,1994,6:47~51.
[49] 王华敬,顾长存,杨庆刚. 毕肖普简化法和有限元法对某堤防的稳定性分析[J]. 烟台大学学报(自然科学与工程版),2002,4:292~298.
[50] 朱大勇,钱七虎,周早生,等. 基于余推力法的边坡临界滑动场[J]. 岩石力学与工程学报,1999,18(6):667~670.
[51] 刘志斌,王志宏,曹兰柱. 边坡稳定系数迭代求解的实用方法[J]. 阜新矿业学院学报(自然科学版),1997,16(6):641~644.
[52] 唐辉明,晏鄂川,胡新丽. 工程地质数值模拟的理论与方法[M]. 北京:中国地质大学出版社,2001:1~5.
[53] 谢贻全,何福保. 弹性和塑性力学中的有限单元法[M]. 北京:机械工业出版社,1981:1~2.
[54] Griffiths D V, Lane P A. Slope stability analysis by finite elements[J]. Geotechnique,1999,49(3):387~403.
[55] Dawson E M, Roth W H, Drescher A. Slope stability analysis by strength reduction[J]. Geotechnique,1999,49(6):835~840.
[56] Matsui T, San K C. Finite element slope stability analysis by shear strength reduction techniquel[J]. Japan Society of Soil Mechanics and Foundation Engineering,1992,32(1):59~70.
[57] 哥德赫. 有限元法在岩土力学中的应用[M]. 张清,张弥,译. 北京:中国铁道出版社,1993:334,335.
[58] 汪益敏. 有限元法在边坡岩体稳定分析中的应用[J]. 西安公路学院学报,1994,14(2):13~18.
[59] Pan X D, Reed M B. A coupled distinct element-finite element method for large deformation analysis of rock masses[J]. International Journal of Rock Mechanics and Mining Sciences & Geomechanics Abstracts,1991,28(1):93~99.
[60] Wiberg N E, Ponen K, Runesson K. Recalculation of surface slopes as forcing for numerical water column models of tidal flow[J]. Applied Mathematical Modelling,1999,23(10):737~755.
[61] 邬爱清,张奇华. 岩石块体理论中三维随机块体几何搜索[J]. 水利学报,2005,36(4):426~432.
[62] 徐建平,胡厚田. 土质边坡稳定性的概率分析[J]. 铁道工程学报,1998,1:120~124.
[63] Goh A T C, Kulhawy F H. Reliability assessment of serviceability performance of braced retaining walls using a neural network approach[J]. International Journal for Numerical and Analytical Methods in Geomechanics,2005,29(6):627~642.
[64] 祝玉学. 边坡可靠性分析[M]. 北京:冶金出版社,1988:16~25.
[65] Castillo E, Lticeno A. A critical analysis of slope variational methods in slope stability analysis[J]. International Journal for Numerical and Analytical, Methods in Geomechanics,1982,6:195~209.
[66] Mcombie P, Wilkinson P. The use of the simple genetic algorithm in finding the critical

factor of safety in slope stability analysis[J]. Computers and Geotechincs, 2002, 29: 699~714.

[67] 冯夏庭. 智能岩石力学导论[M]. 北京: 科学出版社, 2000: 199~236.

[68] 薛守义, 刘汉东. 岩体工程学科性质透视[M]. 郑州: 黄河水利出版社, 2002: 1~7.

[69] 韩伯鲤, 陈霞龄, 宋一乐, 等. 岩体相似材料的研制[J]. 武汉水利电力大学学报, 1997, 30(2): 6~9.

[70] 朱维意, 马伟民, 洪镀. 用相似材料模型研究岩层移动规律的可信性分析[J]. 矿山测量, 1984, (3): 10~18.

[71] 任伟中, 陈浩. 滑坡变形破坏机理和整治工程的模型试验研究[J]. 岩石力学与工程学报, 2005, 24(12): 2136~2141.

[72] 任伟中, 白世伟, 葛修润. 厚覆盖层条件下地下采矿引起的地表变形陷落特征模型试验研究[J]. 岩石力学与工程学报, 2004, 23(10): 1715~1719.

[73] 任伟中, 永井哲夫. 开挖条件下节理围岩特性及其锚固效应模型试验研究[J]. 实验力学, 1997, 12(4): 513~519.

[74] Segura J V, Vercher E. A spread sheet modeling approach to the Holt-Winters optimal forecasting[J]. European Journal of Operational Research, 2001, 131: 375~388.

[75] Hawkins M D. Fitting multiple change point models to data[J]. Computational Statistics & Data Analysis, 2001, 37: 323~341.

[76] 张有天, 周维垣. 岩石高边坡的变形与稳定[M]. 北京: 中国水力水电出版社, 1999: 334, 335.

[77] 吴中如, 朱伯芳. 三峡水工建筑物安全监测与反馈设计[M]. 北京: 中国水力水电出版社, 1999: 1~5.

[78] Crosta G B, Agliardi F. Failure forecast for large rock slides by surface displacement measurements[J]. Canadian Geotechnical Journal, 2003, 40: 176~191.

[79] Crosta G B, Agliardi F. How to obtain alert velocity thresholds for large rockslides[J]. Physics and Chemistry of the Earth, 2002, 27: 1557~1565.

[80] 李燕东. 钻孔测斜仪及其在边坡监测中的应用[J]. 人民长江, 1994, 25(11): 26~31.

[81] 李兴举, 孙增生. 滑坡监测系统的设计[J]. 路基工程, 1999, 5: 1~5.

[82] Gioda G, Sakurai S. Back analysis procedures for the interpretation of field measurements in geomechanics[J]. International Journal for Numerical and Analytical Methods in Geomechanics, 1987, 11: 555~583.

[83] 马水山, 张保军, 汤平. 钻孔测斜仪在滑坡体深部变形监测中的应用[J]. 中国地质灾害与防治学报, 1996, 7(7): 109~114.

[84] 张保军, 马水山. 墓坪滑坡体位移机制监测分析[J]. 大坝观测与土工测试, 2001, 25(4): 20~26.

[85] 任伟中. 数字滤波在地裂缝和地形变研究中的应用[J]. 岩土力学, 1997, 18(4): 41~47.

[86] 卢螽栖. 论滑坡时代分类与滑坡历史分类[A]//滑坡文集(第三集)[C]. 北京: 人民铁道出版社, 1981: 32~39.

[87] 刘广润,晏鄂川,练操.论滑坡分类[J].工程地质学报,2002,10(4):339～342.
[88] 张倬元,王兰生,王士天.工程地质分析原理[M].北京:地质出版社,1994.
[89] 胡广韬.滑坡动力学[M].北京:地质出版社,1995.
[90] 胡厚田,杨明.头寨沟大型高速远程滑坡流体动力学机制的分析研究[J].工程地质学报,2000,8(增):85～89.
[91] 李铁汉,潘别桐.岩体力学[M].北京:地质出版社,1980.
[92] 邹正盛,程祖峰,张征.双层滑体边坡稳定性计算法及其应用[J].长春科技大学学报,1999,29(1):64～67.
[93] 邹正盛,程祖峰,方斌,等.双层滑体边坡稳定性分析及其防治原则[J].中国地质灾害与防治学报,1998,9(1):47～53.
[94] 邹正盛,方斌,张征.西宁市林家崖滑坡稳定性研究[J].工程地质学报,1998,6(3):199～204.
[95] 贺可强.大型堆积层滑坡的多层滑移规律分析[J].金属矿山,1998,7:15～18.
[96] 张鲁新,周德培.蠕动滑坡成因及隧道变形机理的分析[J].岩石力学与工程学报,1999,18(2):217～221.
[97] 常祖峰,谢阳,梁海华.小浪底工程库区岸坡倾倒变形研究[J].中国地质灾害与防治学报,1999,10(1):28～31.
[98] Yang P C,Sokobiki H.蠕动滑坡变形的预报[J].路基工程,1996,6:78～82.
[99] 陈广波.塑流-拉裂型滑坡地质特征及形成机理[J].铁道工程学报,1996,49(1):93～102.
[100] 杨健.柳洪拉马阿觉滑坡形成机制初步探讨[J].水电站设计,1995,11(1):41～44.
[101] 姚智.贵州西部崩塌滑坡地质模式及其敏感地层研究[J].贵州地质,1994,11(3):13～20.
[102] 胡广韬,文宝萍,赵法锁.缓动式低速滑坡的滑移机理[J].陕西水力发电,1991,3:13～30.
[103] 任伟中,白世伟,唐新建.韩家垭滑坡的特性及其力学机理分析[A]//中国岩石力学与工程学会.第六次全国岩石力学与工程学术大会论文集[C].北京:中国科学技术出版社,2000:504～506.
[104] 任伟中,范建海,方晓睿,等.某滑坡的力学机理分析与综合整治研究[J].岩土力学,2003,24(3):431～434.
[105] 陈尚法,佘成学,陈胜宏.大岩淌滑坡的粘弹塑性自适应有限元分析[J].岩石力学与工程学报,2002,21(2):169～175.
[106] 陈胜伟,阮志新.百色至罗村口高速公路平高古滑坡稳定分析[J].公路,2003,6:103～106.
[107] 王尚彦,王纯厚,张慧,等.贵州省纳雍县岩脚寨基岩顺层滑坡特征及研究意义[J].贵州地质,2003,20(4):239～252.
[108] 殷跃平,张作辰,黎志恒,等.兰州皋兰山黄土滑坡特征及灾度评估研究[J].第四纪研究,2004,24(3):302～310.
[109] 徐志文,罗永忠.三峡库区重庆市奉节县花乐村滑坡成因机制及稳定性分析[J].地质灾害与环境保护,2002,13(1):29～32.
[110] 姜德义,朱合华,杜云贵.边坡稳定性分析与滑坡防治[M].重庆:重庆大学出版社,2005:

151～236.

[111] 中国岩土锚固工程协会.岩土锚固工程技术[M].北京:人民交通出版社,1998:217～250.

[112] 庄心善,胡其志,何世秀.锚杆加固边坡设计法分析[J].岩石力学与工程学报,2002, 21(7):1013～1015.

[113] 邹诚杰,等.典型层状岩体高边坡稳定分析与工程治理[M].北京:中国水利水电出版社, 1995.

[114] 陶振宇,赵振英,余启华,等.裂隙岩体特性与洞群施工力学问题[M].武汉:中国地质大学出版社,1993.

[115] 中华人民共和国建设部.国家质量监督检验检疫总局.GB 50330—2002 建筑边坡工程技术规范[S].北京:中国建筑工业出版社,2002:38,39.

[116] 张在明.地下水与建筑基础工程[M].北京:中国建筑工业出版社,2001:171,172.

[117] 周维垣.高等岩石力学[M].北京:水利电力出版社,1999.

[118] 中华人民共和国建设部.GB 50007—2002 建筑地基基础设计规范[S].北京:中国建筑工业出版社,2002:36～47.

[119] 铁道部科学研究院西北研究所.滑坡防治[M].北京:人民铁道出版社,1977:304～477.

[120] 任伟中,范建海,唐新建,等.山区高速公路滑坡和路堑高边坡的稳定性分析、整治优化、监控技术及可视化仿真综合研究[R].中国科学院武汉岩土力学研究所,湖北省襄十高速公路建设指挥部,2003.

[121] 李天斌,陈明东.滑坡预报的几个基本问题[J].工程地质学报,1999,(3):200～206.

[122] 李绍臣.高陡倾倒蠕动滑移边坡变形破坏规律研究[J].采矿工程,2008,(4):8～10.

[123] 刘小丽,周德培.用弹性板理论分析顺层岩质边坡的失稳[J].岩土力学,2002,2,162～165.

[124] 黎立云,宁海龙,刘志宝,等.层状岩体断裂破坏特殊现象及机制分析[J].岩石力学与工程学报,2006,S2:3933～3938.

[125] 徐嘉谟.金川矿山边坡岩体工程地质力学[M].北京:地震出版社,1998.

[126] 张发明,刘宁,赵维炳.岩质边坡预应力锚固的力学行为及群锚效应[J].岩石力学与工程学报,2000,S1:1077～1080.

[127] 蒋良潍,黄润秋.层状结构岩体顺层斜坡滑移-弯曲失稳计算探讨[J].山地学报,2006,1:88～94.

[128] 杨强,陈新,周维恒.岩土工程加固分析的弹塑性力学基础[J].岩土力学,2005,4:553～557.

[129] 熊祝华.结构塑性分析[M].北京:中国铁道出版社,1989:234～277.

[130] 李绍臣.阶跃式边坡变形位移影响函数建立方法探讨[J].露天采煤技术,1996,1:24～26.

[131] 秦四清,张倬元,王士天,等.滑坡前化异常识别方法[J].露天采煤技术,1995,1:11～15.

[132] 潘别桐,黄润秋.工程地质数值法[M].北京:地质出版社,1994:19～21.

[133] 唐亚松,张鑫,蔡焕杰.一种基于回归分析与时序分析的降水预报模型[J].水土保持通报,2009,29(1):88～91.

[134] 吕效国,王占君,钱峰.自回归模型建立的必要条件及其应用[J].数学的实践与认识,

2008,38(16):109～115.

[135] 范广勤.岩土工程流变力学[M].北京:煤炭工业出版社,1993.

[136] 贺可强,阳吉宝,王思敬.堆积层滑坡位移动力学理论及其应用——三峡库区典型堆积层滑坡例析[M].北京:科学出版社,2007:10.

[137] 孙玉科.边坡稳定性研究的新课题——滑坡分析与防治[M].北京:科学技术文献出版社,1983.

[138] 徐峻岭.有关滑坡预报问题的讨论[A]//兰州滑坡泥石流学术研讨会文集[C].兰州:兰州大学出版社,1998:206～211.

[139] 李维朝,戴福初,刘汉东,等.对边坡位移监测曲线振荡起伏的分析[J].工程地质学报,2008,16(2):273～277.

[140] 董学晟,李迪,叶查青.新滩滑坡位移反分析[J].岩石力学与工程学报,1992,11(1):44～52.

[141] 阮沈勇,黄润秋.基于GIS的信息量法模型在地质灾害危险性区划中的应用[J].成都理工学院学报,2001,28(1):89～93.

[142] 罗文强,张悼元,王士天,等.滑坡灾害的空间可靠性评价[J].地质科技情报,2000,19(3):7～9.

[143] 殷坤龙.滑坡灾害预测研究概况[J].地质科技情报,1992,11:59～64.

[144] 任伟中,寇新建,凌浩美.数字化近景摄影测量在模型试验变形测量中的应用[J].岩石力学与工程学报,2004,23(3):436～440.

[145] 任伟中,永井哲夫.一种新的位移量测技术——CCD画像处理法[J].岩土力学,1997,18(A8):115～119.

[146] 任伟中,朱维申.CCD画像处理量测技术在模型试验中的应用[J].水文地质工程地质,1997,24(6):56～60.

[147] 徐芝纶.弹性力学(下册)[M].北京:高等教育出版社,1984.

[148] 肖远,王思敬.边坡岩体弯曲破坏研究[J].岩石力学与工程学报,1991,10(4):331～338.

[149] 鲜学福,谭学术.层状岩体破坏机理[M].重庆:重庆大学出版社,1989:63～96.

[150] 朱维申,任伟中.船闸边坡节理岩体锚固效应的模型试验研究[J].岩石力学与工程学报,2001,20(5):720～725.

[151] 袁镒吾.矩形悬臂板的对称弯曲[J].力学与实践,1993,15(4):37～40.

[152] 张福范.弹性薄板(第二版)[M].北京:科学出版社,1984:190～191.

[153] 成祥生.悬臂矩形板的弯曲稳定和振动[J].应用数学和力学,1987,8(7):639～648.

[154] 徐秉业,刘信声.结构塑性极限分析[M].北京:中国建筑工业出版社,1985.

[155] Sziland R.板的理论和分析[M].陈太平,戈鹤翔,周孝贤译.北京:中国铁道出版社,1984.

[156] 韩爱果,聂德新,任光明,等.大型滑坡滑带土剪切流变特性研究[J].工程地质学报,2001,9(4):345～348.

[157] 刘雄.岩石流变学概论[M].北京:地质出版社,1994:19～56.

[158] 邓荣贵,周德培,张悼元,等.一种新的岩石流变模型[J].岩石力学与工程学报,2001,20(6):780～784.

[159] Carstensen C. Coupling of FEM and BEM for interface problems in viscoplasticity and plasticity with hardening[J]. SIAM Journal on Numerical Analysis,1996,33(1):171~207.

[160] 刘忠玉,陈少伟.应变软化土质边坡渐进破坏的演化模型[J].郑州大学学报(工学版),2002,23(2):37~40.

[161] 王来贵,何峰,刘向峰,等.岩石试件非线性蠕变模型及其稳定性分析[J].岩石力学与工程学报,2004,23(10):1640~1642.

[162] 曹树刚,边金,李鹏.软岩蠕变试验与理论模型分析的对比[J].重庆大学学报,2002,25(7):96~98.

[163] 曹树刚,边金,李鹏.岩石蠕变本构关系及改进的西原正夫模型[J].岩石力学与工程学报,2002,21(5):632~634.

[164] 杨宗玠.反算法中的滑坡稳定系数[A]//滑坡论文选集[C].成都:四川科学技术出版社,1989.

[165] 马骥.滑坡推力计算中强度指标的反算[A].中国土木工程学会第三届土力学及基础工程学术会议论文集[C].北京:中国建筑工业出版社,1981:458~462.

[166] 陶振宇.岩石抗剪强度及其测试技术的讨论[J].勘查科学技术,1987,4:28~31.

[167] 中华人民共和国建设部.GB 50021—2001 岩土工程勘察规范.北京:中国建筑工业出版社,2001:55~57.

[168] 梁炯鋆.锚固与注浆技术手册[M].北京:中国电力出版社,1999:3~7.

[169] 田景贵,范草原.预应力锚索抗滑桩的机理初步分析及设计[J].重庆交通学院学报,1998,17(12):59~64.

[170] 吴恒立.计算推力桩的综合刚度原理和双参数法[M].北京:人民交通出版社,2000:1~5.

[171] 王成华,陈永波,林立相.抗滑桩间土拱力学特性与最大桩间距分析[J].山地学报,2001,19(6):556~559.

[172] 张式深.抗滑桩内力分析[A]//中国土木工程学会第三届土力学及基础工程学术会议论文集[C].北京:中国建筑工业出版社,1981:469~473.

[173] 刘成宇,池淑兰.抗滑桩试验的非线性分析[A]//中国土木工程学会第三届土力学及基础工程学术会议论文集[C].北京:中国建筑工业出版社,1981:463~468.

[174] 陈浩.双层反翘型滑坡变形破坏力学模型的建立[D].武汉:中国科学院武汉岩土力学研究所硕士学位论文,2005.

[175] 王永刚.双层反翘型滑坡渐进破坏力学模型及时效变形分析[D].武汉:中国科学院武汉岩土力学研究所硕士学位论文,2006.

[176] 李靖.双层反翘型滑坡变形和破坏的时空规律研究[D].武汉:中国科学院武汉岩土力学研究所硕士学位论文,2009.